图 3-10 灌注法

图 3-11 涂抹法

图 3-12 沾花

图 4-1 甜菜夜蛾

图 4-2 斜纹夜蛾

图 4-3 甘蓝夜蛾

图 4-4 地老虎

图 4-5 葱须鳞蛾

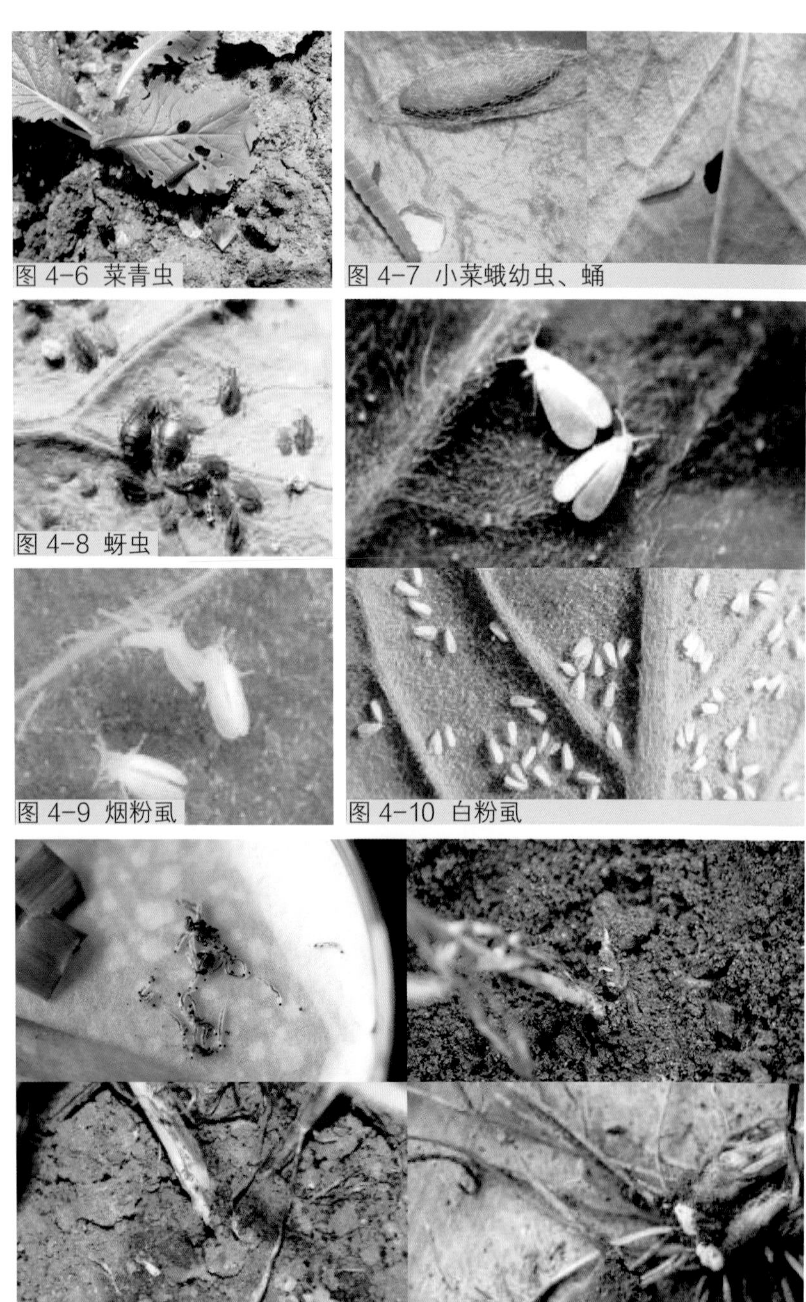
图 4-6 菜青虫
图 4-7 小菜蛾幼虫、蛹
图 4-8 蚜虫
图 4-9 烟粉虱
图 4-10 白粉虱
图 4-11 韭菜根蛆

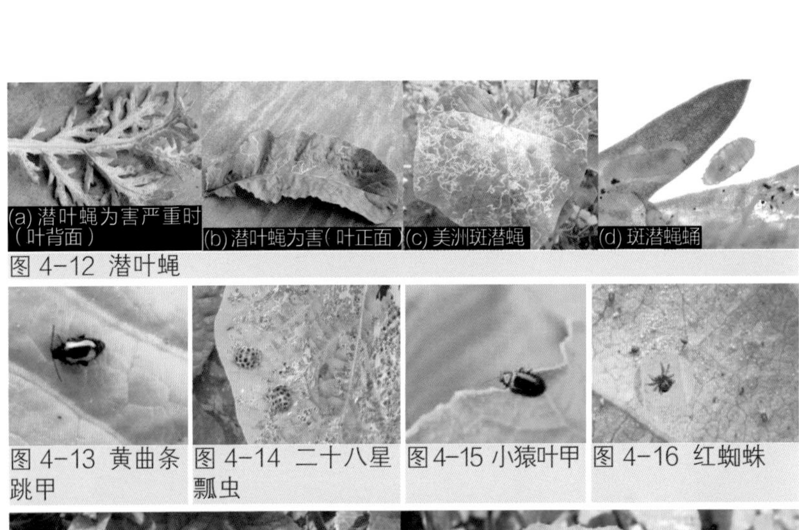

(a) 潜叶蝇为害严重时（叶背面）

(b) 潜叶蝇为害（叶正面）

(c) 美洲斑潜蝇

(d) 斑潜蝇蛹

图 4-12 潜叶蝇

图 4-13 黄曲条跳甲

图 4-14 二十八星瓢虫

图 4-15 小猿叶甲

图 4-16 红蜘蛛

(a) 叶正面

(b) 叶背面

图 5-2 黄瓜霜霉病

图 5-3 十字花科霜霉病

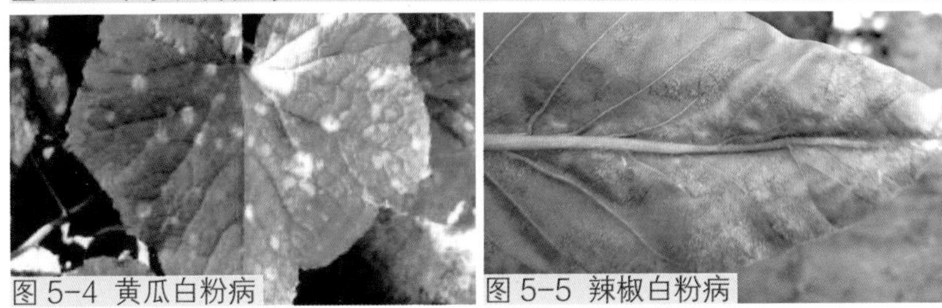

图 5-4 黄瓜白粉病

图 5-5 辣椒白粉病

图 5-6 辣椒疫病
图 5-7 番茄早疫病
图 5-8 番茄晚疫病
图 5-9 豇豆锈病
图 5-10 番茄灰霉病
图 5-11 黄瓜炭疽病
图 5-12 辣椒炭疽病
图 5-13 菜豆炭疽病

图 5-14 菜豆菌核病
图 5-15 黄瓜菌核病
图 5-16 苗期猝倒病
图 5-17 立枯病
图 5-18 菜豆根腐病
图 5-19 马铃薯干腐病
图 5-20 茄子褐纹病
图 5-21 茄子黄萎病
图 5-22 黄瓜黑星病
图 5-23 番茄叶霉病
图 5-24 十字花科根肿病

图 5-25 十字花科白斑病
图 5-26 十字花科蔬菜黑斑病
图5-27 十字花科白锈病
图 5-28 芹菜斑枯病
图 5-29 大葱紫斑病
图 5-30 十字花科软腐病
图5-31 黄瓜细菌性角斑病(果)
图 5-32 黄瓜角斑病
图 5-33 十字花科黑腐病
图 5-34 胡萝卜细菌性软腐病
图 5-35 白菜类病毒病
图 5-36 南瓜病毒病
图 5-37 辣椒病毒病
图 5-38 根结线虫病
图 6-1 马唐

图 6-2 旱稗

图 6-3 牛筋草

图 6-4 看麦娘

图 6-5 碎米莎草

图 6-6 藜

图 6-7 灰绿藜

图 6-8 小藜

图 6-9 凹头苋

图 6-10 反枝苋

图 6-11 苘麻

图 6-12 通泉草

图 6-13 婆婆纳

图 6-14 田旋花

图 6-15 龙葵

图 6-16 马齿苋
图 6-17 碎米荠
图 6-18 苣荬菜
图 6-19 泥胡菜
图 6-20 西伯利亚蓼
图 6-21 柳叶蓼
图 6-22 刺果毛茛
图 6-23 猪殃殃
图 6-24 铁苋菜
图 6-25 斑地锦
图 7-1 赤霉素
图 7-2 2,4-D 钠水剂
图 7-3 3-吲哚乙酸(IAA)▶
图7-4 98%复硝酚钠

棚室蔬菜栽培图解丛书

图说棚室蔬菜科学用药

TUSHUO PENGSHI SHUCAI KEXUE YONGYAO

李颖 王鑫 董海 主编

化学工业出版社

·北京·

本书是“棚室蔬菜栽培图解丛书”中的一个分册。本书立足棚室蔬菜生产现状，整合该领域新的实用技术，以图文并茂的方式深入浅出地介绍了农药基本概念、作用原理、使用方法及棚室病虫草害的辨识与药剂防治，内容涵盖面广，对生产过程有指导意义，语言通俗易懂，便于基层的农技人员和农民接受。

本书适合广大菜农、农资商、基层农业科技人员以及农业院校有关专业师生阅读、参考。

图书在版编目（CIP）数据

图说棚室蔬菜科学用药/李颖，王鑫，董海主编．北京：化学工业出版社，2017.10
（棚室蔬菜栽培图解丛书）
ISBN 978-7-122-30523-7

Ⅰ.①图… Ⅱ.①李…②王…③董… Ⅲ.①蔬菜-温室栽培-图解 Ⅳ.①S626.5-64

中国版本图书馆 CIP 数据核字（2017）第 211835 号

责任编辑：李　丽　　文字编辑：赵爱萍
责任校对：宋　玮　　装帧设计：史利平

出版发行：化学工业出版社（北京市东城区青年湖南街 13 号　邮政编码 100011）
印　　刷：北京云浩印刷有限责任公司
装　　订：三河市瞰发装订厂
850mm×1168mm　1/32　印张 10¼　彩插 3　字数 284 千字
2018 年 1 月北京第 1 版第 1 次印刷

购书咨询：010-64518888（传真：010-64519686）
售后服务：010-64518899
网　　址：http://www.cip.com.cn
凡购买本书，如有缺损质量问题，本社销售中心负责调换。

定　　价：48.00 元

编写人员名单

主　　编	李　颖	王　鑫	董　海
副 主 编	马　跃	王兴亚	薄尔琳
编写人员	李　颖	王　鑫	董　海
	马　跃	王兴亚	薄尔琳
	陈　彦	邵凌云	钟　涛
	杨文刚	李铁良	张力平
	赵　杨	杨　皓	孙柏欣
	杨晓飞		

棚室蔬菜生产是高产、优质、高效农业发展的成功方式，是设施农业的主要生产方式，但随着栽培面积的增加，栽培年限的延长，病虫草害发生的程度日益严重。与此同时，部分昔日很少在棚室生产中发生的露地病虫草害也开始在棚室内发生、流行。严重地制约了棚室蔬菜种植的发展。在我国目前的棚室管理方法中，主要仍是使用各类农药来控制病虫草害，并且在较长时间内化学防治将发挥着其他防治措施难以代替的重要作用。因此，如何科学合理使用农药是安全高效生产的重要环节。

本书探讨了棚室农药使用的现状，介绍了农药的相关基本概念和农药的科学使用方法，又分章节对杀虫剂、杀菌剂、除草剂和植物生长调节剂的具体使用方法进行了细致的讲解。书中配以大量的图片，使得从原理到操作都清晰易懂，让读者能够融会贯通。

希望本书的出版能为基层农技人员和菜农提供相关参考与借鉴。本书在编写过程中引用了相关书刊上的文献资料，在此对原作者及为本书提供相关帮助的朋友们表示感谢。鉴于笔者水平有限，疏漏之处在所难免，敬请专家、读者批评指正。

编者

2017 年 6 月

目录

第一章 棚室农药使用的现状及问题

棚室蔬菜生产已成为高产、优质、高效农业发展的成功方式，是设施农业的主要生产方式，是科技和经济的结合点，是农业可持续发展及实施农业新技术革命的重要内容，是劳动密集型产业，也是有效解决农村剩余劳动力、快速增加农民收入和加速社会主义新农村建设步伐的重要措施。但随着栽培面积的增加，栽培年限的延长，出现了病、虫、草害发生严重，且某些露地病、虫、草害也开始在棚室间发生流行的趋势，由此导致了种植效益下降等一系列问题。据统计，农作物病、虫、草害引起的损失最多可达70%，通过正确使用农药可以挽回40%左右的损失。棚室蔬菜生产在此方面尤为明显。

发达国家单位面积农药使用量是发展中国家的1.5～2.5倍。在生产实际中，由于农药使用技术等限制，农药实际利用率只有30%，大部分农药流失到环境中，植物上的农药残留主要保留在作物表面，具有内吸性的农药部分会吸收到植物体内。植物上的农药经过水淋、自然降解和生物降解，在收获时，农药残留量是很少的。我国已先后禁止淘汰了33种高毒农药，包括甲胺磷等在美国等一些发达国家仍在广泛使用的产品。目前我国高毒农药的比例已由原来的30%减少到了不足2%，72%以上的农药是低毒产品，并且现在的农药比以前的更加安全。

第一节 我国棚室蔬菜生产现状

一、棚室蔬菜种植的发展

我国温室发展最远可追溯到2000年前，史书《汉书·沼信臣传》中就有对人们用地热资源加温生产蔬菜的记载。近代温室的发展，经历了改良日光温室、大型玻璃温室和现代化温室三个阶段。20世纪30年代，我国北方地区开始利用“日光温室”在冬季进行生产。至80年代中期，产生了优化后的“节能型日光温室”，可以在完全不加温或极少加温的情况下，实现严冬季节生产喜温果菜的突破。目前我国是世界上最大的保护地蔬菜生产区。

二、目前我国正在使用的棚室类型

目前生产中常见的棚室类型有日光温室、塑料冷棚（塑料小棚、塑料中棚、塑料大棚）等。

1. 日光温室的类型

日光温室具有鲜明的中国特色，是我国独有的设施。日光温室的结构各地不尽相同，分类方法也比较多。按墙体材料分主要有干打垒土温室、砖石结构温室、复合结构温室等。按后屋面长度分有长后坡温室和短后坡温室；按前屋面形式分有二折式、三折式、拱圆式、微拱式等。按结构分有竹木结构、钢木结构、钢筋混凝土结构、全钢结构、全钢筋混凝土结构、悬索结构、热镀锌钢管装配结构。综合面积、投资、高度、自动化程度等，通常分为智能温室、钢骨架节能日光温室、竹木结构温室（图1-1～图1-3）。

图 1-1　智能温室　图 1-2 钢骨架节能日光温室　图 1-3 竹木结构温室

2. 塑料冷棚的类型

塑料冷棚是以塑料薄膜为覆盖材料，能部分地控制动、植物生长环境条件的简易建筑物。按构成拱架的材料不同，塑料棚可分为竹木结构塑料棚（图 1-4）、钢架结构塑料棚（图 1-5）、镀锌钢管装配式塑料棚、小拱棚（图 1-6）等。

图 1-4　竹木结构塑料棚

(a) 钢架结构塑料棚（内）

(b) 钢架结构塑料棚（外）

图 1-5　钢架结构塑料棚

图 1-6 小拱棚

近年来我国棚室蔬菜栽培规模不断扩大，截止到 2010 年全国棚室蔬菜总面积 7875.89 万亩，净产值 6200.93 亿元，产量 2.84 亿吨，人均占有量 211.70 千克。其中 80%以上的日光温室分布在北方地区。在全国形成四个棚室蔬菜栽培主产区，其中环渤海湾及黄淮地区约占全国栽培面积的 57.2%；长江中下游地区占全国栽培面积的 19.8%，西北地区约占 7.4%，其他地区占 15.6%。按照省份排名，棚室蔬菜栽培面积排在前四位的依次为山东省、河北省、江苏省、辽宁省。目前我国已实现了蔬菜周年均衡供应。由于设施农业投资风险小，土地生产率高，经济效益大，回报率高，也成为我国农业及农村经济发展中的主导产业之一。

第二节 棚室蔬菜生产中病、虫、草害发生条件与特点

棚室栽培是一个特殊的生态系统，是在人工设施环境下进行的，与露地栽培的环境条件有根本区别，既有利于蔬菜周年生产和供应，也为病、虫、草害的发生流行提供了良好的条件。随着棚室栽培的迅速发展，病、虫、草害种类也显著增加，为害程度明显加重，并为露地蔬菜提供了病原、虫原和草籽数量。

从棚室蔬菜环境、病（虫、草）原、寄主植物三方面综合分析，均有利于蔬菜病、虫、草害的发生。

一、环境条件

1. 土壤对病虫害发生的影响

土壤是蔬菜的根系环境，也是多种病原菌的越冬场所。在正常情况下，土壤中的病原菌和大量的有益微生物保持一定的平衡。棚室栽培的蔬菜种类比较单一，栽培面积有限，轮作倒茬困难，连作不可避免。由于蔬菜根系的分泌物质和病根的残留，使土壤微生物逐渐失去平衡，病原菌数量不断增加，诱使病害发生。棚室土壤比露地土壤接受光照少，温度和湿度高，病原菌增殖迅速，生产中又缺乏抗病品种，土传根病随连作年限增加而加重，例如新建棚室发生瓜类枯萎病后如不及时采取有效防治措施，一般从零星病株到普遍发病只需4～5年时间。在大型连栋温室中，果菜类根结线虫病只需3～4年，病株率可达100%，减产50%以上，严重威胁多种蔬菜生产。近年来茄果类青枯病、茄子黄萎病分布地区的扩大和为害加剧也有类似原因。多种病原菌随病残体在土壤中越冬，成为翌年的初侵染源，是蔬菜病害发生流行的重要环节。露地环境病菌死亡率高，在蔬菜生长季节才能侵染，发病迟、为害轻，有的病害只在局部地区季节性流行。而在棚室栽培下，病菌既可安全越冬，又能周年发生，已成为发展棚室蔬菜生产的大敌。如瓜类炭疽病、细菌性角斑病、蔓枯病，黄瓜、甜椒、韭菜疫病，番茄早疫病、叶霉病，豇豆和菜豆锈病，白菜软腐病，芹菜斑枯病，多种蔬菜菌核病、灰霉病等。此外，引起菜苗猝倒病、立枯病的病菌，既可在土壤中越冬，又能营腐生生活，故常在老式育地苗的苗床严重发生，甚至毁苗，延误农时。地下害虫如蝼蛄、韭蛆等，也因棚室和苗床土壤温暖、潮湿、疏松肥沃而发生早、数量多、为害烈。

2. 空气湿度对病害发生的影响

空气湿度、土壤湿度处于接近饱和或饱和状态；棚室在寒冷季节、夜晚密闭保温条件下，空气相对湿度可达90%～100%，棚室屋面、壁面结露后可散落在植株上。黄瓜、番茄等蔬菜热容量大，叶面和果实可以形成水膜，造成高湿的环境，与此同时，很多地区，尤其北方冬季，棚内温度较低，导致低温高湿病害多发趋重。例如，黄瓜霜霉病菌，必须在叶面结露 3 小时以上，才能萌发、侵入寄主。病害一旦发生，传播、蔓延迅速，常引起流行，造成减产甚至绝收。上面列举的多种病害为害加重，均与高湿环境有密切关系。

3. 温度对病、虫、草害发生的影响

蔬菜与病原菌长期协同进化的结果，使得适宜蔬菜生长的温度环境，通常可以引发疾病，棚室温暖的条件，一般不成为病害发生流行的限制因素。害虫和螨类属于一类变温动物，外界环境温度直接影响它们的体温及其生命活动。温度对害虫分布地区及发生为害的影响比湿度更重要。温室白粉虱在北方寒冷地区不能在露地过冬，20 世纪 70 年代以来随着棚室面积增加，可在冬季温室中继续繁殖为害并形成虫源基地，已发展成为蔬菜的主要害虫。茶黄螨也有相似的发展过程。而瓜蚜、桃蚜可在露地越冬，又能在棚室继续繁殖，其发生为害呈上升趋势。

4. 温、湿度对草害发生的影响

现代化棚室内四季如春，肥水充足，所以杂草的发生无季节性规律，这与露地区蔬菜田 5～10 月杂草种类最多、发生期最长、危害最为严重有很大的不同，为防除带来了难度。同时，适宜的生长条件使得杂草个体生物量剧增。苦苣菜单株株高达 1.34 米，羊蹄地上部分单株鲜重达 0.95 千克的最高纪录，均为露地同种的 2 倍以上。导致棚室内的杂草如不及时防除，会严重影响产量，甚至绝收。

5. 光照不足和通风不良以及土壤养分不平衡

光照不足，其光照强度不及自然光照的三分之二；通风不良，气流交换缓慢，二氧化碳浓度低，蔬菜常处于“饥饿”状态；同时

土壤养分不平衡，不利于作物生长发育。

二、病（虫、草）原

土壤位置相对固定，有利于病（虫）原的积累，为病虫提供了优越的越冬场所，病虫基数大。此外，病虫的发生时间延长，露地季节性发生的病害变为周年发生的病害。番茄晚疫病菌只侵染番茄和马铃薯，20 世纪 70 年代以前露地番茄的菌原来自马铃薯，北方菜区仅在个别年份气象条件适宜时发生，危害性较小。随着秋冬春季棚室番茄栽培面积迅速增加，该病为害逐年加重，还为露地番茄提供了大量菌源，成为全年常发性的主要病害之一。京郊 1979～1987 年番茄晚疫病几次大流行，其中棚室提供大量菌原是重要原因。在 20 世纪 50～60 年代，黄瓜霜霉病是冬春季加温温室黄瓜主要病害，70 年代后随棚室栽培发展，黄瓜等瓜类蔬菜全年种植，病原逐渐增加，使该病成为发生面积最广、为害最大的病害。

三、寄主植物

蔬菜棚室内常年有寄主植物存在，为病虫提供了丰富的寄主及食料条件；而寄主植物本身，由于是在温湿度不能完全满足其生长发育条件下的强迫性生长，其长势弱，抗性及自然补偿能力比较差，有利于病虫的发生与为害。随着棚室蔬菜栽培的发展，病虫害的发生也有一定的变化，这是人们生产活动所带来的结果。生产中盲目引种和调种，可直接使危险性病害迅速传播、蔓延。例如，黄瓜黑星病病原在东北零星发生，但前些年已在东北 3 省 26 地、市暴发流行，重病棚损失达 70%以上，苗期严重发生则毁苗、绝产。目前山东、河北、山西、内蒙古、北京、海南等地已有局部发生，并有向外扩散蔓延的趋势。

由于上述三方面原因，致使病、虫、草害成为棚室蔬菜生产中的重要生物灾害。各种病、虫、草害导致棚室蔬菜每年减产减收达

20%～30%。棚室蔬菜病、虫、草害的发生具有如下显著特点。

1. 流行速度快，危害重

在设施生产条件下，低温高湿弱光的特殊环境条件及植株抗病性及被害后自然补偿能力低，病害会快速流行，短时间内造成严重为害。例如，黄瓜霜霉病从点片发生到蔓延全棚仅需要5～7天时间，导致一般棚室产量损失10%～20%，发病严重的损失50%以上，甚至绝收；番茄早疫病从零星发病到蔓延全棚约需10天时间，每年约有3%的棚室绝收；番茄叶霉病从开始发病到病株率达100%，约需15天时间，叶片大量枯死，被迫提早拉秧。

2. 危害期长，损失大

在日光温室内，适宜于病虫害发生危害的生态条件十分优越，使一些病虫害的发生季节较中棚及露地栽培明显提前，如番茄灰霉病在1月就发生；以中后期发生为主的番茄叶霉病、早疫病则提早到苗期就开始流行为害，使病害的危害期明显延长。而温室白粉虱、美洲斑潜蝇、甜菜夜蛾等害虫在日光温室内得以继续繁殖，世代增加而且重叠，由常规种植下的季节性发生变为周年性发生危害，其为害期长达7～9个月。此外，温室蔬菜病虫危害造成损失明显大于露地，一般每公顷（1公顷$=10^4$米^2）造成经济损失30000～45000元，较露地损失高15000～20000元。在30%左右亏本生产的日光温室中，有70%左右的原因是由于病虫为害造成的。

3. 病虫种类复杂

（1）主要病虫仍在猖獗　如露地栽培黄瓜霜霉病、番茄早疫病、温室白粉虱等病虫在温室栽培中仍危害严重，若防治不及时或使用防治方法不得当，往往造成严重损失，甚至绝收。

（2）次要病虫害上升为主要病虫害　如黄瓜、番茄灰霉病在北方露地栽培中不发生或为害较轻，而在温室栽培中为害重，防治技术难度大，其为害造成的损失分别约占黄瓜、番茄病虫危害造成总损失的13.7%、14.8%，且为害有逐年加重的趋势。

(3) 土传病害日趋加重 黄瓜、番茄猝倒病，黄瓜根腐病、蔓枯病、疫病等病害，随着温室栽培年限的延长，其为害不断加重，温室黄瓜连作1年、2年、4年、8年黄瓜疫病发病株率分别为6.7%、12.8%、23%、36.3%，黄瓜根腐病发病率依次为0、5.6%、8.1%、17.3%。

(4) 新的病虫危害不断出现 如蔬菜根结线虫病、黄瓜黑星病、黄瓜根腐病、黄瓜生长点消失症、斑潜蝇在陕西棚室蔬菜栽培中从无到有，发生面积和危害程度逐年加重，成为生产上潜在的新的突出问题。

(5) 生理性病害呈明显加重趋势 由于温室栽培环境的特殊性，使黄瓜、番茄生长发育受到影响，生理性病害如黄瓜生长点消失症、褐色小斑症、番茄蒂腐病、缺素症的发生较露地发生明显加重，黄瓜生长点消失症危害造成损失约占黄瓜病虫危害总损失的20%。

4. 棚室杂草难于药剂防制

棚室杂草具有生长季节性变化不明显、发生时间早、出苗整齐、生物量大等特点，这就给防治带来了难度。而温室中的作物常常是对除草剂敏感的作物，尤其涉及轮作的下茬作物的安全问题。因此，棚室使用农药除草就会更为谨慎。

第三节 棚室蔬菜栽培用药现状

在棚室蔬菜生产中，化学农药用量少，见效快，其他防治措施无法替代。依据目前科学技术发展水平，至少在今后几十年内，要确保棚室蔬菜丰产丰收，化学农药的使用是必需的。问题的关键在于如何科学使用化学农药，如何与其他防治和减少污染措施有机协调，将其负作用降低到最低程度。

农药使用的安全性及对生态环境的污染问题变得愈来愈突出，

棚室蔬菜种植效益也进一步下降，严重制约棚室蔬菜生产的可持续发展。研究显示，高毒害高残留的农药在使用过程中会有70%～80%的药量直接渗透到环境中，对土壤、地表水和地下水以及农产品造成直接污染或间接安全隐患，并循环进入整个生物链系统，对所有的动植物和人类产生严重的、长期的和潜在的危害。长时间使用造成土壤中磷、镁、铅、汞、钙等化学元素的高富集，导致生产的蔬菜有害化学物质的残留增大，生产者为使高投入的棚室蔬菜获得高的产量和收益，多超常规加大农药的施用量和施用次数，使棚室蔬菜生产普遍形成了对农药的依赖性。由于化学农药大量不科学使用，首先带来化学农药对生态环境、棚室蔬菜产品的污染，农药使用次数的增加、使用量加大，使棚室蔬菜病虫迅速产生抗药性，而陷入继续加大用药量的恶性循环。其次，由于棚室蔬菜栽培环境的特殊性，农药使用后自然降解能力显著下降而滞留于蔬菜产品中，使蔬菜产品的农药残留量严重超标，并有逐年加重的趋势。流入餐桌后为害人体健康，甚至因食用农药污染蔬菜而中毒的事件时有发生。有害物质亦可通过空气和土壤，进入大气和水体，造成环境污染，导致恶性循环。

农药的大量频繁使用也带来棚室蔬菜的药害问题。包括组织损伤、生长受阻、植株变态、减产等一系列非正常生理变化。棚室蔬菜是一个特殊的生态系统，其生态环境特点是低温、弱光、高湿，病虫的寄主植物是在温湿度不能完全满足其生长发育条件下的强迫性生长，其长势弱，抗性及自然补偿能力比较差，所以极易发生药害。药害已成为棚室蔬菜生产中的突出问题，一般造成产量损失10%～15%，严重者达30%以上，甚至绝收。

某地区对农民用药、购药、施药操作、安全使用农药常识情况等方面的调查显示，当前农村农药使用中存在诸多问题。由于很多菜农的生产生活收入均来自于所种植的蔬菜收益，这就必然导致菜农追求利益的最大化，在最短的时间内生产出最大量的蔬菜。常常造成反复循环地对土地不加休养的利用，一座棚室内各种蔬菜交叉重叠种植，加上棚内室温较高，适宜病、虫、草繁殖，最终导致病、虫、草害丛生，迫使菜农大量使用农药，大量用药的后果不仅是农作物有毒物质残留增加，还会造成抗药性的提前发生，于是菜农加大用药剂量，或者更快地使用更新药剂，病、虫、草害的抗药性继续加重。如此重复，造成恶性循环。温室春秋两季种植的主要蔬菜有番茄、辣椒、芹菜、茄子、菜豆、黄瓜等，但这些蔬菜的生产周期长达 3 个月，容易造成病菌滋生，菜农在生产过程中为防止病、虫、草害发生，使用大量农药来预防。有调查显示，几乎每户菜农在 1 周就会喷洒农药 1 次。而在冬季，部分地区以生产绿叶蔬菜为主，基于此时节绿叶蔬菜特点与极低温情况，3 天左右就会喷洒 1 次农药。以上情形反映出农药使用贯穿于大棚蔬菜生产的全部过程并具有量大、普遍、频繁的特征。而且在使用农药的品种上还是以老旧传统品种为主，高毒害、高残留、低价的农药最受菜农们欢迎，农药使用中杀虫剂占农药的 70%左右，而其中含有机磷的高毒害杀虫剂农药又占 60%左右，存在着农药品种比例不合理、不科学、产品老化、毒害性强、高残留、剂型单调等问题。

综合分析，可以发现产生农药污染问题严重的主要原因有以下几个。

1. 市场对蔬菜外观的需求

消费者选购蔬菜时，往往偏重蔬菜产品外在的美观，因此外观好看的蔬菜销售好，这促使蔬菜市场经营者在购进蔬菜时严格按照消费者的偏好从事，而忽视其他本质的东西。在蔬菜外观好看的背后，便是蔬菜生产者会想尽办法让生产的蔬菜变得“漂亮”，除了注重对蔬菜品种及种子的选购，在种植过程中精心管理外，病虫害的防治必不可少，农药被大量使用，甚至达到滥用的程度。这就形成一个恶性循环圈，即外观好看的蔬菜—农药使用—病虫害产生抗体—破坏蔬菜外观—更多的农药使用—得到外观好看的蔬菜。

2. 对农药的危害性普遍认识不足

部分菜农缺乏对农药危害性的认识，在选购农药时，只是基于生产经验，寻求使用高毒害、高残留、低价的农药，致使生产种植基地内高毒害高残的农药大量被使用，用过的农药包装及残留物更是随便丢弃或焚烧。在“寸土寸金”的蔬菜大棚种植基地内，土地资源显得严重不足，空间相对狭促，生产资料和生活用品存在一定程度的交叉使用，突出表现在对水桶的使用上，用水桶配制农药后用水冲洗一下，就直接用于生活取水，而且许多时候作为生产资料的农药就放在厨房或者卧室。菜农基于现实居住条件的限制和对农药危害性认识的不足，给自身带来安全隐患的同时，也使农药处处污染着环境。

3. 趋利而为致使违规使用农药的现象普遍存在

农户往往更多关心的是低成本换回的高收益，不在乎违规超量使用农药带来的危害。在蔬菜大棚种植过程中，因为土壤自然肥力不够，会大量使用农家肥，但农家肥里所含病虫在蔬菜大棚里极易生长繁殖，所以在施肥时会加入 3911 等高毒害高残留的剧毒农药，起到杀毒作用。而以上罗列的几种农药早已经是被国家明令禁止生产使用。有调研发现，在很多绿叶蔬菜病虫害防治时，多使用敌敌畏、氧化乐果等剧毒农药。农药的超量使用导致地下水污染加剧，环境及农副产品中的农药残留现象日益严重，几乎 100%的菜农在使用农药过程中用药浓度和用药量超标。

4. 政府对农药市场监管缺位

目前市场上各种农药制品五花八门，虽然有许多高毒害、高残留的剧毒农药早已被国家明令禁止生产，但由于现实农业生产中对该类农药需求很大，导致不法厂家违令生产，采取各种违法行为，通过改变商品名称等一系列违法手段制造违禁剧毒农药，从源头上造成农药环境严重污染的可能。销售者为了利益，不惜铤而走险，把高毒害剧毒农药销往城乡结合部，甚至在更加偏远的地方设立销售点，再往城乡结合部的蔬菜种植区销售。这些地方往往存在农药监督管理部门执法“真空”，违法行为的隐蔽性也增大了执法查处的难度，从侧面又导致了政府对农药市场监管的不力。

5. 农药环境污染防治法律法规不完善

缺乏专门的农药环境污染防治的立法。国家现行的《农药安全使用标准》主要规定农药的购买、运输、保管、使用的技术规范，而没有对防止农药环境污染做出规定。《农药管理条例》的主要内容仅局限于农药在生产、经营和使用方面的管理，对于已经登记的农药品种投入使用以后对生态环境是否造成污染，对人体是否造成危害，以及对现有的对生态环境和人体造成污染和危害的农药品种如何进行有效监督管理则很少涉及。没有一部专门的法律来规制农药环境污染的问题，这是当前立法的空白。

农药环境污染的法律责任认定模糊。目前的法律虽然对农药环境污染防治有所涉及，却对相应的法律责任规定甚少，或者即使有法律规定，但对法律责任承担者的责任认定模糊，处罚方式和力度不明确。如《中华人民共和国水污染防治法》第 48 条规定："指导农业生产者科学、合理地施用化肥和农药，控制化肥和农药的过量使用，防止造成水污染。"《中华人民共和国清洁生产促进法》第 22 条采用了"防止""禁止"等措词来加以规制，却没有明确规定污染者应该承担的法律责任，发生农药环境污染时难以追究相关污染者的法律责任。

第四节 棚室防治的理念

随着人民生活水平的提高和社会进步，对蔬菜的要求已从数量型向质量型和保健型转变。不仅要求要有良好的外观品质，还要求有良好的内在品质。因此，对病虫的防治技术要求越来越高。现阶段对病虫的防治，要突出体现"以人为本"及保护生物多样性的防治病虫新思路，提出或推广的新技术不仅要考虑对病虫的控制效应，更重要的要考虑对生产者及生态环境的效应，最终目的为消费者提供安全食品。此外对病虫的防治不是消灭，而是将其控制在经济阈值之下。病虫的防治与无公害食品蔬菜的生产关系十分密切，没有病虫的无害化防治，就不可能实现无公害蔬菜生产的目标，无公害蔬菜是我国21世纪的主导蔬菜产品，是棚室蔬菜产业发展的必然选择，是社会进步和消费者的迫切需求。在建设“小绿洲”的同时，必须保护“大生态”，协调好发展经济与生态环境保护之间的关系，只有这样，才能确保棚室蔬菜健康持续发展。

一、树立正确的防治理念

棚室防治更要遵守“预防为主、综合防治”的原则，抓好栽培管理措施，把药剂防治看作病害防治的辅助措施，把不让作物得病看作是最经济的植保手段。

二、了解病、虫、草害发生规律

即分清是否需要用药剂进行防治，如分清病害根腐和沤根、肥害和枯萎病的区别；分清发生部位，如叶部、茎内部还是地下；分清病害类型，分清何种病害可以治疗，何种病害必须预防，如分清是枯萎病、番茄晚疫病还是溃疡病。

三、加强农药管理，推广无公害农药

要以《农药管理条例》《农药安全使用标准》为依据，杜绝国家公布的禁用农药和禁止在蔬菜上使用的农药在蔬菜生产区域销售。使用生物农药和高效低毒、低残留化学农药，并积极引进培育抗病新品种。

四、了解病虫测报及病虫抗药性监测，科学用药

农业推广工作者应及时了解病虫害的发生动态。蔬菜病虫种类繁多，发生复杂，了解本地区主要病虫和病虫发生的主要时期并到

相关机构了解测报结果，了解当地主要病虫对主要农药的抗药性情况。并根据抗药性情况，使用适宜本地的抗药性综合治理方案。同一种作用机制的农药在害虫的一个代次或一种作物同一生长季节中，最多只能使用2次，应选择不同作用机制的农药交替、轮换使用。

第二章 农药的相关基本概念

第一节 农药的定义、发展

一、农药的定义

法律定义：是指用于预防、消灭或者控制危害农业、林业的病、虫、草和其他有害生物以及有目的地调节植物、昆虫生长的化学合成或者来源于生物、其他天然物质的一种物质或者几种物质的混合物及其制剂。

1997 年颁布并于 2017 年修改的《农药管理条例》：农药是指用于预防、消灭或者控制危害农业、林业的病、虫、草、鼠和其他有害生物以及有目的地调节植物、昆虫生长的化学合成或者来源于生物、其他天然物质的一种物质或者几种物质的混合物及其制剂。

《中国农业百科全书·农药卷》：农药主要是指用来防治危害农林牧业生产的有害生物（害虫、害螨、线虫、病原菌、杂草及鼠类）和调节植物生长的化学药品，但通常也把改善有效成分物理、化学性状的各种助剂包括在内。

对于农药的含义和范围，不同的时代、不同的国家和地区有所差异。如美国，早期将农药称为“经济毒剂”（economic poison），欧洲则称为“农业化学品”（agrochemicals），还有的书刊将农药定义为“除化肥以外的一切农用化学品”。20 世纪 80 年代以前，农药的定义和范围偏重于强调对有害物的“杀死”，但 80 年代以来，农药的概念发生了很大变化。今天，我们并不注重“杀死”，而是更注重于调节，因此，将农药定义为“生物合理农药”（biorational pesticides）、“理想的环境化合物”（ideal environmental chemicals）、“生物调节剂”（bioregulators）、“抑虫剂”（insectistatics）、“抗虫剂”（anti-inect agents）、“环境和谐农药”等。虽然外延不同，但农药定义一直是以“对靶标高效，对非靶标生物及环境安全”为内涵。

二、农药的发展

农药，世界上统一的英文名为“pesticide”，即“杀害药剂”，但实际上所谓的农药系指用于防治危害农林牧业生产的有害生物（害虫、害螨、线虫、病原菌、杂草及鼠类等）和调节植物生长的化学药品和生物药品。目前，通常把用于卫生及改善有效成分物化性质的各种助剂也包括在内。

公元前 1000 多年农药就已经被使用。古希腊人用硫黄熏蒸害虫及防病。我国在公元前 7～5 世纪亦开始用莽草、蜃炭灰、牧鞠等灭杀害虫。纵观人类社会发展，农药的历史大致可分为两个阶段：天然和无机药物时代、有机合成农药时代。20 世纪 40 年代以前是以天然药物及无机化合物农药为主的天然和无机药物时代，从 20 世纪 40 年代初期开始进入有机合成农药时代。

早期人类在生产生活过程中逐渐认识到一些植物天然具有防治农牧业中有害生物的性能。到了 17 世纪，人们开始把烟草、松脂、除虫菊、鱼藤等杀虫植物加工成制剂作为农药使用。1763 年，法国用烟草及石灰粉防治蚜虫，这是世界上首次报道的杀虫剂。1800 年，美国人 Jimtikoff 发现高加索部族用除虫菊粉灭杀虱、蚤，于 1828 年将除虫菊加工成防治卫生害虫的杀虫粉出售。1848 年，T. Oxley 制造了鱼藤根粉。自公元 900 年防治园艺害虫以来，从 19 世纪 70 年代到 20 世纪 40 年代中期，发展了一批人工制造的无机农药。1851 年法国的 M. Grison 用等量的石灰与硫黄加水共煮制取石硫合剂雏型——Grison 水。到 1882 年，法国的 P. M. A. Millardet 在波尔多地区发现硫酸铜与石灰水混合也有防治葡萄霜霉病的效果，由此出现了波尔多液，从1885年起作为保护性杀菌剂而广泛应用。目前，无机农药中的波尔多液及石硫合剂仍在广泛应用。有机合成杀虫剂的发展，首先从有机氯开始，在20世纪40年代初出现了滴滴涕、六六六。第二次世界大战后，出现了有机磷类杀虫剂。50年代又发展了氨基甲酸酯类杀虫剂。

由于高残留农药的环境污染和残留问题，从20世纪70年代开始，许多国家陆续禁用滴滴涕、六六六等高残留的有机氯农药和有机汞农药，并建立了环境保护机构，以进一步加强对农药的管理。如世界用量和产量最大的美国，于1970年建立了环境保护法，其把农药登记审批工作由农业部划归为环保局管理，并把慢性毒性及对环境影响列于考察的首位。鉴此，不少农药公司将农药开发的目标指向高效、低毒的方向，并十分重视它们对生态环境的影响。通过努力，开发了一系列高效、低毒、选择性好的农药新品种。

杀虫剂：仿生农药如拟除虫菊酯类、沙蚕毒类的农药被开发和应用，尤其是拟除虫菊酯类杀虫剂的开发，被认为是杀虫剂农药的一个新的突破。另外，在这段时间内还开发了不少包括几丁质合成抑制剂的昆虫生长调节剂。有人把此类杀虫剂的开发称为“第三代杀虫剂”。其包括噻嗪酮、灭幼脲、杀虫隆、伏虫隆、抑食肼、啶虫隆、烯虫酯等产品。最近，又出现了称为“第四代杀虫剂”的昆虫行为调节剂，其包括信息素、拒食剂等。

杀菌剂：古时期到1882年，该时期主要是以元素硫为主的无机杀菌剂时期，故称之为硫杀菌剂时期。1705年，升汞（$HgCl_2$）开始用于木材防腐和种子消毒。1761年，Schulthess首次将硫酸铜用于防治小麦黑穗病。1802年首次制备出石灰-硫黄合剂，并应用于防治果树白粉病。1882～1934年，这个时期主要应用的杀菌剂是无机铜波尔多液（Bordeaux mixture），是无机杀菌剂向有机杀菌剂的过渡时期。1934～1966年，是保护性的有机杀菌剂大量使用时期。期间二硫代氨基甲酸衍生物（福美类）开始出现。种子处理剂四氯苯醌，2,3-二氯萘醌开始使用。乙撑双二硫代氨基甲酸衍生物（代森类）以及含有三氯甲硫基（—$SCCl_3$）杀菌剂，如克菌丹问世，随后又出现了灭菌丹。此间抗生素，如稻瘟散、放线菌酮、灰黄霉素、链霉素等问世。从 1966 年至今，内吸性有机杀菌剂开始出现和广泛应用。1966 年以前就提出了内吸性有机杀菌剂发展的可能性问题，以 8-羟基喹啉盐类、磺胺类和某些抗生素为代表。1966～1970 年，以萎锈灵为代表的丁烯酰胺类，以苯菌灵为代表的苯并咪唑类，以甲菌啶、乙菌啶为代表的嘧啶类等。1970 年至今出现了甲霜灵、卵菌灵、吡氯灵、霜脲氰等新药剂；出现了下行和双向内吸性杀菌剂，如吡氯灵（下行）、乙膦铝（双向）等；出现了长效品种，如三唑酮、甲霜灵；具有手性的内吸性杀菌剂增多，如甲霜灵、三唑醇、多效醇、多效唑、苄氯三唑醇、烯效唑等。涌现出一大批麦角甾醇生物合成抑制剂，如敌灭啶、丙环唑、丙菌灵、三唑酮、三唑醇、烯唑醇等。其中，三唑类化合物最引人注目。

除草剂：除草剂的发展是各大类农药中最为突出的。这是由于农业机械化和农业现代化推动了它们的发展，使之雄踞各类农药之首，有效地解决了农业生产中长期存在的草害问题。这些除草剂具有活性高、选择性强、持效适中及易降解等特点。尤其是磺酰脲类和咪唑啉酮类除草剂的开发，可谓是除草剂领域的一大革命。它们通过阻碍支链氨基酸的合成而发挥作用，用量为 2～50 克/公顷。

较之前期的有机除草剂提高了两个数量级。它们对多种一年或多年生杂草有效，对人畜安全，芽前、芽后处理均可。此时期主要除草剂品种有绿磺隆、甲磺隆、阔叶净、禾草灵、吡氟乙草灵、丁硫咪唑酮、灭草喹、草甘膦等。同时在此阶段也出现了除草抗生素——双丙氨膦。

三、我国农药工业的发展

我国现代合成农药的研究从 1930 年开始，1930 年在浙江省植物病虫害防治所建立了药剂研究室，这是最早的农药研究机构。到 1935 年，我国开始使用农药防治棉花、蔬菜蚜虫，主要是植物性农药，如烟碱（3%烟碱）、鱼藤酮（鱼藤根），现在也用。1943年在四川重庆市江北建立了我国首家农药厂，主要生产含砷无机物——硫化砷和植物性农药。1946年开始小规模生产滴滴涕。新中国成立后，我国农药工业才得以发展。

新中国成立以后，我国农药工业经历了创建时期（1949～1960），巩固发展时期（1960～1983）和调整品种结构、蓬勃发展时期三个阶段，农药品种和产量成倍增长，生产技术与产品质量显著提高。国务院决定1983年3月起停止生产六六六和滴滴涕，1991年国家又决定停止生产杀虫脒、二溴氯丙烷、敌枯双等5种农药，为了适应农业生产发展的需要，国家集中力量投（扩）产了数十个高效低残留品种，使农药产量迅速增加。到1998年，全国已能生产农药200种（有效成分），农药总产量近40万吨（以折100%有效成分计），全国农药生产能力达到75.7万吨。

我国农药产量已能满足农业需要，并有一定数量的出口，但是品种仍不足，以1998年农药产量计算，其中杀虫剂占72%，杀菌剂占10%，除草剂占16%，植物生长调节剂占2%，因此，我国农药品种结构和各类农药之间比例调整的任务还很繁重，随着我国经济体制改革的逐步深入，这个调整任务定能在不太长的时期内完成。农药工业的发展，农药产量的增加，农药产品质量的提高，对保证农业丰收起到了重要的作用。据农业部门统计，1996年使用化学农药防治40多亿亩次，化学除草面积达6.2亿亩次。每使用1元农药，农业可获益8～16元。

2005年我国农药生产首次突破百万吨大关，超过美国成为世界第一的农药生产大国。基于国内的原料配套、工艺、产业工人等配套升级，全球农药正在向我国转移。2012年，我国化学农药原药（折有效成分100%）产量达354.9万吨，同比增长34.0%，为农业生产提供了重要支持。随着农药行业竞争的不断加剧，大型农药企业间并购整合与资本运作日趋频繁，国内优秀的农药生产企业愈来愈重视对行业市场的研究，特别是对企业发展环境和客户需求趋势变化的深入研究，一批国内优秀的农药企业逐渐在农药行业中占有一席之地。

据《2013—2017年中国农药行业产销需求与投资预测分析报告》，可生产300余种原药、千余种制剂，农药产量由1983年的33万吨上升至2011年的264.87万吨。

前瞻网指出，虽然行业总体呈现良好的发展态势，但是产业结构不合理、创新能力弱、环保水平低三大瓶颈一直制约着农药工业的健康发展，农药产业结构调整迫在眉睫。

当前，我国农药行业集中度过低，一方面造成厂家多而分散、技术水平和产品质量参差不齐、生产过程的物耗和能耗较大、没有规模经济优势，特别是众多小企业造成环境污染严重、监控困难；另一方面，单个企业实力弱，无力承担创制农药新品种的巨额资金，创新能力低下，不利于提高我国农药行业整体国际竞争力的提高。

未来安全、高效、经济和使用方便的农药产品将成为市场的主流产品，绿色环保是农药行业发展的要求。未来几年我国农业生产每年需要农药均在30万～35万吨。随着人们生活水平及环境意识的提高，高毒有机磷杀虫剂将逐步淡出市场，绿色农药将成为农民朋友的新宠，绿色经营将成为企业经营的新观念和新潮流。高效、低毒、低残留是农药产业的发展方向，产品主要包括两大类：高效、低毒的化学农药和生物农药。

我国农药生产大吨品种如下。

杀虫剂：敌敌畏（DDV）、甲胺磷、杀虫双、敌百虫、辛硫磷、三唑磷、哒螨灵。

杀菌剂：硫酸酮、多菌灵、代森类、甲托、井岗霉素、三唑酮、百菌清、敌克松、甲霜灵、福美双、乙磷铝、速克灵、叶枯唑。

除草剂：草甘膦、乙草胺、2甲四氯、2,4-D。

第二节　农药的分类

农药种类繁多，而且随着生产的需要，每年都有新品种出现。

因此，了解农药的分类，可促进科学、正确、合理地使用农药。本书根据人们的目的及农药的各种特性，介绍农药的分类。

一、按原料的来源及成分分类

1. 无机农药

主要由天然矿物质原料加工、配制而成，又称为矿物性农药，其有效成分都是无机的化学物质。常见的有石灰（CaO）、硫黄（S）、砷酸钙［$Ca_3(ASO_4)_2$］、磷化铝（AlP_3）、硫酸铜（$CuSO_4$）。

2. 有机农药

（1）天然有机农药　指存在于自然界中可用作农药的有机物质。

① 植物性农药：如烟草、除虫菊、鱼藤、印楝、川楝及沙地柏等。这类植物中往往含有植物次生代谢产物如生物碱（尼古丁）、糖苷类（巴豆糖苷）、有毒蛋白质、有机酸酯类、酮类、萜类及挥发性植物精油等。

② 矿物油农药：主要指由矿物油类加入乳化剂或肥皂加热调制而成的杀虫剂，如石油乳剂、柴油乳剂等。其作用主要是物理性阻塞害虫气门，影响呼吸。

（2）微生物农药　主要指用微生物或其代谢产物所制得的农药，如苏云金杆菌、白僵菌、农用抗生素、阿维菌素（avermectin）等。

（3）人工合成有机农药　即用化学手段工业化合成生产的可作为农药使用的有机化合物，如对硫磷、乐果、溴氰菊酯、草甘膦等。

二、按用途分类

按农药主要的防治对象分类是一种最基本的分类方法，应用过程中最普遍用的是该分类方法。

1. 杀虫剂（insecticides）

对有害昆虫机体有毒或通过其他途径可控制其种群形成或减轻、消除为害的药剂。

2. 杀螨剂（acaricides，miticides）

可以防除植食性有害螨类的药剂，如双甲脒、克螨特、三氯杀螨醇（砜）、石硫合剂、杀螨素等。

3. 杀菌剂（fungicides）

对病原菌能起毒害、杀死、抑制或中和其有毒代谢物，因而可使植物及其产品免受病菌为害或可消除病症、病状的药剂，如粉锈宁（三唑酮）、多菌灵、代森锰锌、灭菌丹、井岗霉素等。

4. 杀线虫剂（nematocides，nemacides）

用于防治农作物线虫病害的药剂，如滴滴混剂、益舒宝、克线丹、克线磷等。另有些药剂具有杀虫、防病等多种生物活性，如硫代异硫氰酸甲酯类药剂——棉隆既杀线虫，也能杀其他虫、杀菌和除草；溴甲烷、氯化苦对地下害虫、病原菌、线虫均有毒杀作用。

5. 除草剂（herbicides）

可以用来防除杂草的药剂，或用以消灭或控制杂草生长的农药，也称除莠剂，如2,4-D、敌稗、氟乐灵、稳杀得、盖草能、拿捕净等。

6. 杀鼠剂（rodenticides）

用于毒杀危害农、林、牧业生产和家庭、仓库等场合的各种有害鼠类的药剂，如磷化锌、立克命、灭鼠优等。

7. 植物生长调节剂（plant growth regulators）

人工合成的具有天然植物激素活性的物质，可以调节农作物生长发育，控制作物生长速度、植株高矮、成熟早晚、开花、结果数量及促进作物呼吸代谢而增加产量的化学药剂。常见的有 2,4-D、矮壮素、乙烯利、抑芽丹、三十烷醇等。

三、按作用特点分类

比如指对防治对象起作用的方式，但有时也和保护对象有关，如内吸剂命名就是按药物在植物体内的传导运输方式。下面是三大类农药的作用特点分类。

1. 杀虫剂

胃毒剂、触杀剂、熏蒸剂、内吸剂、拒食剂、驱避剂、引诱剂。

2. 杀菌剂

（1）保护性杀菌剂　在病害流行前（即在病菌没有接触到寄主或在病菌侵入寄主前）施用于植物体可能受害的部位，以保护植物不受侵染的药剂。目前所用的杀菌剂大都属于这一类，如波尔多液、代森锌、灭菌丹、百菌清等。

（2）治疗性杀菌剂　在植物已经感病以后（即病菌已经侵入植物体或植物已出现轻度的病症、病状）施药，可渗入到植物组织内部，杀死萌发的病原孢子、病原体或中和病原的有毒代谢物以消除病症与病状的药剂。对于个别在植物表面生长为害的病菌，如白粉病，便不一定要求药剂具有渗透性，只要可以使菌丝萎缩、脱落即可，这种药剂也称治疗剂，有时也称为表面化学治疗。有些药剂不但能渗入植物体内，而且能随着植物体液运输传导而起到治疗作用（内部化学治疗），如多菌灵、粉锈宁、乙磷铝、瑞毒霉等。

（3）铲除性杀菌剂　对病原菌有直接强烈杀伤作用的药剂。可以通过熏蒸、内渗或直接触杀来杀死病原体而消除其危害。这类药剂常为植物生长期不能忍受，故一般只用于植物休眠期或只用于种苗处理，如甲醛、高浓度的石硫合剂等。

3. 除草剂

（1）按作用方式分类

① 内吸性除草剂（输导性除草剂）：施用后可以被杂草的根、茎、叶或芽鞘等部位吸收，并在植物体内输导运输到全株，破坏杂草的内部结构和生理平衡，从而使之枯死的药剂，如2,4-D、西玛津、草甘膦等。

内吸性除草剂可防除一年生和多年生的杂草，对大草也有效。

② 触杀性除草剂：药剂喷施后，只能杀死直接接触到药剂的杂草部位。这类除草剂不能在植物体内传导，因此只能杀死杂草的地上部分，对杂草地下部分或有地下繁殖器官的多年生杂草效果差或无效，因此主要用于防除一年生较小的杂草，如敌稗、五氯酚钠等。

（2）按对植物作用的性质分类

① 灭生性除草剂（非选择性除草剂）：在常用剂量下可以杀死所有接触到药剂的绿色植物体的药剂，如五氯酚钠、百草枯（图2-1，彩图）、敌草隆、草甘膦等。这类除草剂一般用于田边、公路和铁道边、水渠旁、仓库周围、休闲地等非耕地除草。

图2-1 百草枯施用后的除草效果

② 选择性除草剂：所谓选择性，即在一定剂量或浓度下，除草剂能杀死杂草而不杀伤作物；或是杀死某些杂草而对另一些杂草无效；或是对某些作物安全而对另一些作物有伤害。具有这种特性的除草剂称为选择性除草剂。目前使用的除草剂大多数都属于此

类。除草剂的选择性是相对的，有条件的，而不是绝对的。就是说，选择性除草剂并不是对作物一点也没有影响，就把杂草杀光。其选择性受对象、剂量、时间、方法等条件的影响。选择性除草剂在用量大、施用时间或喷施对象不当时也会产生灭生性后果，杀伤或杀死作物。灭生性除草剂采用合适的施药方法或施药时期，也可使其具有选择性使用的效果，即达到草死苗壮的目的。

（3）按施药对象分类

① 土壤处理剂：即以土壤处理法施用的除草剂（图 2-2），把药剂喷撒于土壤表面，或通过混土把药剂拌入土壤中一定深度，建立起一个封闭的药土层，以杀死萌发的杂草。这类药剂是通过杂草的根、芽鞘或胚轴等部位进入植物体内发生毒杀作用，一般是在播种前或播种后出苗前施药。

② 茎叶处理剂：即以喷洒方式将药剂施于杂草茎叶的除草剂，利用杂草茎叶吸收和传导来消灭杂草，也称苗（期）后处理剂。

四、按性能特点等方面分类

（1）广谱性农药　一般来讲，广谱性药剂是针对杀虫、治病、除草等几类主要农药各自的防治谱而言的。如一种杀虫剂可以防治多种害虫，则称其为广谱性农药。同理可以定义广谱性杀菌剂与广谱性除草剂。

（2）兼性农药　兼性农药常用两个概念，一是指一种农药有两种或两种以上的作用方式和作用机制，如敌百虫既有胃毒作用，又有触杀作用；二是指一种农药可兼治几类害物，如稻瘟净、富士一号等，既可防治水稻稻瘟病，又可控制水稻飞虱、叶蝉的种群发生。

（3）专一性农药（专效性农药）　是指专门对某一、两种病、虫、草害有效的农药，如三氯杀螨醇只对红蜘蛛有效，抗蚜威只对某些蚜虫有效，敌稗只对稗草有效。这些药剂便属于专一性农药。专一性农药有高度的选择性，有利于协调防治。

（4）无公害农药　这类农药在使用后，对农副产品及土壤、大气、河流等自然环境不会产生污染和毒化，对生态环境也不产生明显影响，也就是指那些对公共环境、人、畜及其他有益生物不会产生明显不利影响的农药。昆虫信息素、拒食剂和生长发育抑制剂便属于这一类。

第三节　农药的毒性、毒力、药效

在使用农药防治的过程中，经常会遇到毒性、毒力、药效三个概念。三者含义不同，却经常被混淆。因此，本节就这三个概念展开分述，希望能为读者对农药的相关概念有更为清晰的理解。

一、农药的毒性

指药剂对人、畜等的毒害程度。我国现行对农药毒性测定是用纯药原药或制剂在大白鼠、小白鼠、兔、狗等试验动物身上测定。

农药的毒性分急性毒性和慢性毒性两种。

1. 急性毒性

是指药剂经皮肤或经口、呼吸道一次性进入动物体内较大剂量，在短时间内引起急性中毒。

农药毒性分级标准是以农药对大白鼠“致死量”表示，目前国内外通常用“致死中量”或半数致死量（LD_{50}）表示，指毒死半数受试动物剂量的对数平均数，即每千克体重的动物所需药物的毫克数，单位为毫克/千克。从定义可看出 LD_{50} 愈小，药物毒性愈大；反之则毒性越小。

根据我国《农药安全使用标准》，依致死中量分高毒、中毒、低毒三种。高毒农药的使用范围有一定限制，使用时要遵守国家现有的规定。

2. 慢性毒性

是指供试动物在长期反复多次小剂量口服或接触一种农药后，经过一段时间累积到一定量所表现出的毒性。

无论急性或慢性中毒药剂均需要注意其是否有三致（致畸、致癌、致突变）作用。

致畸：引起动物畸形。

致癌：引发动物肿瘤。

致突变：引发遗传上的突然变异。

凡有三致作用的，均不能作农药使用。另外还有些农药对水生动物、蜜蜂以及有益的天敌等有毒或有二次中毒问题，使用时也要特别注意，或者忌用。

根据农药致死中量（LD_{50}）的多少可将农药的毒性分为以下五级。

（1）剧毒农药　致死中量为1～50毫克/千克体重，如久效磷、磷胺、甲胺磷等。

（2）高毒农药　致死中量为51～100毫克/千克体重，如呋喃丹、氟乙酰胺、氰化物、401、磷化锌、磷化铝、砒霜等。

（3）中毒农药　致死中量为101～500毫克/千克体重，如乐果、叶蝉散、速灭威、敌克松、402、菊酯类农药等。

（4）低毒农药　致死中量为501～5000毫克/千克体重，如敌百虫、杀虫双、马拉硫磷、辛硫磷、乙酰甲胺磷、二甲四氯、丁草胺、草甘膦、托布津、氟乐灵、苯达松、阿特拉津等。

（5）微毒农药　致死中量为5000毫克以上/千克体重，如多菌灵、百菌清、乙磷铝、代森锌、灭菌丹、西玛津等。

农药表示毒性的常见名词如下。

最小致死量（MLD）：指受试动物开始出现中毒症状而死亡的剂量。

全致死量（LD_{100}）：指受试动物全部死亡所使用的最低剂量。

致死中浓度（LC_{50}）：指在一定时间内受试动物死亡50%吸入剂量（毫克/米^3）。

耐药中量（TLM）：表示农药对鱼的毒性，一般用48小时内引起鱼半数死亡的浓度。标记为TLM48小时LC_{50}（毫克/升）或用$\times 10^{-6}$表示。

有效中浓度（EC_{50}）：指能使供试生物群体中有50%个体产生某种药效反应所需的药剂浓度。

农药的半衰期：指农药在某种条件下分解或消失一半所需的时间。

农药量最大容许残留量：供人类食用的农副产品中允许的农药最高限度的残留浓度。

农药残留量：农药喷洒到植物或土壤上，经过一定时间后，尚残存在植物体内或体外以及土壤中的药量。

农药的残留毒性：农药残留通过食物链富集，在有机体内造成毒性。

每日允许摄入量（ADI）：各种农药的每日允许摄入量是根据当前已知该农药对动物生理的影响，包括对下一代的影响而制定的，它保证人类一生中如果每日摄入该剂量也不会引起毒害（慢性毒性重要指标）。ADI以每千克体重摄入药物的毫克数来表示。ADI＝最大无作用剂量/安全系数。

最大无作用剂量：是通过慢性毒性试验，即通过长期的动物喂饲试验，求得长期摄入对健康也不产生不良影响的剂量，单位为毫克/(千克·天)，即每千克体重动物每天摄入农药的毫克数。

安全系数：农药最大无作用剂量的数据都是在动物身上试验获得的，为了对人的绝对安全，需要考虑一个安全系数，通常取100，对某些具有三致或具特殊毒性的农药，则其安全系数可增至1000甚至5000。

最大残留允许量（MRL）：指供消费食品中可允许的最大限度的农药残留浓度，它是一种从食品卫生保健角度考虑，防止遭受残留农药引起毒害的安全措施。MRL＝ADI×人体标准体重/食品系数，单位为毫克/千克。

人体标准体重：一般可按一地区内人体体重的情况来计算，我国目前按55千克计算。

食品系数：根据各地取食习惯，通过调查后参考多方面的因素而制定。

二、农药的毒力

指药剂本身对有害生物的毒害程度，多在室内人为控制条件下精密测定。

毒力的选择性亦很重要。所谓选择性，一般是指农药对虫、鼠的毒力强而对人、畜弱。选择性越强，毒力间差别越大，对人、畜威胁就越小，使用也越安全。但选择性也不宜过强，如果仅对几种病虫或几种鼠类有毒，则使用范围就会受到很大限制。

在规定的控制条件下对药剂进行生物测定得到的数据，计算出能表示药剂毒力大小的指标。

（1）致死中量（LD_{50}） 能使供试生物群体的50%个体死亡所需的药剂用量。药剂剂量单位有两种，一是以供试生物体的单位质量所接受到的药量为单位，如毫克/千克或微克/克，另一是以供试生物个体所能接受的药量为单位，如每一个体接受的毫克量（毫克/个），或每一个体接受的微克量（微克/个）。

（2）致死中浓度（LC_{50}） 使供试生物群体的50%个体死亡的药剂浓度。药剂浓度是单位体积或单位质量的药剂中含有药剂有效成分的量（一般是以质量为单位）的百分比、千分比以至万分比，如1%、0.1%等。

（3）有效中量（ED_{50}） 使供试生物群体的50%个体产生某种药效反应所需的药剂用量。某种药效反应是指能使供试生物产生任何不正常反应表现，如昆虫被击倒、失去活动能力、体重减轻、停止取食、死亡、病菌孢子不发芽、菌丝生长速度缓慢、种子失去萌芽力、萌发生长缓慢甚至萎死、植株叶片退绿、叶片卷曲、产生枯斑等。

（4）有效中浓度（EC_{50}） 使供试生物群体中有50%个体产生某种药效反应所需的药剂浓度。

(5) 相对毒力指数 在对多种药剂进行毒力比较时，有时需要分批进行毒力测定，由于测定时供试生物个体的内在因素和测定时处理条件等的差异，致使不同批次的试验结果有一定程度的变化。为消除上述差异的影响，选一种农药作为标准药剂，求出每种被测药剂与其毒力的比值。这种与标准药剂的比值，即称为相对毒力指数。相对毒力指数用下式算出。

相对毒力指数=(标准药剂的等效剂量/其他药剂的等效剂量)×100

等效剂量是在相同的试验条件下，两种以上药剂对供试生物产生同样大小的反应所需的剂量（或浓度）。通常是采用致死中量，也可用致死90%的剂量（LD_{90}）或其他致死率的剂量。例如，A、B两种药剂对某种害虫的致死中量分别为5微克/克和3微克/克，将B药剂作为标准药剂，相对毒力指数为100，则A药剂的相对毒力指数为：

A药剂相对毒力指数=(3÷5)×100=60

相对毒力指数越大，表示药剂的毒力越大。用相对毒力指数可以把经过生物测定的药剂的毒力按顺序排列出来。

三、农药的药效

是指农药对病虫害或杂草的毒杀效果。杀虫剂药效可用施药后害虫的死亡百分率、死亡速度来表示。杀菌剂的药效可用病情指数的降低及受害率的降低、虫口密度降低的百分率来表示。除草剂药效可用施药后杂草死亡的百分率来表示。药效的测定，一般先经室内毒力试验证明有效后，再进行田间小区试验。在小区试验基础上，证明药效比较好的若干品种，可进行大区试验以进一步肯定其药效和推广价值（药效从高到低，见图2-2，彩图）。

1. 药效的计算方法

(1) 杀虫剂药效计算公式

$$\text{虫口减退率}(\%)=\frac{(pt_0\text{虫数}-pt_1\text{虫数})}{pt_0\text{虫数}}\times 100$$

图 2-2　不同药效

$$=\left(1-\frac{CK_0\text{虫数}\times pt_1\text{虫数}}{CK_1\text{虫数}\times pt_0\text{虫数}}\right)\times 100$$

或

$$=\frac{pt\text{ 虫口减退率}\pm CK\text{ 虫口减退率}}{100\pm CK\text{ 虫口减退率}}\times 100$$

式中，pt_0 为药剂处理区施药前；pt_1 为药剂处理区施药后；CK_0 为对照区施药前；CK_1 为对照区施药后。

（2）杀菌剂药效计算公式

$$\text{病情指数}=\frac{\sum[(\text{各级病叶数}\times\text{相对级指数})]}{(\text{调查总叶数}\times 9)}\times 100$$

$$=\frac{pt_1\text{病情指数}-pt_0\text{病情指数}}{pt_0\text{病情指数}}\times 100$$

$$=\left(1-\frac{CK_0\text{病情指数}\times pt_1\text{病情指数}}{CK_1\text{病情指数}\times pt_0\text{病情指数})}\right)\times 100$$

或

$$=\frac{pt\text{ 病指增长率}\pm CK\text{ 病指增长率}}{100\pm CK\text{ 病指增长率}}\times 100$$

当对照区病指施药后比施药前增加时，公式中用“+”，减少时，公式中用“-”。

$$\text{施药前无基数}=\frac{CK_1\text{病情指数}-pt_1\text{病情指数}}{CK_1\text{病情指数}}\times 100$$

（3）除草剂药效计算公式　数出每种杂草株数（前期），称量出每种杂草的鲜重（后期称干重）。可对整个小区进行调查，也可在每个小区随即选择 1/4～1 米^2 方块进行测定。在某种情况下，也可计数或测量特殊植物器官（如单子叶杂草开花数或有效分蘖数）。

$$防效(\%)=\frac{施药前杂草数-施药后杂草数}{施药前杂草数}\times 100$$

或

$$=\frac{对照区杂草数-处理区杂草数}{对照区施药前杂草数}\times 100$$

$$鲜(干)重防效(\%)=\frac{对照区杂草重量-处理区杂草重量}{对照区杂草重量}\times 100$$

2. 农药药效的影响因素

影响农药药效的因素是多方面的，主要有以下八种。

（1）农药自身因素影响到药效发挥　农药的成分、理化性质、剂型都影响着药效的发挥，相同成分同等含量的不同剂型之间都会存在差异，同时不能排除一些公司在含量上做文章，偷减含量影响药效。例如，速灭杀丁对许多鳞翅目害虫有效，但对螨类无效；每667 米^2 用 20 毫升和 40 毫升防治鳞翅目害虫的效果会有较大差别。要依据防治对象、作物品种和使用时期，选择适宜的农药品种、剂型和使用剂量。

（2）病害诊断不准确，用药存在偏差　由于经验的多寡，混淆不同病害，极容易错过病害的最佳防治时期，造成病害蔓延为害甚至产生药害。

（3）防治对象的因素　不同病虫害的生活习惯有差别，即使是同一种病害或害虫，因为所处的发育阶段不同，对不同农药或同类农药的反应也不一样，常表现为防治效果的差别。例如，盖草能对大多数禾本科杂草有效，对阔叶类杂草无效。

（4）设备混用的因素　不同的农药化学性质也是不同的，混合掺放可能会改变原有的化学性质。

（5）施药器械的因素　喷雾质量的好坏直接影响着药效的高低。目前一些地方使用常规喷雾机械，所喷出的雾滴过大，雾滴落于作物表面时产生弹跳，有 50%左右的药液落在地面上，导致药效不能完全发挥。等量的药液如果雾滴中径缩小一半，所得的雾滴数目可增加 8 倍，药效也有大幅提高。有时为能让药液全部沾着在作物表面，便加大用水量，这种做法非但不能提高药效，还会降低药效。因为作物叶片表面能够附着的药滴是有限的，当喷洒量超过一定限度时，叶片上的细小雾滴就会聚集成大雾滴滚落，降低叶片上的农药量。为了提高喷雾质量，有必要改良现有喷雾器械，减小喷片孔径，降低雾滴中径，喷药时喷头与作物保持20厘米以上距离，形成良好的雾化效果，同时在喷药时加入有机硅喷雾助剂“展透”可以降低药液表面张力，减少药液因弹跳造成的损失，在蜡质层较厚的作物上使用表现尤为突出（图2-3，彩图）。

(a) 未用展着剂

(b) 使用展着剂

图2-3 使用展着剂对比图

（6）抗药性问题 某些地区在防病时无论是否需要，每次用药都加入某些品种药剂，并且一旦发现药效有所降低，就擅自加大用量，长期单一使用某种药剂，势必会造成病菌过早产生抗性，病害大爆发时将面临无药可治的问题。因此，应坚持“预防为主、综合防治”的原则，科学选用农药品种，避免多种同一有效成分的制剂混用，建议轮换使用不同成分药剂或与保护性制剂混配使用，以延缓抗性的发生。

（7）农药混配存在误区 经常把不同类型、不同剂型的农药进行复配，希望一次用药解决所有病虫害问题。这种做法有三个误区。一是二次稀释存在误区。正确做法是把要用的几种农药分别进行稀释，稀释完一种倒入喷雾器再稀释另一种，依次进行，这样才能真正发挥二次稀释在提高药效上的作用。二是在混配时不同剂型投药先后顺序影响着药液的发挥。投药及肥料依次为叶面肥、可湿性粉剂、水分散粒剂、悬浮剂、微乳剂、水乳剂、水剂、乳油，这样混配出来的药剂稳定性较好。三是药剂的酸碱度影响药效的发挥。混配不当容易出现酸碱中和的情况，如防治细菌性病害占有比例较大的铜制剂，与其他药剂混配后药液极易出现变色、沉淀等现象，轻者药效会减弱，重者会出现药害。

（8）湿度、温度都会影响到药效的发挥　在露水未干的时候喷药，露水会稀释药液浓度。气温过高过低都会影响到药效的发挥，一般而言，气温在 20～30℃用药效果较好。

第四节　农药对作物的药害及防止发生的措施

一、定义

农药药害是指因施用农药对植物造成的恶伤害。产生药害的环节是使用农药作喷洒、拌种、浸种、土壤处理等；产生药害原因有药剂浓度过大，用量过多，使用不当或某些作物对药剂过敏；产生药害的表现有影响植物的生长，如发生落叶、落花、落果、叶色变黄、叶片凋零、灼伤、畸形、徒长及植株死亡等，有时还会降低农产品的产量或品质。农药药害分为急性药害和慢性药害。施药后几小时到几天内即出现症状的，称急性药害；施药后，不是很快出现明显症状，仅是表现光合作用缓慢，生长发育不良，延迟结实，果实变小或不结实，籽粒不饱满，产量降低或品质变差，则称慢性药害。

二、药害的发生

作物在生长、发育过程中往往由于各种原因会产生一些受害症状，这些症状极易与农药造成的药害症状相混淆而难以区分。例如，由低温冰冻、高温、严重干旱、热风等不良环境条件引起的作物叶片产生灼伤、干枯、失绿等症状；由于缺乏铜、锰、钼、锌、铁等微量元素造成的果树缺素症；由大气中的二氧化硫、二氧化氮、氯气等使作物受害而产生的近似药害的症状；由病毒病引起的叶片失绿、畸形；由线虫、土传病害引起的幼苗矮化等生长异常现象等。因此，在诊断农药的药害症状时，必须深入了解田间实施的所有农业技术措施、施药前后的气象情况、前茬作物情况及其他相关因素，才能正确地诊断。有些农药在使用后，特别是有些除草剂使用后，作物会不可避免地出现某些异常症状，如叶片变黄、生长暂时受些抑制，但其后迅速恢复正常，不影响中后期的生长，也不会导致减产，则不应将其看作是药害。

三、药害的分类

药害按发生时期可分为以下几类。

1. 直接药害

即施用农药后对当季作物造成的药害。

2. 间接药害

即施用农药的使邻近农田敏感作物受药害，长残效农药施用后使后茬敏感作物受药害。

药害按症状性质可分为以下几类。

1. 可见药害

即从形态上用肉眼能直接观察出症状的药害（图 2-4，彩图），如叶片被灼伤、变黄、产生叶斑、凋萎，甚至落叶、落果，植株生长缓慢或徒长、畸形，以至枯萎、死亡，药剂处理种子后出苗期推迟、出苗率降低、苗弱等。

2. 隐形药害

即从作物外观看，生长、发育无明显症状，但最终的产量降低，品质变差。

图 2-4　百草枯药害

四、常用药剂的敏感作物及敏感时期

以下列举出常用药剂的敏感作物及敏感时期，以备读者查阅。

1. 杀虫剂

（1）敌敌畏　豆类、瓜类幼苗较敏感，稀释不能低于 800 倍。

（2）敌百虫　豆类特别敏感，不宜使用。瓜类幼苗早期对敌百虫也易产生药害。

（3）辛硫磷　菜豆敏感，50%乳油 500 倍液喷雾有药害，1000 倍液时也可能有轻微药害。甜菜对其也较敏感，如拌闷种时，应适当降低剂量和闷种时间。高温时对叶菜敏感，易烧叶。

（4）杀扑磷　应避免在花期喷雾，以免引起药害，使用时间以开花前为宜，使用浓度不应随意加大，否则会引起褐色叶斑。棚室内气温超过 30℃用 800～1000 倍，幼果极易产生药害。

（5）马拉硫磷　番茄幼苗、瓜类、豇豆的一些品种对该药敏感，使用时注意浓度。

(6) 丙溴磷　浓度高时对瓜豆类有一定药害，对于十字花科蔬菜，避免在作物花期使用。

(7) 哒嗪硫磷　不能与2,4-D除草剂同时使用，如两药使用的间隔期太短，易产生药害。

(8) 杀螟丹（巴丹）　白菜、甘蓝等十字花科蔬菜幼苗。

(9) 杀虫双　白菜、甘蓝等十字花科蔬菜幼苗叶面喷雾。豆类对其敏感，只能用低浓度。

(10) 杀虫单　菜豆、马铃薯及某些豆类。

(11) 仲丁威（巴沙）　瓜、豆、茄科作物。

(12) 异丙威　薯类作物。

(13) 甲萘威（西威因）　瓜类。

(14) 抑太保　白菜幼苗。

(15) 噻嗪酮　药液如接触到白菜、萝卜等作物上叶片会出现褐斑或白化等药害。

(16) 丁醚脲　高温高湿条件下对幼苗易产生药害。正常条件下25%丁醚脲乳油使用剂量不超过50毫升/667米^2。

(17) 克螨特　25厘米以下瓜、豆稀释不低于3000倍。

2. 杀菌剂

(1) 石硫合剂　豆类、马铃薯、番茄、葱、姜、甜瓜、黄瓜等。

(2) 波尔多液　马铃薯、番茄、辣椒、瓜类、白菜、莴苣等，对铜离子特别敏感，慎用。

① 避免在阴湿天或雾水未干前施用，以防药害。由于硫酸铜的渗透性强，所以被雨水或露水淋掉的是石灰，所剩的是铜离子，而铜离子的腐蚀性很强，易使叶片、幼果受害。喷药避开中午的烈日，以免高温引起由石灰造成的药害。雨季喷药，配药时要酌情加大石灰用量。

② 不能与碱性药剂混用，波尔多液同石硫合剂、退菌特、福美双、福美砷等混用，或交替使用间隔时间太短，均易产生药害。

③ 波尔多液不应在金属容器中配制。

④ 随配随用。波尔多液配制，一是将稀硫酸铜液倒入浓石灰乳中，并边倒边搅；二是将稀释好的石灰乳和硫酸铜液，同时倒入搅动的水桶中，并边倒边搅即可。这种配制方法既简单又方便，配制的波尔多液沉淀得慢，使用后保护效果好。

（3）硫黄　黄瓜、豆类、马铃薯等作物对该药敏感，易发生药害。使用时应适当低浓度或减少施药次数，高温季节应早、晚施药，避免中午施药。

（4）代森锰锌（非络合态代森锰锌）　不宜用于毛豆的幼果期，葫芦科作物慎用。

（5）烯唑醇　西瓜、大豆、辣椒（高浓度时药害）。

（6）丙环唑　在苗期使用易使出苗率降低，幼苗僵化，抑制生长，灼伤幼果，尽量在作物中后期使用；对瓜类作物敏感，请勿使用。

（7）机油乳剂　萌芽期和花期喷机油乳剂 150 倍＋40％水胺硫磷 1200～1500 倍，引起药害。

3. 除草剂及生长调节剂

（1）二甲四氯钠　阔叶作物。

（2）莠去津　后茬敏感作物白菜等（可通过减少用药量，与其他除草剂混用解决）。

（3）乙草胺　葫芦科（黄瓜、西瓜、葫芦）、菠菜、韭菜。

（4）异丙甲草胺（都尔）　菠菜。

（5）2,4-滴丁酯　双子叶蔬菜作物。

另外瓜类、豆类是比较敏感的作物，在瓜类作物上应慎用敌敌畏、乙膦铝、敌克松、辛硫磷、杀虫双、灭病威；豆科作物应慎用敌敌畏、敌百虫、杀虫双、灭病威等。瓜豆类作物用以上农药品种极易产生药害，最好用其他农药品种代替。

五、常见农药药害的预防及补救措施

目前，农药的使用技术水平要求也越来越高，趋于专业化。在农药使用过程中，稍有不慎就有可能产生药害，轻者影响作物生长，导致减产；重者甚至绝收，更甚者可能对下茬作物造成影响。针对这些情况，从以下几个方面介绍一下农药药害的预防及补救措施。

农药在使用过程中要注意以下几点，以尽可能减少或避免药害的发生。

（1）农药的质量　在购买农药前，首先要弄清防治对象和兼治对象，以对症下药。购买农药时要注意以下几点，以免购买假药，造成损失。首先，所购农药必须有四证，即农药登记证、生产许可证、农药标准号、产品合格证。同时要注意农药使用的有效期，一般水剂农药有效期为1年，粉剂2年，乳油3年，可具体看一下商标上的生产日期和有效期。变质的农药易造成药害，乳油类农药要求药液清亮透明、无絮状物、无沉淀，加入水中能自行分散，水面无浮油。粉剂类农药要求粉粒细、匀、不结块。可湿性粉剂类农药要求加入水中能溶于水并均匀分散。其次，包装应完整无破损无溢漏，粉剂农药无结块，乳剂农药无分层，水剂农药无沉淀，颗粒农药符合标准，颗粒大小匀称。

（2）稀释用水质量　稀释农药时使用的水要是干净的软水，不要使用含杂质多的脏水和含钙镁离子的硬水。

（3）施药浓度　用药浓度过大是导致作物产生药害的主要原因之一。每种农药在不同的作物上使用都有一个安全的浓度范围，“浓度越高效果越好”是不正确的。配药前必须认真阅读该药的使用说明，准确计算，严格计量，严禁随意配药。

（4）用药随配随用　药液配好后不可久存，特别是多种农药混用时，一定要现配现用，否则可能会发生沉淀和有效成分降解现象，放置久了甚至会发生化学反应生成新的物质。使用这样的药液不仅防效差，而且易产生药害。

（5）农药的混用　合理的农药混用，可以提高工效，兼治几种病虫害，减少用药量，降低成本，有时还可以提高药效，降低毒性，减缓病菌害虫对药剂的抗性，或防治已产生抗性的病虫。农药混用有的是事先由工厂加工成混剂，用水稀释后使用。

（6）施药的质量　用药前，首先要根据用药说明，正确进行稀释。对于液体农药，防治用液量少时可直接稀释，多时先用少量水稀释成母液后再稀释；可湿性粉剂先用少量水稀释成母液后再稀释；对粉剂农药和颗粒农药先溶解后再稀释成所需倍数。农药的喷施一般在各种病虫害发生初期，这时虫口密度低，虫的抗性差，防治效果最佳。用药时要做到以下几点。一要全面均匀，正反面均喷到，根据施药部位，准确用药。二是不要随意加大浓度，以免增加害虫的抗药性，必要时可换农药品种。三是虫少时尽量少喷药。四是为防止害虫对农药产生抗性，要采用交替用药的方法，但交替用药时需注意：喷过机油乳剂后 10～15 天才能喷石硫合剂、波尔多液；喷过松碱合剂 1 周内不得使用有机磷农药，20 天内不得喷石硫合剂。同时，可采用两类以上不同的药剂混合使用或在杀虫剂中加入多功能增效剂以增加药效，不要连续单一使用同一种农药。

喷雾要求液滴要细，切实做到雾化效果，不要把喷头靠作物太近。除常规喷雾外，还可用涂茎、灌根、熏蒸等方法施药，以取得最佳的施药质量，避免药害的发生。

（7）作物敏感期及敏感部位　大多数作物在幼苗期的耐药性较差，随着苗的长大，其耐药性也逐渐增强；幼嫩组织部分对药剂相对敏感，成熟组织部分的耐药性较强，故施药应区别对待。此外，有些作物花期及幼果期对农药敏感，使用时应特别慎重。

六、蔬菜上的常见农药药害的缓解与消除

（一）一般性药害处理方法

1. 清水冲洗

对内吸型农药造成的药害，应立即用清水冲洗，以减少植株对农药的吸收。如土施呋喃丹颗粒剂引起的药害，应采取排灌洗药的措施，即对土壤进行大水浸灌，再灌 1～2 次“跑马水”，以洗去土

壤中残留的农药，减轻药害。

2. 喷药中和

如药害造成叶片白化时，可用粒状50%腐殖酸钠3000倍液进行叶面喷雾，或以同样的方法将50%腐殖酸钠配成5000倍液进行浇灌，药后3～5天叶片会逐渐转绿。如因波尔多液中的铜离子产生的药害，喷0.5%～1%石灰水即可解除。如受石硫合剂的药害，在水洗的基础上喷400～500倍的米醋液，可减轻药害。乐果使用不当发生药害时，可喷用200倍的硼砂液1～2次。

3. 及时增肥

作物发生药害后生长受阻，长势弱，及时补氮、磷、钾或稀薄人粪尿，可促使受害植株恢复。如药害为酸性农药造成的，可撒施一些生石灰或草木灰。药害较强的还可用1%的漂白粉液叶面喷施。对碱性农药引起的药害，可增施硫酸铵等酸性肥料。无论何种药害，叶面喷施0.1%～0.3%磷酸二氢钾溶液，或用0.3%尿素液加0.2%磷酸二氢钾液混喷，每隔5～7天1次，连喷2～3次，均可显著降低药害造成的损失。

4. 加强培管

适量除去受害已枯死的枝叶，防止枯死部分蔓延或受到感染；中耕松土，深度10～15厘米，以改善土壤的通透性，促进根系发育，增强根系吸收水肥的能力；搞好病虫害防治。

（二）抑制植株生长和叶片急速扭曲下垂的处理方法

蔬菜上药害常表现为抑制植株生长的，可以喷用赤霉素（九二〇）30%～50%，再配合100倍的白糖，也可以用云大-120与白糖混合使用。若因药害造成叶片急速扭曲下垂的，可立即喷用100倍的白糖水，一般可迅速解除药害。但若不处理，一般1周左右可以自然恢复。有时恢复之后，植株的生殖生长性能会明显增强，这一现象常被用来控制植株徒长，单纯地用于控制植株徒长通常采用增大一倍浓度的叶面肥。

（三）除草剂药害处理方法

除草剂对蔬菜造成的药害如果不十分严重，可喷抗病威或病毒K的500倍液。对于出现严重抑制生长的植株，可用上述药剂原液涂抹生长点部。为了预防玉米除草剂对豆类蔬菜和辣椒的危害，可以在玉米除草剂喷用以前在蔬菜上喷用上述药剂。

（四）其他农药药害处理方法

一般采用下列农药可消除和缓解药害。

① 太阳花、抗病威或病毒K、天然芸薹素、动力2003和惠满丰等。

② 蔬菜灵＋植物多效生长素。

第三章 农药的科学使用

第一节 农药的施用

一、施药方法

按农药的剂型和喷撒方式可分为喷雾法、喷粉法、撒施法及毒饵法等。由于耕作制度的演变、农药新剂型、新药械的不断出现，以及人们环境意识的不断提高，施药方法还在继续发展。

1. 喷雾法

将农药制剂加水稀释或直接利用农药液体制剂，以喷雾机具喷雾的方法。喷雾的原理是将药液加压，高压药液流经喷头雾化成雾滴的过程。农药制剂中除超低容量喷雾剂不需加水稀释而可直接喷洒外。可供液态使用的其他农药剂型如乳油、可湿性粉剂、胶悬剂、水剂以及可溶性粉剂等均需加水调成乳液、悬浮液、胶体液或溶液后才能供喷洒使用。适合防治植株地上部分发生的病虫害及田间杂草，对于隐蔽性病虫害防效差。

根据每 667 米^2 用药液量及雾滴直径大小将喷雾分为以下几类。

(1) 常量喷雾　每 667 米^2 用药液量 10 千克以上，雾滴直径 0.1～0.5 毫米，一般用常规喷雾器（图 3-1）喷雾，如工农-16 型。

由于雾滴直径大，雾粒下沉快，单位面积药剂利用率低，一般受药量占用药量的25%左右，因此浪费较大，污染严重。

(a) 常量喷雾施药

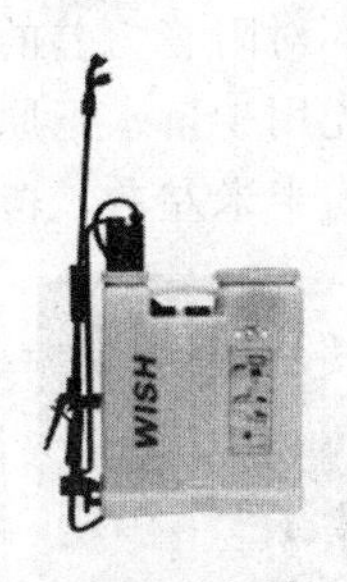

(b) 手动喷雾机

(c) 电动喷雾机

图 3-1　常量喷雾

（2）低容量喷雾　每667米^{2}用药液量10～1千克，雾滴直径0.05～0.1毫米，一般采用18型机动弥雾机（图3-2）喷雾。由于雾滴直径小，70%左右的雾粒都沉落在植株上部，单位面积药剂利用率高、浓度高，雾化好，防治效果好。但高毒易产生药害，慎用，以免发生人畜中毒和产生药害。

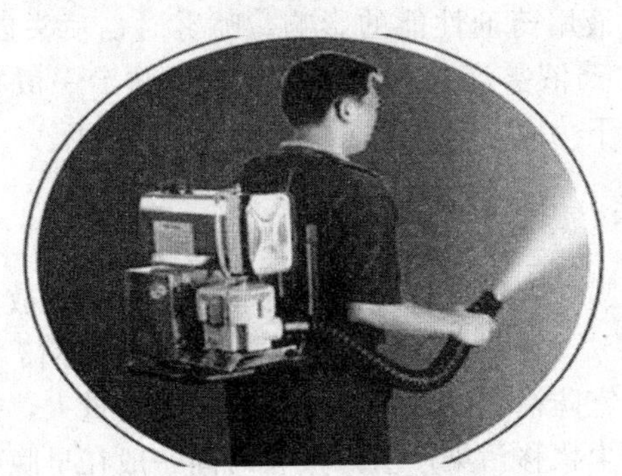

图 3-2　低容量喷雾

（3）超低容量喷雾　每667米^{2}用药液量1千克以下，雾滴直径0.01～0.05毫米，一般采用电动喷雾器（图3-3）喷雾，由于雾滴直径极小，90%左右的雾粒都沉落在植株顶部，单位面积药剂利用率高，防治效果好。尤其适宜保护地蔬菜进行防治，喷药液量少，可降低棚内湿度，减轻病虫害发生程度，降低用药量，生产出更多无公害蔬菜。另外，为提高喷雾质量与防治效果，必须选择水质好的水，即软水；对附着力差的水剂，需加入少量中性洗衣粉作展着剂；配药时宜先用少量水把原药稀释，充分搅拌，促使悬浮均匀；喷头离开农作物半米左右，覆盖较均匀。

图 3-3　超低容量喷雾

影响喷雾质量的因素：如药械对药液分散度的影响、液剂的物理化学性能对其沉积量的影响、液剂农药沉积量与生物表面结构的关系、水质对液用药剂性能的影响。喷雾时，喷头以距植株 50～60 厘米为宜，药液雾滴要均匀覆盖植株。防治一般害虫，以药液不从叶片上流下为宜，还应注意喷到叶片的背面。

2. 喷粉法

喷粉是用喷粉器械所产生的风力将药粉吹出分散并沉降于植物体表的使用方法（图 3-4）。该施药方法简单，不需水源，工效比喷雾法高。适宜防治爆发性害虫。缺点是用药量大，持效期短，易污染环境，粉尘飘移污染严重。喷粉时间一般在早晚有露水时，温室内使用时尽量在非排风时间使用。影响喷粉质量的因素很多。如药械性能与操作对粉剂均匀分布的影响、环境因素对喷粉质量的影响、粉剂的某些物理性质对喷粉质量的影响。

3. 毒土法

也称土壤消毒法，是将药剂施在地面并翻入土中，用来防治地

图 3-4　背负式喷雾喷粉机

下害虫、土传病害、土壤线虫及杂草的方法（图 3-5，彩图）。可使用颗粒剂、高浓度粉剂、可湿性粉剂或乳油等剂型。颗粒剂直接用于穴施、条施、撒施等；粉剂可直接喷施于地面或与适量细土拌匀后撒施于地面，再翻入土中；可湿性粉剂或乳油兑水配成一定浓度的药液后，用喷洒的方式施于地表，再翻入土中。土壤对药剂的不利因素往往大于地上部对药剂的不利因素，如药剂易流失，黏重或有机质多的土壤对药剂吸附作用强而使有效成分不能被充分利用，以及土壤酸碱度和某些盐类、重金属往往也能使药剂分解等。

图 3-5　石灰氮对土壤消毒

4. 撒颗粒法

用手或撒粒机施用颗粒剂的施药方法。粒剂的颗粒粗大，撒施时受气流影响很小，容易落地而且基本上不发生漂移现象，用法简单，工效高，特别适用于地面、小田和土壤施药。撒施可采用多种方法，如徒手抛撒（低毒药剂）、人力操作的撒粒器抛撒、机动撒粒机抛撒、土壤施粒机施药等。

5. 撒施法

是将农药与土或肥混用，用人工直接撒施，撒施法的关键技术在于把药与土或药与肥拌匀、撒匀。拌药土：取细的湿润土粉20～30 千克，先将粉剂、颗粒剂农药与少量细土拌匀，再与其余土搅和；液剂农药先加少量水稀释，用喷雾器喷于土上，边喷边翻动。拌和好的药土以捏得拢撒得开为宜；拌药肥，选用适宜农药剂型与化肥混合均匀。要求药肥二者互无影响，对作物无药害而且施药与施肥时期一致。

6. 拌种法

用拌种器（图 3-6）将药剂与种子混拌均匀，使种子外面包上一层药粉或药膜，再播种，用来防治种子带菌和土壤带菌浸染种子及防治地下害虫及部分苗期病虫害的施药方法。可使用高浓度粉剂，可湿性粉剂、乳油、种衣剂等。拌种法分干拌法和湿拌法两种。干拌法可直接利用药粉；湿拌法则需要确定药量后加少量水。

图 3-6 手摇拌种器

拌种药剂量一般为种子重量的 0.2%～0.5%。先将药剂加入少量水，然后再均匀地喷在待播的种子上。关键在于药种要拌匀，使每粒种子外面都粘药剂。拌种后根据药剂的挥发性或渗透性大小，堆闷一定时间，再晾干播种。

7. 包衣法

近年来迅速兴起，推广面积逐渐扩大的一种使用技术（图3-7，图 3-8，彩图），一般是集杀虫、杀菌为一体，在种子外包覆一层药膜，使药剂缓慢释放出来，达到治虫、抗病的作用。

图 3-7　种子包衣机

图 3-8　包衣后的种子

8. 种、苗浸渍法

为预防种子带菌、地下害虫为害及作物苗期病虫害而用药剂进行的种苗处理方法。可用可湿性粉剂、乳油或水溶性药剂等剂型兑水配成一定浓度的药液后，将幼苗根部或种子放入药液中浸泡一定时间。适宜防治种、苗所带的病原微生物或防治苗期病虫害。浸种防病效果与药液浓度、温度和时间有着密切的关系。浸种温度一般在 20～25℃，温度高时，应适当降低药液浓度或缩短浸种时间；温度一定，药液浓度高时，浸种时间可短些。药液浓度、温度、浸种时间，对某种种子均有一定的适用范围。浸种药液一般要多于种子量的 20%～30%，以药液浸没种子为宜。不同种子浸种时间有长有短，蔬菜种子一般 24～48 小时。浸苗的基本原则相同。

9. 毒饵法

用害虫喜食的食物为饵料，如豆饼、花生饼、麦麸等，加适量农药，拌匀而成。一般于傍晚施药于田间，可有效防治蝼蛄、地老虎、蟋蟀等地下害虫，以及蜗牛和鼠类的为害。

10. 熏蒸法

在密闭场所（如塑料大棚、温室内）利用药剂本身的高挥发性或用烟剂燃烧发烟的方式形成毒雾或毒烟，防治病虫为害（图3-9）。分空间熏蒸和土壤熏蒸两种，空间熏蒸主要用于仓库、温室；土壤熏蒸主要防治地下害虫和土壤杀菌等。土壤熏蒸是熏蒸法的一个特殊用例，将挥发性药液分点施于土壤后，地表覆盖塑料膜进行熏蒸消毒，可杀死多种病菌、害虫及线虫。熏蒸法一定要密闭完好［图 3-9(c)］，用药量足，掌握好熏蒸时间，食用前半月要将毒气放出［图 3-9(b)］。

11. 灌注法

在土壤表层或耕层，配制一定浓度的药液进行灌注或注入，药剂在土壤中渗透和扩散，以防治土壤病菌、线虫和地下害虫的施药方法（图 3-10，彩图）。

12. 涂抹法

将农药制剂加入固着剂和水调制成糊状物，用毛刷点涂在作物茎、叶等部位，防治病虫害的施药方法（图 3-11，彩图）。该方法施用的药剂必须是内吸剂，因此只涂一点即可经吸收输导传遍整个植株体而发挥药效。对易产生药害的药禁用，严格掌握配药浓度，现配现用。

13. 滴心法

用内吸剂配成药液，采用工农-16 型喷雾器，用 3～4 层纱布

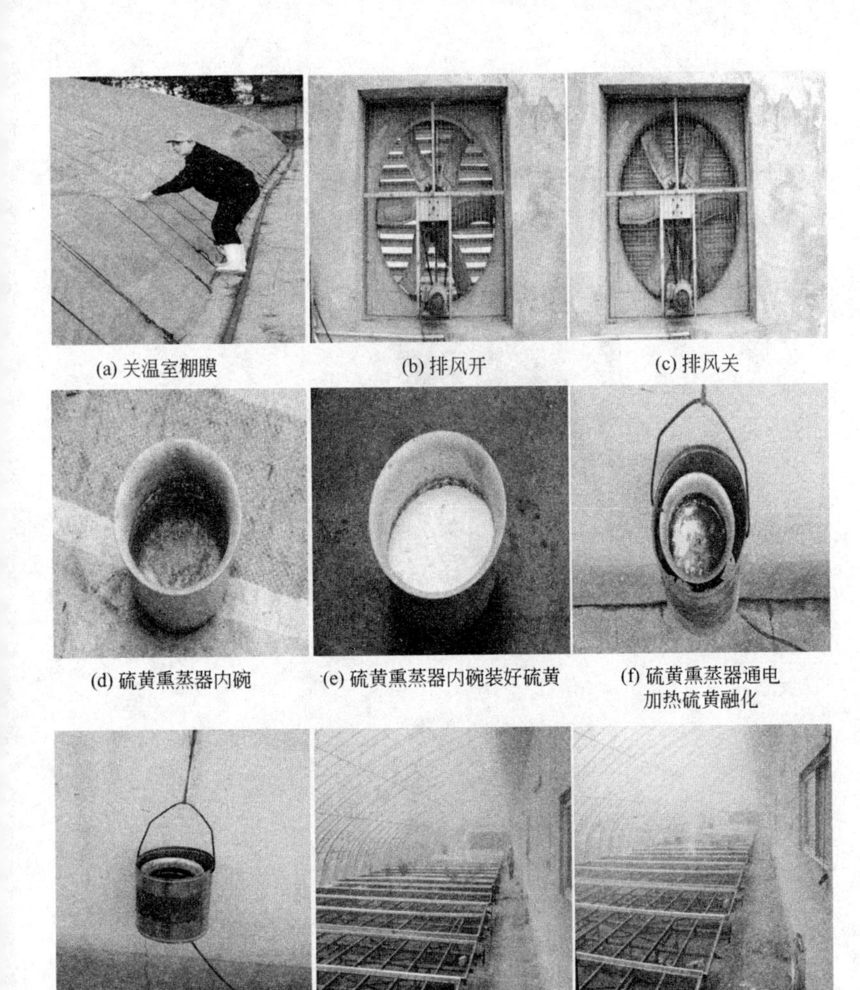

(a) 关温室棚膜　(b) 排风开　(c) 排风关

(d) 硫黄熏蒸器内碗　(e) 硫黄熏蒸器内碗装好硫黄　(f) 硫黄熏蒸器通电加热硫黄融化

(g) 硫黄熏蒸器　(h) 操作人员撤离　(i) 硫黄充满整个温室

图 3-9　熏蒸法

包住喷头，打小气，开关开至 1/3～1/2 大小，慢走，每株滴 4～6 滴。

14. 沾花

在作物的开花受粉前后，用药剂或植物生长调节剂配成适当浓

图 3-10　灌注法

图 3-11　涂抹法

度的液剂，用毛刷或棉球涂在作物的花蕾上，可以达到早熟、促长、抗病的目的（图 3-12，彩图）。

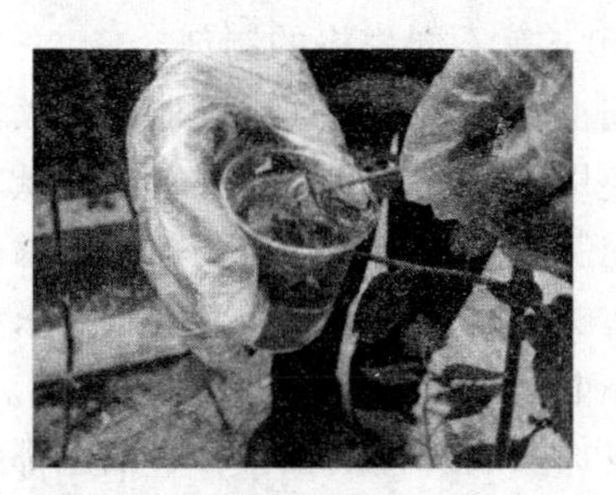

图 3-12　沾花

二、农药的剂型及施用方法

生产中农药的原药被加工配制成各种类型的制剂，制剂的型态称剂型，商品农药都是以某种剂型的形式销售到用户。我国目前使用最多的剂型有乳油、悬浮剂、可湿性粉剂、粉剂、粒剂、水剂、毒饵、母液、母粉等十余种。

绝大多数工厂所生产的农药原药（农药原料合成的液体产物为原油，固体产物为原粉，统称原药），由于其理化性质和有效成分含量很高而不能直接使用，实践当中，需要加工成不同的剂型。即使是水溶性原药，如敌百虫、杀虫双等也需要加入必要的助剂制成某种剂型，以充分发挥其药效和便于施用。

农药原药的田间实际需用量很少，一般每公顷只需数百克有效成分，高效农药的用量在 150 克以下，甚至低到 15 克左右。大多数农药的水溶性很差或很难溶于水，而易溶于有机溶剂。为了把这样少量的农药均匀地喷洒到农作物上，必须把农药原药加工成某种易于在田间均匀分散，并在作物上均匀沉积覆盖的形态，如供直接喷撒的粉剂、粒剂，供加水稀释后喷雾用的可湿性粉剂、浓悬浮剂、乳油等。有些还可以加工成烟剂或气雾剂，使农药能在空间较长时间地飘悬并具有良好的穿透性。根据用途的不同，一种农药可以加工成多种剂型。如马拉硫磷，可加工为一般喷雾用的乳油，也可加工为供地面及飞机超低容量喷洒用的油剂，还可加工为处理种子用的粉剂。一种剂型也可加工成多种规格的制剂，如敌敌畏乳油有50%、70%、80%等不同规格的制剂。

大多数农药剂型在使用前须经过配制成为喷洒状态，或配制成毒饵，然后才能使用，只有粉剂、拌种剂、超低容量喷雾剂、熏毒剂等可以不经过配制而直接使用。农药的配制并非简单的事，如乳剂、可湿性粉剂在配制时往往对水质有严格要求，否则配出的喷雾液性质不稳定，不能充分发挥药剂的作用。

每种农药可以加工成几种剂型。各种剂型都有一定的特点和使用技术要求，使用时必须根据这些特点和技术要求认真加以处理，不宜随便改变用法。例如，可湿性粉剂只宜加水喷雾，不能直接喷粉；颗粒剂只能抛撒或处理土壤，而不能加水喷雾；粉剂只能直接喷撒或拌毒土或拌种，不宜加水；各种杀鼠剂只能用粮谷等食物拌制成毒饵后才能应用。

农药加工成一定的剂型以后，性质变得更为复杂。其剂型必须具有相当的稳定性，在储存期不致很快变性。每一种剂型都有一定的剂型结构和组成，保存和使用必须根据某种剂型的特性按照规定的方法操作。

剂型对于环境条件的要求也很严格。潮湿高温，严寒低温，都对剂型的保存使用有一定影响。胶悬剂、乳油、悬浮剂等液态制剂，在冬天的低温下长时间存放，往往可能发生结块、结晶等剂型变坏现象。而以挥发性较强的芳香烃溶剂制备的乳油制剂，高温条件下溶剂会逐渐蒸发散失，引起含量浓度发生变化，导致农药的有效成分析出。可湿性粉剂及喷撒用粉剂在储存不当的情况下发生粉粒结团现象，从而影响粉粒在水中的悬浮能力，以及粉粒在空中的飘浮能力，这种剂型性质的变化会影响药剂效力的发挥。

三、农药的用量

1. 常用的农用单位换算

农药的说明书离不开各种表示长度、面积、质量、体积的单位，而长期以来我国沿袭了一些非国际标准的单位制，而目前的药剂均以国际标准的单位制来表示，因此，在这里列出常用单位的换算，以备参考。

（1）面积单位

1 亩≈667 米^2（m^2）

1 垧＝1 公顷(ha)

1 平方公里(km^2)＝100 公顷(ha)

1 公顷(ha)＝15 亩＝10000 米^2（m^2）＝10 大亩

1 大亩＝1000 米^2

（2）长度单位

1 公里(km)＝1000 米(m)

1 米(m)＝100 厘米(cm)＝1000 毫米(mm)

1 公分＝1 厘米(cm)

1 米＝ 3 尺＝30 寸

1 尺＝33.33 厘米≈33 厘米＝10 寸

（3）重量单位

1 吨(T)＝1000 千克(kg)

1 千克(kg)＝2(市)斤＝1000 克(g)

1 克(g)＝1000 毫克(mg)

（4）体积单位

1 米^3（m^3）＝1000 升(L)

1 升＝1000 毫升(ml)＝1 分米^3

1 毫升＝1 厘米^3

（5）体积单位与重量的换算

1 升纯水的重量＝1 千克(kg)＝1 公斤＝2 市斤

一瓶常见的 550 毫升(ml)纯净水的重量＝0.55 千克(kg)＝0.55 公斤＝1 市斤 1 两

通常乳油产品相对密度小于 1，水剂产品相对密度大于 1。

对于兑好水后的药液，1 升≈1 千克。

2. 农药制剂规格和有效成分含量的表示方法

农药有效成分：农药产品中对病、虫、草等有毒杀活性的成分。工业生产的原药往往只含有效成分80%～90%。原药经过加工按有效成分计算制成各种含量的剂型。

有效成分含量=溶液总量×百分比浓度

例如，10%吡嘧磺隆可湿性粉剂100克，其中有效成分=100×10%=10克。

2005年，为便于管理部门加强市场监管和消费者正确选择产品，农业部下发了《关于规范农药产品有效成分含量表示方法的通知》(农药检（药政）[2005] 24号)，其中规定了农药产品有效成分含量的表示方法。

原药（包括母药）及固体制剂有效成分含量统一以质量分数表示。

液体制剂有效成分含量原则上以质量分数表示。产品需要以质量浓度表示时，应用“g/L”表示，不再使用“%（重量/容量）”表示，并在产品标准中同时规定有效成分的质量分数。当发生质量争议时，结果判定以质量分数为准。两种表示方法的转换，应根据在产品标准规定温度下实际测得的每毫升制剂的质量数进行换算。

特殊产品含量表示方法与上述不一致的，由农药登记机构审查确定。

不同企业的同种农药产品含量表示方法须统一。

目前，我国常用的农药制剂规格和有效成分含量的表示方法有以下四种。

重量百分比含量：制剂中有效成分的重量占总重量的百分比。例如，一袋100克的25%氯嘧磺隆可湿性粉剂，表示含有100×25%=25克的氯嘧磺隆除草剂有效成分，其余的75克为农药助剂和填料。

容量百分比浓度：制剂中有效成分的体积占总体积的百分比（很少见）。

重量体积比含量：制剂中有效成分的重量与制剂的总体积比。例如，250克/升已唑醇悬浮剂，表示每升制剂中含有已唑醇有效成分250克。

活性单位（克或毫升）：生物菌剂等采用单位重量或单位体积

所含有的活性单位的数目来表示含量。例如，100 亿孢子/克枯草芽孢杆菌可湿性粉剂表示每克制剂中含有 100 亿个枯草芽孢杆菌，100 亿/毫升白僵菌油悬浮剂表示每毫升制剂中含有 100 亿个白僵菌孢子。

3. 溶液的配制量的计算

(1) 有效成分用量方法　单位面积有效成分用药量，即克有效成分/公顷[g(ai)/ha]表示方法。制剂用量＝有效成分用量/制剂含量。例如，用有效成分用量为 90g(ai)/ha 氟硅唑微乳剂防治黄瓜白粉病，表示防治每公顷黄瓜白粉病需使用氟硅唑有效成分 90 克，如使用 8%含量的氟硅唑微乳剂则需要 1125 克/公顷（75 克/667 米^2），若使用含量 24%的则需要 375 克/公顷（25 克/667 米^2）。

(2) 商品用量方法　该方法是现行标签上的主要表示方法，即直接用商品药的用量，但必须带有制剂浓度，一般表示为克(毫升)/公顷或克(毫升)/667 米^2。例如，防治黄瓜白粉病需用 8%氟硅唑微乳剂商品量为 57.5～75 克/667 米^2，则防治每公顷黄瓜白粉病需氟硅唑有效成分 69～90 克。

(3) 百分浓度表示法　同制剂的重量百分比与容量百分比。百分浓度即一百份药液（或药粉）中含有效成分的份数，有效成分与添加剂之间关系，固体间或固体与液体间常用重量百分浓度，液体间常用容量百分浓度，符号“%”。原药重量×原药浓度＝稀释后重量×稀释后浓度。以粉锈宁有效成分占种子量 0.003%拌种防治白粉病和锈病，拌 50 千克种子所需 15%粉锈宁有效成分为 50×1000×0.003%＝15 克，所需 15%粉锈宁的量为 15(克)/15%＝100 克。

(4) 百万分浓度（$\times10^{-6}$）　一百万份药液（或药粉）中含农药有效成分的份数，是以前常用的表示喷洒浓度的方法，现根据国际规定百万分浓度已不再使用 ppm 来表示，而统一用微克/毫升(mg/ml)，或毫克/升(ml/L)，或克/米^3(g/m^3）来表示［换算成倍数浓度：用百分数除以$\times10^{-6}$，将小数点向后移 4 位，即得出所稀释倍数。例如，40%的乙烯利 1000$\times10^{-6}$（$\times10^{-6}$表示一百万份重量的溶液中所含溶质的质量，百万分之几就有几个$\times10^{-6}$，$\times10^{-6}$=溶质的质量/溶液的质量×1000000)，换算成倍数浓度时，用40/1000=0.04，小数点向后移4位，即得400倍]。

(5) 倍数法　量取一定质量或一定体积的制剂，按同样的质量或体积单位（如克、千克、毫升、升）等的倍数计算加稀释剂（多为水），然后配制成稀释的药液或药粉，加水量或其他稀释剂的量相当于制剂用量的倍数。倍数法在实际应用中最为方便，杀菌剂多以此标注。倍数浓度是指1份农药的加水倍数，常用重量来表示。例如，配制50%多菌灵可湿性粉剂1000倍液，即1千克50%多菌灵制剂加水1000千克（严格应加999千克水），即可得800倍药液。倍数法一般不能直接反映出药剂有效成分的稀释倍数。倍数法一般都按重量计算，稀释倍数越大，则误差越小（密度不同），在生产中，这种误差的影响非常小，因此多忽略不计。但在科学实验中需计算清楚。在应用倍数法时，通常采用两种方法。一是内比法。在稀释100倍以下时，通常考虑药剂所占的比重，稀释量要扣除药剂所占的一份。例如，稀释为60倍液，即原药剂1份加稀释剂59份。二是外比法。在稀释100倍以上时，通常不考虑原药所占的比重，计算稀释量不扣除原药剂所占的1份。例如，稀释1000倍液，即原药1份加溶剂（多为水）1000份。

(6) 农药混合使用时的用药量计算　为了同时防治几种病虫，往往要把几种农药混合使用（有关混合原则后面再讲）。混合使用时，各组分农药的取用量须分别计算，而水的用量则合在一起计算。例如，要用百菌清可湿性粉与三氯杀螨醇乳油混合兼治黄瓜霜霉病和茶黄螨，两种农药的取用量分别计算，各需100克和10克有效成分，应取75%百菌清可湿性粉剂133.3克和20%三氯杀螨醇乳油50克。如用常用的喷雾器每667米^{2}用水量是75升，则把上述两农药同时配加在75升水中即可（顺序应先加乳油制剂乳化稳定后再加入可湿性粉），此时的两种药制的浓度分别是0.133%和0.013%。如先把两种农药分别配成0.133%和0.013%浓度的药液，然后再混合到一起，最后两种药的浓度就会各降低一半，它们的浓度分别是0.067%和0.0067%。这样的药液使用效果就会很差，甚至无效。

4. 农药配制时的量取方法

前面已讲了农药用量和准确计算的重要性。确定农药配制用量后，必须采用正确的计量方法，不能用非计量器具的容器（例如瓶盖）量取农药原液。在实际配制时，用什么方法量取农药和水，同样必须引起重视。液体制剂的量取，最方便的是采用容量器，主要有量筒、量杯、吸液管，用量少时可使用针管等（图 3-13）。固体剂型的量取一般用秤称量或工厂采用小包装等方法，也可直接用天平或小标量的秤如弹簧秤等量取。配制用水的量取法在水桶内壁经校准后用记号笔画出一水位线，可作为计量依据。

图 3-13　量具

（1）量筒的使用

① 量筒的选择：量筒是度量液体体积的工具。规格以所能度量的最大容量毫升（ml）表示，常用的有 10 毫升（ml）、25 毫升（ml）、50 毫升（ml）、100 毫升（ml）、250 毫升（ml）、500 毫升（ml）、1000 毫升（ml）等（图 3-14）。外壁刻度都是以毫升（ml）为单位，10 毫升（ml）量筒每小格表示 0.2 毫升（ml），而 50 毫升（ml）量筒每小格表示 1 毫升（ml）。量筒越大，管径越粗，其精确度越小，由视线的偏差所造成的读数误差也越大。因此应根据所取溶液的体积，尽量选用能一次量取的最小规格的量筒。同时，分次量取也能引起误差。如量取 450 毫升（ml）液体，应选用规格为 500 毫升（ml）的量筒。

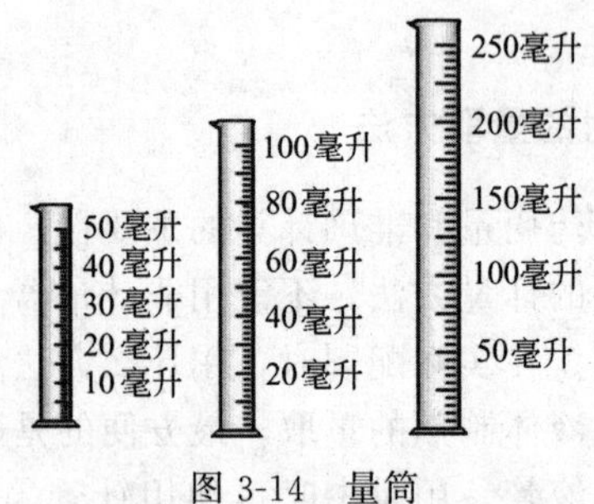

图 3-14 量筒

② 液体注入量筒的方法：向量筒里注入液体时，应用左手拿住量筒，使量筒略倾斜，右手拿试剂瓶，使瓶口紧挨着量筒口，使液体缓缓流入（图 3-15）。待注入的量比所需要的量稍少时，把量筒放平，改用胶头滴管滴加到所需要的量。

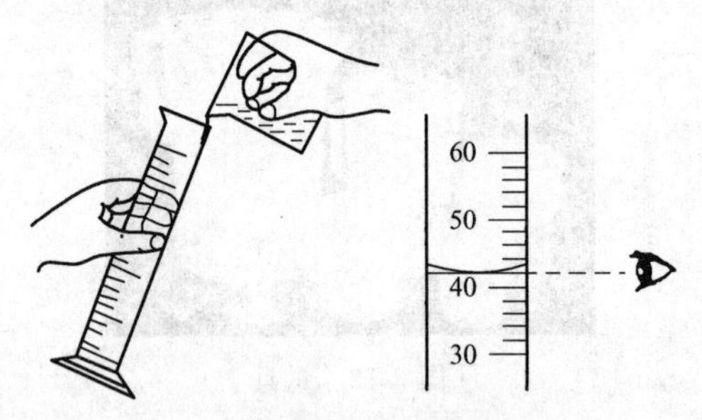

图 3-15 液体注入量筒和读数

③ 量筒的刻度方向：量筒没有“0”的刻度，一般起始刻度为总容积的 1/10。刻度面对着人方便使用。

④ 读数：注入液体后，等 1～2 分钟，使附着在内壁上的液体流下来，再读出刻度值。否则，读出的数值偏小。读数时把量筒放在平整的面上，观察刻度时，视线与量筒内液体的凹液面的最低处保持水平，再读出所取液体的体积数（图 3-15），否则，读数会偏高或偏低。

⑤ 量取后溶液的取出：如果是为了使所取的液体量准确，似乎要用水冲洗并倒入所盛液体的容器中，这就不必要了，因为在制造量筒时已经考虑到有残留液体这一点。如果冲洗反而使所取体积偏大。但黏性过高的液体，可以考虑冲洗。若是用同一量筒再量别

的液体，这就必须用水冲洗干净，以防止杂质污染。

（2）天平的使用　将天平放置于水平平面上，游码归零。调节平衡螺母（天平两端的螺母）调节零点直至指针对准中央刻度线。左托盘放称量物，右托盘放砝码。根据称量物的性状应放在玻璃器皿或洁净的纸上，事先应在同一天平上称得玻璃器皿或纸片的质量，然后称量待称物质。添加砝码从估计称量物的最大值加起，逐步减小。托盘天平只能称准到 0.1 克。加减砝码并移动标尺上的游码，直至指针再次对准中央刻度线。物体的质量＝砝码＋游码。取用砝码必须用镊子，取下的砝码应放在砝码盒中，称量完毕，应把游码移回零点。称量干燥的固体药品时，应在两个托盘上各放一张相同质量的纸，然后把药品放在纸上称量。易潮解的药品，必须放在玻璃器皿上（如小烧杯、表面皿）里称量。砝码若生锈，测量结果偏小；砝码若磨损，测量结果偏大。

（3）弹簧秤的使用（图 3-16）　使用弹簧秤前应先进行调零，使指针正对零刻度线，并注意弹簧秤的测量范围和最小刻度值。注意使弹簧秤的轴线与被测力的作用线一致。读数时，视线应正对刻度面。超过弹簧秤的测量范围，弹簧秤会坏，不再还原。

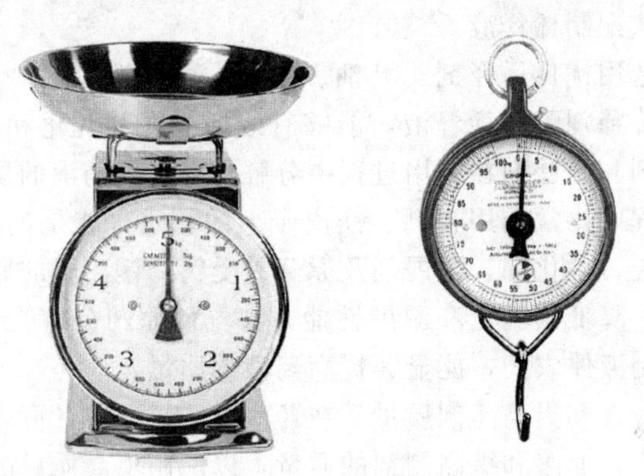

图 3-16　弹簧秤

5. 配制方法

农药稀释正确与否，对药效和安全使用有很大影响。若药剂浓度太低，可能会直接导致防效降低；若药剂浓度过高，可能引起药害或人畜中毒。因此农药稀释配制时要严格掌握好农药稀释的浓度，才可能达到最佳防治效果。

（1）准确计算药液用量（喷施一定范围内的目标所需的稀释药液量）和制剂用量（喷施一定范围内的目标所需农药制剂的用量） 配置一定浓度的药液，应首先按所需药液用量计算出制剂用量及水（或其他稀释液）的用量，然后进行正确配制。计算时，要注意所用单位要统一。

（2）采用母液（经过初次稀释的制剂，不能直接施用，还需再次稀释才能施用）配制 液体（如乳油、水剂等）农药制剂采用母液配制，能够提高有效成分的分散性和悬浮性，配制出高质量的药液。母液是先按所需药液浓度和药液用量计算出的所需制剂用量，加到一容器中（事先加入少量水或稀释液），然后混匀，配制成高浓度母液，然后将它带到施药地点后，再分次加入稀释剂，配制成使用液体形态的药液（图 3-17）。母液法又称二次稀释法，它比一次稀释法药效好得多，特别是乳油农药，采用母液法能显著增加乳化性能，配制出高质量的乳状液。此外，可湿性粉剂、油剂等均可采用母液法配制稀释液。

（3）选用优良稀释剂 乳油、水剂、可湿性粉剂等农药商品，选用优良稀释剂配制稀释液，能够有效地提高其乳化和湿展性能，减少乳化剂和湿展剂在施用过程中分解量，提高药液的质量。在实际配制过程中，常选用含钙、镁离子少的软水（或是其他稀释剂）来配制药液，乳化剂、湿展剂及原药易受钙、镁离子的影响，发生分解反应，降低其乳化和湿展性能，甚至使原药分解失效。因此，用软水配制液体农药，能显著提高药液的质量。

（4）改善和提高药剂质量 在药液配制过程中，可以采用物理或化学手段，改善和提高制剂的质量，以配制出高质量的药液。如乳油农药在储存过程中，若发生沉淀、结晶或结絮时，可以先将其放入温水中溶化，并不断振摇；配制时，加入一定量的湿展剂，如中性洗衣粉等，可以增加药液的湿展和乳化性能。若是水剂稀释时，加入有乳化和湿展作用的物质，能使施药效果更好。

图 3-17　母液法配制药液

四、主要农药施用器械

1. 药械的分类

药械主要按使用范围、配套动力进行分类。

（1）按使用范围分类

① 大型日光温室喷药用：如喷粉机、喷雾弥雾机、超低量喷雾机和喷烟机等。

② 仓库、温室熏蒸用：如烟雾机、熏蒸器等。

③ 种子消毒用：如浸种器、拌种机等。

④ 田间诱杀用：如黑光诱虫灯和一般诱虫器具。

（2）按配套动力分类

① 手动药械：手动喷粉器、手摇拌种机、手动喷雾器、手动超低量喷雾器。

② 机动药械：如机动喷粉机、机动喷雾机、机动弥雾机、电动超低量喷雾机、机动背负超低量喷雾机、机动烟雾机和机动拌种机等。

2. 施药器械的选择

选择施药器械时，应综合考虑防治对象、防治场所、作物种类和生长情况、农药剂型、防治方法、防治规模等情况，掌握以下原则。

① 小面积喷洒农药宜选择手动喷雾器。

② 较大面积喷洒农药宜选用背负式机动喷雾机。

③ 大面积喷洒农药宜选用喷杆喷雾机。

选购喷雾器械时，应选择正规厂家生产、经国家质检部门检测合格的药械，要注意喷雾器（机）上是否有CCC标志。

3. 棚室常用施药器械原理与用法

（1）喷粉器械（图3-18） 喷粉器械有手动喷粉器和机动喷粉机两大类，它们的工作原理是相同的，都是产生强大的气流。依靠人力操作的喷粉器械称为“喷粉器”，由汽油机、柴油机或电动机提供动力的喷粉器械称为“喷粉机”。

（2）颗粒撒施器械（图3-19） 手动颗粒撒施器，将撒施器挂在胸前，施药人员边行走边用手摇动转柄驱动药箱下部的转盘旋转，把颗粒向前方呈扇形抛撒出去，均匀散落地面。机动撒粒机有

图 3-18 机动喷粉机

专用撒粒机，也有喷雾、喷粉、撒粒兼用型。撒粒机多采用离心式风扇把颗粒吹送出去。有一种背负式机动喷雾、喷粉、撒粒兼用机，单人背负进行作业，只要更换撒粒用零部件即可，作业效率高。

(a) 手动颗粒撒施器

(b) 机动撒粒机

图 3-19 颗粒撒施器

（3）涂抹器械 涂抹法的施药器械简单，不需液泵和喷头等设备，只利用特制的绳索和海绵塑料携带药液即可。操作时不会飘移，且对施药人员十分安全。当前除草剂的涂抹器械已有多种。

（4）土壤注射器械（图 3-20） 对土壤害虫和土传病害的防治，常规喷雾方法很难奏效，采用土壤注射器把药剂注射进土壤

图 3-20 土壤注射器

里，是一种非常有效的方法。

（5）喷雾器械 喷雾器械的种类可再分为手动喷雾器、机动喷雾机。

① 背负手动喷雾器：手动喷雾器原理为，当操作者上下揿动摇杆或手柄时，通过连杆使塞杆在泵筒内作上下往复运动，行程为40～100毫米。当塞杆上行时，皮碗由下向上运动，皮碗下方由皮碗和泵筒所组成的空腔容积不断增大，形成局部真空。这时药液桶内的药液在液面和腔体内的压力差作用下冲开进水阀，沿着进水管路进入泵筒，完成吸水过程。当塞杆下行时，皮碗由上向下运动，泵筒内的药液被挤压，使药液压力骤然增高。在这个压力的作用下，进水阀被关闭，出水阀被压开，药液通过出水阀进入空气室。空气室里的空气被压缩，对药液产生压力，打开开关后药液通过喷杆进入喷头被雾化喷出。

② 手动低量弥雾器：常用的背负手动喷雾器，多是大容量喷雾，雾滴粗、施药液量大。中国农业科学院植物保护研究所研究开发了一种手动低量弥雾器，其所喷洒雾滴的直径是常规喷雾器的1/4，施药液量不足常规喷雾方法的1/10，这种器械省药、省水。

③ 背负机动喷雾机：背负机动喷雾机以汽油机为动力，工作效率高，由于有强大气流的吹送作用，雾滴穿透性好。

④ 担架式喷雾机：担架式喷雾机具有压力高、工作效率高、劳动强度低等优点。

⑤ 喷杆式喷雾机：喷杆式喷雾机作业效率高，适合较大地块

喷洒农药，特别适合大地块除草剂的喷洒。喷杆式喷雾机作业时，要求药剂在喷幅范围内均匀沉积分布，因此，一般喷杆上装配标准雾。

（6）喷头的选择和安装　喷头是施药机具最为重要的部件，用户应根据病、虫、草和其他有害生物防治需要和施药器械类型选择合适的喷头，定期更换磨损的喷头。在农药使用过程中，喷头有三方面的作用：计量施药液量；决定喷雾形状（如扇形雾或空心圆锥雾）；把药液雾化成细小雾滴。喷头一般由四部分组成：滤网、喷头帽、喷头体和喷嘴（喷片），不同的喷头有其使用范围。我国手动喷雾器上多安装的是切向离心式涡流芯喷头，即常说的空心圆锥雾喷头，也有些新型手动喷雾器装配有扇形雾喷头，便于除草剂的使用。空心圆锥雾喷头的喷孔片中央部位有一喷液孔，按照规定，这种喷头应该配备有1组孔径大小不同的4个喷孔片，它们的孔径分别是0.7毫米、1.0毫米、1.3毫米和1.6毫米，在相同压力下喷孔直径越大则药液流量也越大。用户可以根据不同的作物和病、虫、草害，选用适宜的喷孔片。由于喷孔的直径决定着药液流量和雾滴大小，操作者切记不得用工具任意扩大喷片的孔径，以免破坏喷雾器应用的特性。扇形雾喷头，药液从椭圆形或双凸透镜桩的喷孔中呈扇面喷出，扇面逐渐变薄，裂解成雾滴。扇形雾喷头所产生的雾滴大都沉积在喷头下面的椭圆形区域内，适合安装在喷杆上进行除草剂的喷洒。激射式喷头，也称导流式或撞击式喷头，射流液体撞击到物体表面后扩展形成液膜，根据撞击表面的角度和形状，液膜形成一定的角度。这种喷头可以形成较宽的喷幅，在较低的工作压力下，能得到雾滴直径200～400微米的大雾滴，特别适合除草剂的喷施。在喷雾机的喷杆上，禁止混合安装使用不同类型的喷头，应确保各喷头喷雾的雾形一致。

（7）喷雾器机具检查和调整　施药作业前，需要检查和调整施药器械的压力部件、控制部件等，如喷雾器（机）开关是否能够自如搬动，药液箱盖上的进气孔是否畅通等，以保证器械能够满足施药作业的需要。其中喷雾校准是一项重要的工作，在喷雾作业开始前、喷雾机具检修后、拖拉机更换车轮后或者安装新的喷头时，都应该对喷雾机具进行校准。影响喷雾机校准的因子主要有行走速度、喷幅以及药液流量等。喷雾作业校准中应遵循以下步骤。

① 确定施药液量。防治农田病、虫、草害每公顷所需农药量是确定的，但由于选用施药机具和雾化方法不同，所需用水量变化很大。应根据不同喷雾机具及施药方法和该方法的技术规定来决定田间施药液量。

② 计算行走速度。施药作业前，应根据实际作业情况首先测定喷头流量，并确定机具有效喷幅，然后计算行走速度。

③ 校核施药液量。药箱内装入额定容量的清水，以上面计算的行走速度作业前进，测定喷完一箱清水时的行走距离。

（8）计算作业田块需要的用药量和加水量具体方法

① 确定所需处理农田的面积（公顷）。

② 根据所校验的田间施药液量确定所需处理农田面积上的实际施药液量。

③ 根据农药说明书或植保手册，确定所选农药的用药量。

④ 根据所需处理的实际农田面积，准确计算出实际需用农药量。

对于小块农田，施药液量不超过一药箱可直接一次性配完。但田块面积较大，施药液量超过一药箱时，则可以以药箱为单位来配制：需要称重计量的农药，可以预先分装，带到田间备用。田间作业时，每壶水加一份药即可，不至于出错，也比较安全。

4. 器械的清洗

手动喷雾器、机动弥雾机等小型农用药械在喷完药后应立即进行清洗。药液箱的内部和外表面必须彻底冲洗；整个输液喷雾系统必须全部彻底清洗，以保证所有的管道和软管都保持清洁。特别是对于加药装置，清洗过程中须打开所有的阀门，以确保系统中所有的农药残留液被清洗掉。

（1）杀菌剂、杀虫剂的清洗

① 一般农药用浓碱水清洗。每次喷药后，首先用浓碱水对盛

药桶进行彻底清洗，毒性较小农药可用清水再反复清洗，倒置晾干即可。对毒性大的农药用后可再用泥水反复清洗，倒置晾干。之后再用毛刷将凹槽、管壁等难以洗到的地方刷净。对弥雾机的外表易于产生油污的机件，可用炭污洗净剂清洗。

② 石硫合剂的清洗。石硫合剂用过后易在喷雾器上留下一层黄色残留斑，影响其他农药的药效。所以使用后，应立即将醋酸等酸性溶液注入到药桶中，并加一些小石子，上下用力晃动，将桶内的石硫合剂残液冲去。

③ 波尔多液的清洗。在生长季喷过波尔多液后，药械上会残留蓝色药斑，其清除方法是在药桶中注入硫酸亚铁溶液，上下晃动，可将波尔多液中的硫酸铜清洗掉。

（2）除草剂类的清洗

① 清水清洗。对水剂型的除草剂，只用清水冲洗2～3次即可达到清洁的目的。对悬浮剂型的除草剂，先用清水冲洗2次，再用洗衣粉清洗，同时把喷雾的喷头、喷管等部件拆下来，浸泡在洗衣粉溶液中，放置24小时后取出，装配整齐，再用洗衣粉溶液冲洗。对于乳剂型除草剂，用5%的碱水（加温至60℃以上），浸泡2～3小时，使喷雾器的导管、喷杆、喷头等处充满清洗液，并每10分钟摇动1次，然后将清洗液倒出，再用清水全面清洗2～3次即可。

② 泥水清洗。克无踪（俗称一扫光）遇土便可钝化、失去药效，因而在打完后，只要马上用泥水将喷雾器清洗数遍再用水洗净即可。

③ 硫酸亚铁溶液清洗。除草剂中2,4-D丁酯很难清洗，需用0.5%的硫酸亚铁溶液充分洗刷，若担心还会产生药害，可先在棉花、花生等阔叶植物上进行安全测试，方可再装其他除草剂使用。

5. 机具的保养和维修

喷雾工作结束后，操作者需要穿戴适当的防护服维修保养施药机具，为机具存放做准备。喷头和滤网必须取下、清洗和保存（图3-21）。以高于正常工作操作的压力使清水在喷雾系统中流动，可全面地测试输液管路系统，并显示由于磨损和损坏造成的药液渗漏。装配有液泵和压缩机的情况下，必须检查液泵和压缩机的油面；检查液泵是否满足喷头喷雾以及返回药液箱内的搅拌液流的需要。所有的润滑部件都应该加注润滑油，并检查动力输出轴的工作状况。所有的控制部件都应该能正常工作，当喷雾系统停止工作时，压力表指针应该在零点。控制阀和压力安全阀必须处于“开”的状态。在最后存放前，施药机具的磨蚀、破损或者损伤的部件必须进行维修或者更换，已进行的维修保养工作要加以记录。所有的电器部件的连接点都应该进行检查，密封便于存放；对于气动和液动控制部件的连接点必须检查其是否损坏。手持旋转圆盘喷雾机必须用水和洗涤剂清洗干净，清洗后，把手持杆擦干净，同时，如果采用超低容量喷雾方式，喷雾机应该采用合适的清洗液清洗。有些情况下，旋转圆盘必须卸下，用柔软的毛刷清洗，检查其是否损坏。

(a) 喷头

(b) 滤网

图 3-21　喷头和滤网

6. 机具的存放

参照施药机具生产厂商说明书的建议，喷雾机具在最后存放前应该保持干燥。在寒冷的天气情况下，一旦需要，就应该在存放前把液泵和喷雾系统内水全部排干净，加入防冻防锈液。机引式喷雾机的轮胎应该抬离地面，自走式喷雾机的电池应该取出充电，加液口的滤网应该安放严密。当存放旋转圆盘喷雾机（CDA）和超低容量喷雾机（ULV）时，应该取出所有的电池，电池接触片保持干净、干燥。存放安全防护设备和防护服前，应该检查其磨蚀、损伤以及性能状况，在下一次工作前，处理并更换破损部件。若喷雾机具在室外储藏，需要注意的是要保证残留在喷雾机具外表面的农药不得被雨水冲洗掉，否则会污染地表水并流失到水源中。

五、农药施用的适期、时期

不同农药的最佳施用时期不同，掌握农药适期施用技术，不仅节约农药，降低成本，提高防治效果，同时可以减少农药残留，有效控制病、虫、草危害，因此适期施药是保证作物正常生长最简便、最经济的实用技术。在确定施药适期时，从以下几个时期考虑。

1. 害虫盛发期

害虫盛发期可以是卵孵盛期、幼虫盛发期和成虫盛发期，在哪个时期施药，要视具体情况而定。原则上要掌握害虫的生活习性，在最易杀伤害虫，并能有效控制危害的阶段进行。例如，粘虫在卵块孵化高峰期喷药，虽对已孵化幼虫防效良好，但对后期孵化的幼虫并不一定见效，而当幼虫3～4龄高峰时，喷施药剂，一次防治即可解决虫害问题。

2. 害虫幼龄期

一般在3龄前的幼龄时期施药效果最佳。由于幼龄害虫在3龄前体壁都很薄，体壁上还长了很多的微毛，微毛着生部位的表皮很薄，药剂就很容易透过，且该时期虫体小、食量少、危害轻、活动范围小、抗药力弱，因此防治适期，应掌握在3龄前施药，以达到最好的防治效果。当害虫4～6龄时，害虫食量、体壁厚度均大大增加，其厚度可达到1龄幼虫的50～100倍，体壁上微毛也没有了，这时药剂就不容易黏附在体壁上和透过体壁，到达害虫体内就比较困难，从而影响杀虫效果。害虫龄期增大后，虫体内的脂肪量也增多了，具有积存和分解许多农药的作用。害虫体内脂肪含量越高，这种作用就越明显，抗药性就越强。

3. 天敌敏感期

在害虫天敌对药剂反应比较敏感的时期内，应尽量少用药或不用药，以保护天敌，维持田间生态平衡。

4. 感病生育期

对于病害来说，易感病的生育期是防治最适宜时期。如番茄花期易感染灰霉病，在花期喷施杀菌剂进行防治，效果明显。

5. 杂草敏感期

从作物方面来看，除草剂施药时间有播前、播后苗前、出苗后三个时期。前两个时期为土壤处理，杂草出苗后一般进行茎叶处理，但应注意在作物抗药力强的阶段用，也可在中耕除草后进行。施用除草剂一般应掌握在杂草敏感期用药。对于以种子繁殖的杂草，幼芽期对除草剂较为敏感，因此，这一时期是防除杂草的适期。当使用广谱灭生性除草剂时，如草甘膦、克无踪等，在杂草旺盛生长期较为敏感。如果防除春草、夏草时，在杂草盛发初期喷施最好。

6. 植物安全期

药剂对植物的安全性是确定施药适期的一个先决条件。如果在植物敏感期用药，可能产生药害。所以，在施用农药时，要选择作物对药剂有较强抗药性的时期喷施，以免引起作物药害。

7. 具体施药时间

在一天中，施药时间以上午 8 时 30 分至 10 时 30 分，下午 4 时 30 分以后为最佳。因为上午这段时间，露水已干，温度不高，正是日出性害虫活动取食的旺盛时期，既不会因有露水而冲淡药效，也不会因温度过高而使农药分解降低药效，反而可使害虫增加触药、食药的机会，提高防治效果。下午 4 时 30 分以后，太阳偏西，光照渐弱，温度降低，害虫开始活动，此时用药，可有效地杀灭在黄昏活动的害虫和在夜间活动取食的害虫。中午气温高、光照强，施用农药易对作物产生药害；此时害虫都躲在叶背或潜入土层中，活动渐弱，甚至停止活动，且药液易挥发，降低药效；同时，人体吸入大量的挥发成分，易引起中毒。所以应避免晴天的中午施药。

农药喷洒到农作物上之后，都会逐渐光解或水解，消失毒力。当药剂在农作物上消失到单位重量时，农作物上所残留的农药不足以对人体健康构成危害时，这段时间称为“安全间隔期”。“安全间隔期”内的作物是不能采摘食用的，只有在超过安全间隔期之后的作物才可收获上市。因此农药施用要严格按《中华人民共和国农药合理使用准则》中要求的使用方法、使用次数、使用量和安全间隔期使用农药，减少农药残留，保证农产品的安全。

下面列出几种常用药剂的安全间隔期，作为参考。

（1）杀菌剂　75%百菌清可湿性粉剂在蔬菜上市前7天停止施用，77%氢氧化铜可湿性粉剂为5天，50%异菌脲可湿性粉剂为7天，70%甲基硫菌灵可湿性粉剂为7天，50%乙烯菌核利可湿性粉剂为5天，50%春雷·王铜可湿性粉剂和58%甲霜·锰锌可湿性粉剂为3天。

（2）杀虫剂　10%氯氰菊酯乳油安全间隔期为5天，2.5%溴氯菊酯乳油为2天，2.5%高效氯氟氰菊酯乳油、4%醚菊酯可湿性粉剂为7天，5%S-氰戊菊酯乳油、20%甲氰菊酯乳油为3天，20%氰戊菊酯乳油为5天，25%喹硫磷乳油为9天，50%抗蚜威可湿性粉剂为6天。

（3）杀螨剂　50%溴螨酯乳油安全间隔期为14天，50%苯丁锡可湿性粉剂为7天。

六、安全用药

1. 使用农药的安全防护

农药制剂无论是固态、气态还是液态，一般都可通过皮肤、呼吸道或口进入人体。因此，商品农药在搬运、装卸、分装时，不要让药剂沾附人体皮肤。量药、配药、喷雾、撒粉、配合空中施药而进行的地面作业以及清洗用过的药械时，都要注意保护人体各部分，田间施药时，药械要事先检修好，避免发生渗漏。施药时，人要在上风向，对作物采取隔行喷药操作。农药操作人员应穿戴防护长袖衣裤、手套、帽子、口罩、风镜等（图 3-22）。这些防护衣物用毕应及时用肥皂和大量清水洗涤。农药操作后要仔细洗手，洗脸，洗头，洗澡；存放农药仓库经常通风换气；农药容器都应严密封好，如有渗漏，应及时处理；进行农药操作时，口、鼻不要靠药剂太近，并戴防护口罩，防护口罩用毕应及时清洗，不得使用农药污染过的口罩。配药或田间施药时，若在户外，人要站在上风头，操作方向与风向成 90°角。在室内、仓库等密闭空间进行农药熏蒸作业，必须戴防毒面具，严格按照特定的熏蒸作业有关规定，并在专业技术人员指导下进行。

(a) 戴手套防护

(b) 盖严袖口

(c) 头部防护

图 3-22　农药操作人员穿戴

在运输、储存过程中被农药严重污染的容器、农产品和药剂处理过的种子或其他农产品及刚施用过剧毒农药的农作物等，被人们误食、误用的事件常有发生。因此，要严格执行《中华人民共和国农药合理使用准则》和《农药安全使用标准》。在进行农药操作时，要严肃认真，禁止说笑打闹，禁止吃、喝、抽烟。剧毒农药禁止用于蔬菜及临近采收的瓜果，更不准用来毒鱼、毒杀鸟兽等。凡因剧毒农药中毒死亡的各种动物，必须深埋，严禁食用或贩卖。

施用农药时，应注意不同作物、不同农药品种收获前的禁用期以及相应的药剂剂型、施用量及施用次数，使农产品中农药残留量不超过国家规定允许限度。施用过农药的农产品进入市场前，都应该经过检查或抽查，农药残留量不合格者不允许上市。施用农药或清洗药械时，不要污染水源或鱼塘，以防饮水或水产品中农药的含量增高。在施用农药时，一定要努力提高使用技术，使药剂极大限度地附着在农作物或有害生物体靶标上，少使药剂逸失到土壤、大气或水域中，造成环境污染。一定要清醒地认识到农药对环境的污染，不但会杀伤野生动物、蜜蜂、天敌等有益生物和土壤中有益微生物群落，破坏有利于人类的生态环境，而且，农药还能通过自然界中的食物链富集起来，最终经口进入人体，危害人类健康。储存药剂的库房和农药应有熟悉业务的专人管理，并建立农药的出入库制度。农药应装在专用容器或包装袋内。液态药剂分装时，不可用汽水瓶或其他食品的瓶子作小包装容器。同时，每个包装上都应有明显的有毒标记及农药标签，并放置在安全地方，严防被人，特别是儿童误食、误用。农药容器用毕后，应集中在远离作物、居民区的空旷处深埋，不能改作他用。

2. 剩余药液的处理

废弃农药的来源包括剩余的稀释药液以及残剩的未稀释的农药制剂，从安全防护设备和防护服清洗下来的污染物、拖拉机驾驶室的过滤片以及用于吸附溅出药液的吸收性材料等，也都需要进行处理。

提前做好计划以便把剩余药液量降低到最低水平，应该根据处理地块的面积购买取用需用的农药制剂。没有用完的稀释药液和药液箱清洗液可能会带来严重的问题，特别是在园艺场内每天可能使用多种不同农药的情况下。应该认真考虑安装专门的管道设备来处理清洗液。把剩余药液和清洗液喷洒到作物上是首先要考虑的方法，当然，为了不使喷洒的农药超出剂量，在加入倒数第二箱药液时须减少农药剂量。

3. 农药空包装容器的处置

在最后处置前，必须采用经过认证的清洗喷头或者采用人工手动三步清洗法把空的农药包装容器进行彻底的清洗；这种清洗过程必须在包装容器内的农药取用后立刻进行，以便在田间把清洗液加入喷雾机具的药液箱中。如果不能做到把清洗液加入药液箱中，就必须把清洗液收集起来，做上清晰的标志储存起来，下次喷雾作业使用同一种农药时配制药液使用。空的包装容器在处理前必须按照当地法规安全储存，绝不可以乱弃农药空包装容器（图 3-23）。

图 3-23 乱弃的农药空包装容器

在包装容器处理方面，不同的国家认可的方法不同，这些方法可能包括深埋、焚烧或者交给登记注册的农药废弃物处置中心集中处理。空的农药包装容器在深埋前，必须彻底清洗干净，并且要把容器破坏（刺破/压碎），使之不能再次使用。深埋地点必须要远离地表水和地下水，挑选深埋地点时，一定要考虑土壤的类型和自然的排水系统，埋的深度要超过 1 米，另外，挖坑地点要避开地面排水沟。坑的位置以及深埋的农药包装容器名称都必须记录在案。

不是所有的包装容器都能焚烧的，农药标签上应该标明包装容器内是易燃农药或者是气雾剂。在焚烧前，包装容器必须彻底清洗干净。另外，焚烧农药包装容器过程中，如果产生的烟尘飘过路面或者变成其他有害物质，可能会带来进一步的污染风险。

第二节　抗药性及农药混用技术

随着农药的广泛使用，有害生物的抗药性已成为病、虫、草等有害生物防治所面临的严峻挑战。因此，了解害虫、病原菌及杂草抗药性产生的原因与治理对策，有利于高效、经济、安全地合理使用农药，确保农、林生产的高产、优质、持续发展。本书所说的靶标生物所指的就是药剂所针对作用的虫、病菌、草等。

一、害虫的抗药性

1. 害虫抗药性的发展概况

1908 美国加利福尼亚州发现梨园蚧对石硫合剂产生抗性。1946 年发现 11 种害虫及螨产生抗药性。1989 年 283 种农业害虫产生抗药性。1963 年我国首次发现棉蚜、棉红蜘蛛对内吸磷产生抗药性。目前我国发现 30 多种农业害虫及螨类产生抗药性，主要分布于鳞翅目、鞘翅目及蜱螨目。

2. 害虫抗药性的概念

（1）昆虫抗药性　昆虫具有忍受杀死正常种群大多数个体的药量的能力在其种群中发展起来的现象。昆虫抗药性是种群的特性，而不是昆虫个体改变的结果。产生抗药性的原因主要是害虫本身因素和用药的影响。农业害虫本身的生物学特性、本身的解毒能力、对作用点敏感度的降低和农药渗透性的降低等影响着抗药性的产生，同时不同地区的抗性的形成与该地的用药历史与用药水平有关。抗性是由基因控制的，可遗传。害虫几乎对所有合成化学农药都会产生抗药性；害虫抗药性是全球现象。

（2）昆虫的耐药性　昆虫在不同发育阶段，不同生理状态及所处的环境条件的变化对药剂产生不同的耐药力，也称自然抗性。

（3）交互抗性　昆虫的一个品系由于相同抗性机理，对于选择药剂以外的其他从未使用过的一种药剂或一类药剂也产生抗药性的现象。

（4）负交互抗性　是指昆虫的一个品系对一种杀虫剂产生抗性后，反而对另一种未用过的药剂变得更为敏感的现象。

（5）多抗性　昆虫的一个品系由于存在多种不同的抗性基因或等位基因，能对几种或几类药剂都产生抗性，如小菜蛾、马铃薯甲虫。

3. 杀虫剂抗性的评估

RF＝抗性品系 LD_{50}（或 LC_{50}）/敏感品系 LD_{50}（或 LC_{500}），RF＞5，则表明对杀虫剂产生抗性，倍数越大，说明抗性程度越高。

4. 害虫抗性的形成与机制

（1）害虫抗性的形成　目前，害虫抗药性的形成主要有四种学说。

① 选择学说：为生物群体内就存在少数具有抗性基因的个体，从敏感品系到抗性品系，只是药剂选择作用的结果。

② 诱导学说：认为诱发突变产生抗药性。认为生物群体内不存在具有抗性基因的个体，而是在药剂的诱导下，最后发生突变形成抗性品系。

③ 基因重复学说：这是近年来提出的一种新学说，它与一般的选择学说不同，虽然它承认本来就有抗性基因的存在，但它认为某些因子（如杀虫剂等）引起了基因重复。即一个抗性基因拷贝为多个抗性基因，这是抗性进化中的一种普遍现象。

④ 染色体重组学说：因染色体易位和倒位产生改变的酶或蛋白质，引起抗性的进化。该学说也是近年来提出的。

（2）影响抗性形成的因子　抗性表现在敏感昆虫的后代之中，它是一种群体效应。一种害虫对某一药剂产生抗性是由其染色体上的等位基因所决定的，一般情况下，这种遗传变异是由于点突变所造成的。抗药性等位基因是显性的，抗药性发展就快；若是隐性的，则发展慢。害虫抗药性的发展一般取决于以下因素。

① 害虫种群对药剂敏感性的遗传变异：害虫自身选择性进化，指害虫在生理或行为上随着农药使用发生一些变化，以适应不良环境，这是一切生物的本能，也是害虫产生抗药性的首要因素。

② 杀虫剂剂量和频率造成的选择压力：大剂量农药的连续、高频或高浓度使用，加上农药处理的作物种植面积较大，是害虫产生抗药性的外部因素，经常使用同一种农药、药剂喷施不均、未加选择用药、随意加大用药量、用药时间不当等不合理施药技术所导致的药剂选择压力，促使抗性种群过快成立。同种作物连茬、连年种植，易导致害虫抗性基因个体演变为抗性基因种群，有利于抗药性发展。

③ 害虫的繁殖和迁飞能力：当害虫种群内已存在抗性基因时，还需具备另外两个因素才能形成群体抗药性。一是药物的选择压力；另一是抗药性单株找到新的宿主并成功繁殖，即抗性条件形成还需借助害虫的繁殖和迁飞能力。害虫的迁飞能力一般是有限的，但有些害虫的食性杂，寄主广，其生长发育的循环条件容易满足，虫口量就容易保持在较高水平，抗药性就容易产生。通常容易产生高抗药性的害虫都有繁殖力强、生活史短、适应力强、发生期不一致或世代重叠明显、寄主范围广、食性杂等共性。害虫的繁殖速度还与天敌有关。因人类在生产耕作中的不合理因素，造成生态平衡的破坏，害虫的天敌种类减少和数量比例失衡，害虫在条件适宜时就容易大面积暴发，同时抗药性上升也快。

④ 遗传因素：抗性等位基因频率、数目、显性程度、外显率，表现度及抗性基因组，适合度因子的整合范围。

⑤ 生物学因素：生物学因素包括每年世代数，每年繁殖子数、单配性、多配性、孤雌生殖，另外昆虫迁移性，也是一个重要影响因素。

（3）昆虫抗药性机理　昆虫生化、生理机制的改变是抗性产生的直接原因，而抗性基因控制着这些机制的改变，是抗性产生的根本原因。根据昆虫对杀虫剂反应的性质，从生化及生理水平来讲，昆虫抗药性机制大致可分为以下几类。

① 代谢作用的增强。昆虫体内代谢杀虫剂能力的增强，是昆虫产生抗药性的重要机制。

② 昆虫靶标部位对杀虫剂敏感性降低。

③ 穿透速率的降低。杀虫剂穿透昆虫表皮速率的降低是昆虫产生抗性的机制之一。

④ 行为抗性。抗性的产生是由于改变昆虫行为习性的结果，如家绳、蚊子等昆虫的抗性并非单个抗性引起的，往往可以同时存在几种机制，各种抗性机制的相互作用绝不是简单的相加。

5. 害虫抗性的遗传

害虫对杀虫剂的抗药性，从遗传学的角度来说，是生物进化的适应性，是生物进化的结果。害虫的抗性是由基因控制的。抗性的发展依赖于药剂对抗性基因选择作用的强度，反过来抗性基因的特性又能影响抗性群体的选择速度。

6. 害虫抗性的治理

（1）抗性治理概念　20 世纪 60 年代人们广泛认为抗药性是一个不可避免的现象，也是不能治理的。到 70 年代初，津巴布韦棉花研究所的昆虫学家进行了开拓性的研究，彻底改变了这种观点。当时在津巴布韦相继发现棉叶螨对乐果的高水平抗性（1000 倍）及开始对久效磷产生抗性，而且抗性几乎扩大到其他有机磷杀虫杀螨剂。通过对 100 多个农药的筛选仅发现 8 种药剂能防治棉叶螨，最后选择了 6 个杀螨剂，在全国范围实行抗性治理，即把全国分成三个部分，每部分连续 2 年使用 2 种杀螨剂；2 年后第一部分换用第二部分的 2 种杀螨剂，第二部分换用第三部分的 2 种杀螨剂，第三部分换用第一部分的 2 种杀螨剂。这样每 2 年交换 1 次，交替使用不同类别的杀螨剂，6 年重复一转。这样使得每 2 年中所使用的 2 种杀螨剂刚开始所选择的抗性，在以后的 4 年中足以消失。该措施执行了 14 年，未发现对上述 6 种杀螨剂出现抗性。试验结果说明，棉叶螨抗药性问题通过杀螨剂的治理而得到有效的阻止。Georghiou（1977）提出，通过时间、空间的大范围限制杀虫剂的使用，既将害虫控制在为害的经济阈值以下，又保持害虫对杀虫剂的敏感性，从而达到维持杀虫剂的有效性。要像保护自然资源那样来保护害虫对药剂的敏感性和杀虫剂的有效性。

（2）抗性治理原则 将目标害虫种群的抗性基因频率控制在最低水平，防止或延缓抗药性的形成和发展。选择最佳的药剂配套使用方案，包括各类（种）药剂、混剂及增效剂之间的搭配使用，避免长期连续单一使用某一种药剂或某一类药剂。选择无交互抗性的药剂进行交替轮换使用和混用。选择最佳的使用时间和方法，严格控制药剂的使用次数。尽可能获得害虫最好的防治效果和最低的选择压力。实行综合治理：综合应用农业、物理、生物、遗传及化学的各项措施，尽可能降低种群中抗性纯合子和杂合子个体的比率及其适合度（即繁殖率和生存率等）。尽可能减少对非目标生物（包括天敌和次要害虫）的影响，避免破坏生态平衡而造成害虫的再猖獗。

（3）害虫抗性治理策略 基本策略有三个：适度治理，饱和治理，多种攻击治理。

① 适度治理。限制药剂的使用，降低总的选择压力，在不用药阶段，充分利用种群中抗性个体适合度低的有利条件，促使敏感个体的繁殖快于抗性个体，以降低整个种群的抗性基因频率，阻止或延缓抗性的发展。采用方法是限制用药次数、用药时间及用药量，采用局部用药，选择持效期短的药剂等。

② 饱和治理。当抗性基因为隐性时，通过选择足以能杀死抗性杂合子的高剂量进行使用，并有敏感种群迁入起稀释作用，使种群中抗性基因频率保持在低的水平，以降低抗性的发展速率。

③ 多种攻击治理。采用不同作用机制的杀虫剂交替使用或混用。

上述三个基本策略中，应用最普遍的是适度治理和多种攻击治理，而采用饱和治理即高剂量策略要特别慎重。因为通常使用高剂量就是增加药剂的选择压力，选择压力愈大，害虫愈容易产生抗药性。如果采用饱和治理策略，必须同时具备两个条件：一是抗性基因为隐性；二是确保有敏感种群迁入饱和治理区，与存活的抗性纯合子个体杂交，其杂交后代又可用高剂量策略杀死，达到抗药性治理的目的。

（4）抗性治理的方法　抗性治理的方法主要有加强抗性监测、农药交替轮换使用、农药的限制使用等。

① 加强抗性监测：为了达到既将害虫控制在为害的经济阈值以下，以保持害虫对药剂的敏感性，又能延长药剂使用寿命的目的，抗性治理必须在害虫综合治理原则的指导下，加强农业防治（如耕作、栽培等措施）、生物防治（如用生物农药及应用和保护天敌）、物理防治（如灯光、性引诱剂）及遗传防治等非化学防治方法与化学防治方法有机地结合起来，化学农药使用应科学合理，尽可能减少其使用次数和使用量，以降低药剂对害虫的选择压力，延缓抗性，减少环境污染及破坏生态平衡。

② 农药交替轮换使用：化学农药交替轮用就是选择最佳的药剂配套使用方案，包括药剂的种类和使用时间、次数等，这是害虫抗性治理中经常采用的方式。要避免长期、连续、单一使用某种药剂。交替轮用必须遵循的原则是不同抗性机制的药剂间交替使用，这样才能避免有交互抗性的药剂间交替使用。

③ 农药的限制使用：农药的限制使用是针对害虫容易产生抗性的一种或一类药剂或具有潜在抗性风险的品种，根据其抗性水平、防治利弊的综合评价，采取限制其使用时间和次数，甚至采取暂时停止使用的措施，这是害虫抗性治理中经常采用的办法。如我国与澳大利亚棉铃虫抗性治理方案中对拟除虫菊酯的限制使用。

④ 农药的混合使用（复配制剂）：农药混剂研究中必须考虑和解决如何避免产生交互抗性和多抗性的问题。常用的混剂有三种类型。

a. 生物农药与化学农药混用。

b. 杀卵剂与杀幼虫剂混用，如灭多威、拉维因与辛硫磷、杀虫单混用可增效。

c. 杀幼虫剂与杀幼虫剂混用。

⑤ 负交互抗性杀虫剂的应用：生物杀虫剂 Bt 和齐墩螨素无明显交互抗性；对两种沙蚕毒素类杀虫剂杀螟丹和杀虫丹的敏感性却有所上升，有负交互抗性趋势。

⑥ 换用新的药剂：采用微生物及植物源作为生物杀虫剂被认为在当前十分可行。

⑦ 调整作物布局、完善耕作制度：减少或杜绝种植强抗性诱导作物，套种或间种能使害虫对药剂敏感性增强的寄主植物，并对其害虫不施药防治，作为敏感个体的避难所，从而使作物上的抗性群体不断得到稀释，使害虫始终处于一个对药剂相对敏感的水平。

7. 害虫抗药性监测

害虫抗药性监测就是通过调查和测定，掌握不同地区农作物主要害虫对所用农药抗药性的现状，进而预测其发展趋势，为害虫抗药性治理和害虫综合防治提供依据。这样，可以在未产生抗性地区，轮换用药，使害虫处于敏感状态，保持药剂高效；在已经发生抗性但水平不高的地区，监测抗性的发生发展，延长药剂的使用寿命；在已经产生高抗的地区，检测各类农药的抗性敏感性水平，停用一些高抗药剂，保护一些尚属敏感的药剂，开发新的高效敏感药剂。

二、植物病原物的抗药性

1. 病原物抗药性的发展概况

20 世纪 50 年代中期，美国 J·G 霍斯福尔（James G · Horsfall）提出，当时病原物抗性未成为农业生产上的问题，未受重视。20 世纪 60 年代末，高效选择性强内吸杀菌剂的应用，导致植物病原出现高水平抗性。20 世纪 80 年代初以后，植物病原物抗药性普遍受到重视，成为了植物病理学和植物化学保护研究的新领域。目前为止，已发现 150 多种病原菌产生抗药性（如黄瓜霜霉病对甲霜灵、瓜类的白粉病对三唑酮等产生了抗药性）。

2. 植物病原物的抗药性概念

植物病原物的抗药性是指本来对农药敏感的野生型植物病原物个体或群体，由于遗传变异而对药剂出现敏感性下降的现象。包含两方面涵义：一是病原物遗传物质发生变化，抗药性状可以稳定遗传；二是抗药突变体对环境有一定的适合度，即与敏感的野生群体具有生存竞争力。

3. 病原菌抗药性机制

（1）产生抗性突变体　在药剂的选择压力下，使敏感的野生菌逐渐减少，抗性突变体逐渐增加而形成抗性种群。

（2）选择性高药剂的使用　当病原菌群体中存在抗性基因或抗性个体时，使用选择性高的药剂，会将大部分敏感的病原菌杀死，留下比例很少的有抗性个体，这些抗性个体仍然可以继续繁殖，继续侵染，使植株致病，这样，在种群中提高抗性病原菌的比例。

4. 病原菌抗性发生的机制

药剂渗透性降低；菌体提高了对药剂的钝化能力；菌体降低了对药剂转毒能力；降低了药剂与作用点的亲和力；形成保护性的代谢途径；去毒性；菌体减少对毒素的吸收或提高对毒物的排泄速度；病原物存在抗性遗传基因（遗传机制）。

5. 影响病原菌抗药群体形成的因素

影响病原菌抗药群体形成的主要因素：病原菌群体中潜在抗药性基因；抗药性遗传特征；药剂的作用机制——作用靶标单一的农药、内吸性强的农药易产生抗性；适合度；病害循环；农业栽培措施和气候条件。

6. 病原菌抗药性的治理

为治理病原菌的抗药性，提出了如下六条治理方法：加强监测，建立抗药性病原物群体流行测报系统；综合应用各种防治措施；合理用药，防止抗药性发生或延缓抗药群体形成（如交替使用不同作用机制或无交互抗药性的杀菌剂）；选用科学配方，研制混配药剂；开发不同类型的安全、高效、专化性杀菌剂，与传统多作用位点杀菌剂混合使用，储备较多有效品种；开发具有负交互抗性的品种。

7. 病原菌抗药性的监测

指测定自然界中病原物群体对使用药剂敏感性的变化。测定方法：离体测定法和活体测定法。离体测定法是测定病原物生长量与药剂效应的关系，常用方法有菌落生长法、孢子萌发法。在使用孢子萌发法时，应注意内吸杀菌剂并不阻止孢子萌发，应该注意对芽管形态和菌体发育的作用。活体测定法是指将病原菌接种到经杀菌剂处理过的植株或部分组织上，评估药剂处理剂量与发病程度的效应关系。

8. 抗药性风险较高的蔬菜杀菌剂

二甲酰亚胺类：乙烯菌核利、速克灵等。

苯并咪唑类：多菌灵、苯菌灵、甲基托布津等。

苯基酰胺类：甲霜灵等。

甲氧基丙烯酸酯类：嘧菌酯等。

三、农田杂草抗药性与综合治理

1. 杂草对除草剂的抗性现状

1968 年，发现抗三氮苯类除草剂的欧洲千里光（首例抗性杂草生物型）。1970～1977 年平均每年发现一种抗性杂草生物型。1978～1983 年发现 33 种抗三氮苯类除草剂的杂草生物型。1995～1996 年进行调查，记录了 42 个国家 183 种杂草对除草剂抗性的杂草生物型，其中有 124 种杂草对一种或一种以上除草剂产生抗药性。在我国由于对杂草研究较少，因此到 1996 年仅记录到 4 种抗性杂草生物型。

抗性杂草生物型是指在一个杂草种群中天然存在的有遗传能力的某些杂草生物型。杂草交互抗性指一个杂草生物型由于存在单个抗性机制而对两种或两种以上的药剂产生抗性。多抗性指抗性杂草生物型具有两种或两种以上不同的抗性机制。

2. 杂草抗药性的形成与机制

杂草对除草剂抗药性的形成有两种学说。

（1）选择学说　即在除草剂的选择压力下，自然群体中一些耐药性个体或具有抗药性的遗传变异类型被保留，并繁殖而逐步发展成抗性群体。杂草群体中个体间对除草剂的遗传差异是抗药性产生的基础，除草剂的单一使用使得这种抗药性个体得以选择。而在没有使用除草剂的情况下，由于杂草群体效应及竞争作用，抗性个体因数量极少，难以发展起来。

（2）诱导学说　由于除草剂的诱导作用，使杂草体内基因发生突变或基因表达改变，从而提高了对除草剂的解毒能力，或使除草剂与作用位点的亲和力下降，而产生抗性的突变体。然后在除草剂的选择压力下，抗药性个体逐步增加而发展成为抗药性生物型群体。

3. 杂草抗药性机制

① 除草剂作用位点改变。

② 杂草对除草剂解毒能力提高。

③ 屏蔽作用或隔离作用。

④ 对吸收、传导产生影响。

4. 杂草抗药性的综合治理

① 除草剂的交替轮换使用。

② 除草剂的科学合理混用。

③ 对用药量采用限制。

④ 采用综合防治措施（综合应用农业、生物防治措施）。

四、农药的混用

1. 农药混用的概念

农药混用是指将 2 种或 2 种以上农药混合应用的方法。合理的农药混用，不仅可以防治病虫、杂草的危害，还可以促进植物的生长发育，提高产量；又可以同时防治两种或两种以上的病、虫、草害，扩大使用范围；还可提高工效，节省劳力，减少用药量，降低成本；更重要的是可防治对农药有抗性的有害生物，提高药效，减缓有害生物的抗药性。若生产中盲目地混用，轻者可能造成混用后增效甚微或药效下降，不仅增加了防治成本，还造成了不必要的浪费；重者增加了农药的毒性，造成污染，甚至造成药害。因此要科学混配农药才能增产增效。

2. 药剂混用的意义

（1）提高农药的增效作用　2 种以上农药复配混用，各自的致毒作用相互发生影响，产生协同作用的效果，比单用其中任何 1 种农药效果都好。

（2）一药多治扩大使用范围　农作物一般常常会受到几种病虫害同时危害，科学地使用 2 种以上农药混配，施药 1 次，可收到防治几种病虫对象的效果。

（3）克服、延缓病虫的抗药性　1 种农药使用时间过长，有的病虫会产生抗药性。将 2 种以上农药混合施用就能克服和延缓有害生物对农药的抗药性，从而保证了防治效果。

（4）降低农药的消耗成本　在病虫发生季节，重叠发生病虫的情况较多，如果逐一去防治，既增加防治次数，又增加农药用量。如将 2 种以上的农药混用，既可防治病害，又可消灭虫害，同时减少用药次数，节省用药量和工时，从而降低成本。

（5）保护有益生物、减少污染　多次使用农药，会使有益生物遭受其害。农药混合施用后，可减少施药次数和用药时间，相对地给有益生物一定的生成时间，又减少了农药对环境污染的负效应。

合理的农药混用，可以兼治几种病虫，扩大防治对象，减少喷药次数，提高药效，延缓害虫抗性，经济实用。

3. 农药混用的原则

（1）不影响有效成分的化学稳定性　农药有效成分的化学性质和结构是其生物活性的基础。混用时一般不能使有效成分发生化学变化，影响其有效成分分解而导致失效。有机磷类农药和氨基甲酸酯类农药对碱性比较敏感，就是菊酯类农药和二硫代氨基酸类农药，在较强的碱性条件下也会分解。所以酸性农药和碱性农药不能混配，混配后会产生复杂的化学变化，破坏其有效成分。有些农药虽然在碱性条件下相对稳定，但一般也只能在碱性不太强的条件下现配现用，不宜放置太久。

（2）不破坏药剂的物理性状　农药之间混用与剂型亦有极大关系，如粉剂、颗粒剂、熏蒸剂、烟雾剂等需要时都可混用。但可湿性粉剂、乳油、胶悬剂、水溶剂等以水为介质的液剂则不能任意混用，要注意。如果混合后，上有漂浮油、下有沉淀物，则使乳化剂的作用被破坏，既降低了药效，也易产生药害。当前使用的乳化剂种类很多，在使用前需进行混合试验，观察无碍方可混用。

（3）不产生不相容物质　农药的不相容性包括化学不相容性和物理不相容性。化学不相容性是指农药混合后，农药的有效成分、惰性成分及稀释介质间发生水解、置换、中和等化学反应，使得农药药效降低。如大多数有机磷农药不能与碱性农药混用，就属于化学不相容性。因为碱性农药只有石硫合剂、波尔多液等为数不多的几种。物理不相容性是指农药混合后，农药的有效成分、惰性成分、稀释介质间发生物理作用，使混合后药液产生结晶、絮结、漂浮、相分离等不良状况，不能形成均一的混合液，即使适当搅拌也不能形成稳定均一的混合液。通常是由于多种农药成分或农药-液体肥料混合使用时，其溶解度、络合和离子电荷等因素造成的。农药物理不相容性通常导致药液药效降低、对作物药害加重，并且阻塞喷头等问题。市场买到的商品混剂，都是农药厂经过多次严格试验，测定出混剂不存在物理及化学不相容性才投放市场的，因此使用的商品农药混剂尽管放心。但在田间桶混，就要注意农药间的物理不相容性了。通常相同剂型的农药制剂混用时，很少发生物理不相容性，不同剂型农药混用时，往往会出现物理不相容性。可湿性粉剂和乳油进行混用，常形成油状絮凝或沉淀，产生这一现象的原因是存在的乳化剂被优先吸附至可湿性粉剂有效成分和填料的颗粒上，取代了可湿性粉剂中的分散剂，许多乳化剂组分中具有大量的湿润剂，对陶土有絮凝作用。悬浮剂与乳油混用时，相容性就更差，原因是悬浮剂中有许多专用成分，除湿润剂和分散剂外，还有比重调节剂、抗冻剂、消泡剂、增稠剂等，加入乳油后，产生凝聚或乳脂化作用。农药与液体肥料混用时，则可能发生盐析作用，而发生分层甚至沉淀。盐析程度取决于化肥中氮、磷、钾的组成，高氮化肥引起的盐析程度比高磷或高钾化肥低。

（4）混合后不能分解失效　农药可否混用，主要是由药剂本身的化学性质决定的。农药分为中性、酸性、碱性三大类。中性与酸性之间的农药可以互相混用，不会产生化学反应。常用的农药如辛硫磷、敌敌畏、敌杀死等都属于弱酸性或中性。这类农药如果与碱性药剂，如石硫合剂、波尔多液等混用，极易造成分解失效。即使个别不同性质的农药可以混用，也只能随混随用，不能久存。

（5）混合后要增效　混用的更高目标是协同增效，这需要进行严格的科学试验和分析，多数成果已经转化成复配制剂，可以从商店购买。如一些菊酯类杀虫剂与某些有机磷杀虫剂混用，防治害虫有增效作用。这不但解决了菊酯类农药成本较高的问题，也可减缓菊酯类诱发有害生物产生抗药性。同时不要任意扩大应用范围，不能把复配剂当成万灵的，要对症用药。

（6）混合后不能产生药害　有些农药混用时，会产生物理或化学变化造成药害。尤其是碱性药剂混用时最易发生问题，应严格注意。如石硫合剂的主要成分是多硫化钙，波尔多液杀菌的主要成分是碱式硫酸铜。两者都是强碱性农药，但混合后易发生化学反应，产生过量的可溶性铜，从而引起作物药害。

（7）混用成本合理　农药混用要考虑投入产出比。除了使用时省工省时外，混用一般应比单用成本低。相同防治对象，一般成本较高与成本较低的农药混用，只要没有拮抗作用，往往具有明显的经济效益。价格较贵的新型内吸性治疗性杀菌剂与较便宜的保护性杀菌剂品种混用、价格较贵的菊酯类杀虫剂与有机磷杀虫剂混用，都比单用的成本低很多。除直接使用混剂以外，在许多情况下是现混现用，选用的药剂大多数是菊酯类农药与有机磷或其他药剂混用，其次是有机磷之间、有机磷与其他农药间的混用，再则是杀虫剂与杀菌剂之间的混用。但是，并不是混用时的种类越多越好，有时将有机磷、有机氯类、氨基甲酸酯类及菊酯类等几种农药混在一起，还有的将有机磷类农药中的几种药剂或菊酯类中的几种药剂混合在一起，多时甚至七八种药剂混在一起，不仅大大增加了失效和药害的概率，而且还造成了浪费和加重了对环境的污染，因此，生产上一般不提倡超过 3 种以上的农药同时混用。

4. 农药混用的形式

农药混用有三种形式，即现混、预混、桶混。在现代农业中由不同的农药，按照不同的混配比，可以防治不同类型病、虫、草害。

（1）现混（田间现混） 通常所说的现混现用或现用现混在生产中运用得相当普遍，也比较灵活，可根据具体情况调整混用品种和剂量。应做到随混随用，配好的药不宜久存，以免减效。有些农药在登记时就推荐了现混配方。

（2）预混（工厂预混——混剂） 混剂是指工厂将 2 种或 2 种以上有效成分和各种助剂、添加剂等按一定比例混配在一起加工成某种剂型，直接施用。对于用户来说，使用混剂与使用单剂并无两样。在各组分配比要求严格，现混现用难以准确掌握，或吨位较大或经常采用混用的情况下，都以事先加工成混剂为宜。若混用能提高化学稳定性或增加溶解度，应尽量制成混剂。有些农药新品种（有效成分）在上市之初即只以混剂出现，而没有单剂产品推出。混剂虽然应用时方便，但它本身存在两个主要缺点：一是农药有效成分可能在长期的储藏、运输过程中发生缓慢分解而失效；二是混剂不能根据使用时的环境条件、病虫草害的组成和密度不同而灵活掌握混用的比例和用量，甚至可能因为病、虫、草害的单一，造成一种有效成分的浪费。

（3）桶混　桶混是指在田间根据标签说明，把2种或2种以上不同农药按比例加入药箱中混合后使用。厂家将其制成桶混制剂（罐混制剂），分别包装，集束出售，常被形象地称为“子母袋、子母瓶”。桶混可以克服混剂上面提到的两个缺点，但不合理的桶混会造成农药间的不相容性而使药效下降，甚至产生药害，增加毒性。

5. 不同类型药剂的混用

（1）杀虫剂的混用　2种或2种以上害虫的防治。速效性与特效性互相补充，并且其杀虫性高于每个组分的杀虫剂单剂。马拉硫磷同敌百虫混用，对稻、棉、森林、果树、蔬菜的二化螟、三化螟、大螟、飞虱、棉铃虫、棉蚜等害虫有较好效果。特别是几种害虫同时发生时效果优异。目前在新杀虫剂开发处于十分困难的形势下，杀虫剂的有效寿命是人们极为关注的问题。各国用于主要作物的杀虫剂各不一样，同时害虫也往往会产生抗性，设法延长最佳杀虫剂的有效使用期，农药的混用是经济、有效的措施。其原理是使一个组分的杀虫剂对另一组分的杀虫剂具有抗性的害虫的个体有专效。如马拉硫磷与速灭威的混剂对抗有机磷农业的害虫有效，日本生产的混剂（马拉硫磷＋速灭威）有4种复配比例：1％＋1％、1.6％＋1.5％、1.5％＋1.5％、1％＋1.2％。

（2）杀菌剂的混用　利用杀菌剂的混用对不同生育阶段的病害防治。由于现代选择杀菌剂通常在特定病菌的特定侵染阶段起作用，所以只有在最适时间施用才有效。往往在同一田间、同一时间，经常观察到病害发生的各个阶段，在这种情况下，黑色素生物合成抑制剂与蛋白质或磷脂生物合成抑制剂混用是十分有效的。病菌对杀菌剂的抗性是现代农业中的另一问题。苯丙咪唑类杀菌剂是一类易产生抗性的杀菌剂，蔬菜上的许多真菌对其产生了抗性。为了克服对苯丙咪唑的抗性，可使用多菌灵与代森锰锌、含酮类混剂。

（3）除草剂混用　常采用对多年生杂草有效的除草剂和对以稗

草为主要代表的一年生杂草有效的除草剂加以混合。主要的混剂具有以下特性。

① 杀草谱广，既能防除一年生杂草，又能防除多年生杂草。

② 使药适期的幅度宽。

③ 提高对作物的安全性。由于2种（或2种以上）除草剂混用时，其中1种除草剂都尽量取最低剂量，所以能提高作物的安全性。

④ 延长持效期。

⑤ 降低成本。

（4）其他类型的混用　在同一田块中，有时往往病虫防治时间相同，所以有杀虫剂与杀菌剂混用。目前它们约占杀虫剂、杀菌剂用量的10%。

6. 农药混用的禁忌

① 波尔多液与石硫合剂分别使用，能防治多种病害，但它们混合后很快就发生化学变化，生成黑褐色硫化铜沉淀，这不仅破坏了2种药剂原有的杀菌能力，而且生成的硫化铜会进一步产生铜离子，使植物发生落叶、落果，叶片和果实出现灼伤病斑或干缩等严重药害现象。因此，这2种农药混用会产生相反的效果。喷过波尔多液的作物一般隔30天左右才能喷石硫合剂，否则会产生药害。

② 石硫合剂与松脂合剂、肥皂或重金属农药等不能混用。

③ 酸碱性农药不能混用。常用农药一般分为酸性、碱性和中性三类。硫酸铜、氟硅酸钠、过磷酸钙等属酸性农药。松脂合剂、石硫合剂、波尔多液、砷酸铝、肥皂、石灰、石灰氮等属碱性农药。酸碱性农药混合在一起，就会分解破坏、降低药效，甚至造成药害。大多数有机磷杀虫剂如马拉硫磷等和部分微生物农药如春雷霉素、井冈霉素等以及代森锌、代森铵等，不能同碱性农药混用。即使农作物撒施石灰或草木灰，也不能喷洒上述农药。

7. 农药混用的计算方式

农药混合使用，要计算各农药的用量后再准确称量混配。与单剂的计算方法有些差异，其计算方法有两种。

作用对象不同的农药混配计算方法　农药需要量＝混合药液量/农药稀释倍数。例如，要配制50%甲基硫菌灵800倍和50%对硫磷1500倍的混合药液100千克。甲基硫菌灵用量为100千克/800倍＝0.125千克。对硫磷用量为100千克/1500倍＝0.067千克。用水量为100千克－0.125千克－0.067千克＝99.8千克

对于作用对象不同的农药混配使用，各种农药有效成分多数是独立起作用的。甲基硫菌灵只管防治病害，对硫磷只管防治虫害，二者互不干扰。在这种情况下，混用时各农药用量的多少同单独使用时的量相同。

8. 药剂混用加入顺序

不同剂型之间混用时，加入顺序不同，所得到的相容性结果或混合液的稳定性有差异，一般加入不同剂型的顺序是可湿性粉剂、悬浮剂、水剂、乳油，这样容易配成稳定均一的混合药液。搅拌程度不同，所得结果亦不一致。搅拌过于激烈，有时反而不能得到稳定的混合液，原因是激烈搅拌，空气进入药液中，从而使混合液产生絮状结构。黏稠的液体，特别是与粉剂或悬浮剂混用时，这种现象较明显。所以，农药混合时要注意不能产生不相容性物质，否则会降低药效，增加毒性，产生植物药害。2种可湿性粉剂混合时。则要求仍具有良好的悬浮率及湿润性、展着性能。这不仅是发挥药效的条件，也可防止因物理变化而导致农药失效或产生药害。如果混配后，发生乳剂破坏，悬浮率降低，甚至出现有效成分结晶析出，药液汁出现分层、絮结、沉淀等现象，都不能混用。

第三节　农药的储存

农药商品品种繁多，规格复杂，制剂形态多样，毒性不一，化学性质不同，因此，存放的方法也不尽相同。农药商品的存放是否合理，对农药商品科学养护和安全储存起着重要作用。

一、防止药性改变

存放地点最好阴凉、通风、干燥，并有防热、防火、防潮、防冻等措施。液体农药受潮后，易成固体沉淀失效，粉剂状农药逐渐形成块而变质。温度不应超过25℃，农药不可在阳光下暴晒，暴晒后可能引起爆炸。远离火源，以防药剂高温分解或着火、爆炸。农药也不能与烧碱、石灰、化肥等物品混放在一起。禁止把汽油、柴油、煤油等易燃物与农药同放。就农药而言，有碱性和酸性，二者不宜放在一起，有时为图方便把没用完的几种农药倒在一个瓶内，如果是性质不同的农药就会起化学反应，变质失去原来的药效。

温度是影响农药商品质量变化的重要因素。一般来说，温度越高，影响越大。温度的升高不但会造成液体农药挥发加快，而且也能大大加速稳定性较差的农药商品的分解速度。一些微生物农药在高温下会减效或失效。温度过低也会对农药商品质量产生不利影响。乳油农药含有甲苯、二甲苯等有机溶剂，其特点是闪点低、遇明火易燃烧和易挥发。因此储存该类农药时，应注意库内的温度变化，时常通风，避免高温带来危险。要严格管理火种和电源，防止发生火灾。水剂、水悬浮剂及种衣剂的溶剂是水，在0℃以下，会由于结冰而体积膨胀导致农药瓶爆裂。因此冬季库温应保持5℃以上，保温条件差的，应加盖保温物品，常用碎柴草、糠壳或不用的棉被覆盖保温。一般农药的储存温度要求控制在5～30℃。

湿度过高，对农药商品的质量也有较大的影响。有机磷农药遇湿后水解速度加快。一些固体制剂如粉剂、可湿性粉剂、烟剂和粒剂等遇湿易潮解，降低使用性能甚至失效。湿度过大，还会造成农药商品包装物损坏，造成搬运困难。一般要求农药仓库的相对湿度控制在75%以内。微生物农药如苏云金杆菌、井冈霉素、赤霉素等，不耐高温，容易吸湿霉变，失活失效。

很多有机合成农药对光敏感，因此，光解是这些化学农药降解的重要途径，如辛硫磷在日光下，24 小时可降解 60%以上。一般盛装农药采用棕色玻璃瓶或遮光性好的聚酯瓶。

一般农药商品在中性的条件下比较稳定，多数农药遇碱性物质极易分解失效。有机磷农药大多具有这一特性。一些化肥如碳酸氢氨可分解放出氨气，被仓库内潮湿空气吸收成碱后会使农药分解失效。因此一些碱性的农资商品不能与化学农药共储。有的农药在酸性条件下也不稳定，如福美类农药、二甲四氯钠盐、石硫合剂等偏碱性农药遇酸会发生分解失效。微生物农药不能与碱性农药和杀菌剂农药混存。因微生物农药含有大量有生命的孢子，适于在中性和偏酸性的环境下生长，碱性条件下会影响它们的生命活动。杀菌剂更是有可能杀死孢子，降低药效。

压缩气体农药的主要品种为溴甲烷，溴甲烷本身不易燃、不易爆，其商品压缩在钢瓶中销售。它在高温、撞击、剧烈震动等外力下，会引起爆炸。而且，溴甲烷属高毒气体，在保管这类农药时要特别谨慎。应经常检查阀门是否松动，钢瓶有无裂缝，以免引起不良后果。

除草剂应与其他农药分开储存，最好设立专库储存除草剂。严防除草剂渗漏污染其他农药而造成药害事故。凡堆放过除草剂的农药仓库，应清除干净后才可储存其他农药。

烟剂农药属易燃制剂，要专门保管。严格管理火种、火源，远离明火。堆垛时应堆成通风良好的小垛，以便散热，防止自燃。

二、避免中毒

农药商品特性决定了农药商品必须单独储存，禁止与食品、粮食、种子、食物以及动物的饲料等同室存放，特别注意不要放在小孩可接触的地方。其基本原则是根据农药的使用性质分类存放；根据制剂的不同形态分别存放；根据毒性的高低专柜存放。尤其是存放没有用完的农药，一定要单独放在闲置的房间里，因为有些液体农药，若瓶盖未拧紧，可能挥发，影响药效，污染环境，易引发中毒事件。存放地最好有消防器材及中毒防护设备。一般不建议露天存放，若必须露天存放，则仅允许临时性短期堆放方式。露天存放一定要设有农药堆放的货台，应选择地势较高、平坦干燥的地方。堆放农药应铺下垫物如塑料布、油毡纸等，防止农药受潮。没有防雨简易棚的货台应在堆放农药时让下垫物离地30厘米以上，以屋脊形或斜面形堆码，并要盖好，避免日晒雨淋。

根据我国农药急性毒性的分级标准，按原药的大白鼠急性毒性LD_{50}分为四级，凡经口LD_{50}小于50毫克/千克的农药即为高毒农药，小于5毫克/千克的农药即为剧毒农药。这类农药主要包括一些有机磷农药和氨基甲酸酯农药，这些农药毒性大，如保管不当，会有巨大的危害。因此要专人负责，专仓保管，不要与其他农药混存。要注意包装完整，同时存取使用人员要做好防护工作。

三、方便取用

农药可集中放在一个地方，做好标记。若数量较多要合理堆码各种农药，应按品种、用途、不同包装规格、不同出厂或入库期分堆存放。要有利于查找、取放，安全方便。一般堆放高度不宜超过2米。根据农药商品的性能、数量、包装规格和重量，选择适当的堆码方式。常见的堆码方式有“三字垛”“五字垛”“井字垛”“三三顶四”等。

若瓶装农药破裂，要换好包装，贴上标签，以防误取误用。

四、预防污染

为防止污染环境，对已失效或剩余的少量农药不可在田间地头随地乱倒，更不能倒入池塘、小溪、河流或水井。也不能随意加大浓度后使用，应采取深埋处理。

储存中应注意预防其他杂菌、杂质的污染。微生物农药应尽可能当年生产，当年购买，当年使用，以保持微生物农药的生物活性。

第四节　农药选购常识

一、选择购买农药的地点

购买农药一定要到有合法经营许可证或营业执照的农药经销单位（图 3-24）。根据国家规定，经营农药限于三种渠道，即各级供销合作社、农业生产资料公司售药经营部；农业植物保护站，农业、林业技术推广站，土壤肥料站和植物病虫害防治机构等的售药门市部；农药生产企业的销售门市部。不要去非法经营的店铺去购买。尤其要注意走村串户的推销者，也不要购买拆开包装的散农药。

图 3-24　农药经销单位

到售农药点购农药时，首先要求销售人员出示产品合格证。农药产品出厂前，应当经过产品质量检验，经检验合格的产品有质量检验合格证书，与产品一起放在包装箱内，农药出厂的合格证上有生产日期和检验员姓名和代号，表示产品已经检验合格。凡无出厂合格证的农药因无质量保证不要购买。

二、包装袋上的信息

购买前应认真查看包装袋上的标签内容。购买的农药产品必须要有完整、清晰的标签。标签具有法律效力，按标签上的使用方法施药，若无药效，或出现药害，厂家应付全部责任。同时标签上的许多内容都能给购买者很有益的提示。一般标签会注明农药名称、有效成分及含量、剂型、农药登记证号或农药临时登记证号、农药生产许可证号或者农药生产批准文件号、产品标准号、企业名称及联系方式、生产日期、产品批号、有效期、重量、产品性能、用途、使用技术和使用方法、毒性及标识、注意事项、中毒急救措施、储存和运输方法、农药类别、象形图及其他经农业部核准要求标注的内容。产品附具说明书的，标签至少会标注农药名称、剂型、农药登记证号或农药临时登记证号、农药生产许可证号或者农药生产批准文件号、产品标准号、重量、生产日期、产品批号、有效期、企业名称及联系方式、毒性及标识，并注明“详见说明书”字样。若为分装的农药产品，其标签应当与生产企业所使用的标签一致，并同时标注分装企业名称及联系方式、分装登记证号、分装农药的生产许可证号或者农药生产批准文件号、分装日期。

1. 有效成分的名称、含量及剂型

应使用通用名称或简化通用名称。例如，20%的氰戊菊酯乳油，就表明了该产品的有效成分是氰戊菊酯，含量指标是20%，剂型为乳油。

2. 三证齐全

即农药登记证号、产品标准号、农药生产批准证号。查看标签上的农药生产许可证或批准证号、农药登记证号和产品标准号极为重要，凡是三证齐全的说明该产品已经取得了合法生产手续，准予生产、销售和使用。凡是无证或三证不全的农药则不要购买。也可

要求经营店通过《农药登记公告信息汇编》或“中国农药信息网”查询产品信息，更多更准确地了解到所购买产品的信息。进口农药产品直接销售的，可以不标注农药生产许可证号或者农药生产批准文件号、产品标准号。

3. 适用范围

适用范围是标签上有关防治对象的内容。首先查看标签标注的防治对象与自己的防治目标是否一致。如没有标签中说明，则不可随意扩大药剂施用的作物、时期等范围，避免引起药害。未经登记的农药，生产企业不得自己随意增加对作物的防治对象，任何人也无权推荐。

4. 企业名称、厂址、邮编

企业名称是指生产企业的名称，联系方式包括地址、邮政编码、联系电话等。进口农药产品应用中文注明原产国（或地区）名称、生产者名称以及在我国办事机构或代理机构的名称、地址、邮政编码、联系电话等。除规定的机构名称外，标签不能标注其他任何机构的名称。选择农药生产厂家，要购买信誉良好的企业生产的产品，根据历年国家农药抽查结果，国有大中型农药生产企业生产的产品合格率较高，信誉好。对于同类产品中价格明显低于别厂产品的，购买时要谨慎，不该只图便宜。其中会有厂家电话，一般厂家都会配有技术服务部门，如果在生产中，对于药剂的使用还有不明确的地方，可以直接打电话到厂家，直接咨询。目前很多厂家也在包装上印上自己的网页，这样上网查询可以得到更多的信息。

5. 生产批号或日期、保质期

生产日期按照年、月、日的顺序标注，年份用四位数字表示，月、日分别用两位数表示。有机磷农药有效期（保险期、储藏期），乳油一般为 2 年，粉剂可在 3 年以上，水剂多为 1 年。要购买在保质期之内的农药产品。产品批号已过期的就不要再购买，如果产品标签上不注明生产批号或生产日期则不能购买。

6. 农药类别

各类农药标签下方均有一条与底边平行的、不退色的色条表示不同农药。如杀菌（线虫）剂——黑色、杀虫剂——红色、除草剂——绿色、杀鼠剂——蓝色、植物生长调节剂——深黄色。农药类别应当采用相应的文字和特征颜色标志带表示。

7. 注意事项

需要明确安全间隔期的，应标注有使用安全间隔期及农作物每个生产周期的最多施用次数；对后茬作物生产有影响的，应当标注其影响以及后茬仅能种植的作物或后茬不能种植的作物、间隔时间；对农作物容易产生药害或者对病虫容易产生抗性的，应当标明主要原因和预防方法；对有益生物（如蜜蜂、鸟、蚕、蚯蚓、天敌及鱼、水蚤等水生生物）和环境容易产生不利影响的，应当明确说明，并标注使用时的预防措施、施用器械的清洗要求、残剩药剂和废旧包装物的处理方法；已知与其他农药等物质不能混合使用的，应当标明；开启包装物时容易出现药剂撒漏或人身伤害的，应当标明正确的开启方法；施用时应当采取的安全防护措施；该农药国家规定的禁止使用的作物或范围等。

8. 毒性标志、中毒急救措施

毒性分为剧毒、高毒、中等毒、低毒、微毒五个级别，分别用“ ”标识和“剧毒”字样、“ ”标识和“高毒”字样、“ ”标识和“中等毒”字样、“ ”标识、“微毒”字样标注。标识应当为黑色，描述文字应当为红色。由剧毒、高毒农药原药加工的制剂产品，其毒性级别与原药的最高毒性级别不一致时，应当同时以括号标明其所使用的原药的最高毒性级别。中毒急救措施应当包括中毒症状及误食、吸入、眼睛溅入、皮肤沾附农药后的急救和治疗措施等内容。有专用解毒剂的，应当标明，并标注医疗建议。也有的标明了中毒急救咨询电话。

9. 储藏和运输条件

储存和运输方法应当包括储存时的光照、温度、湿度、通风等环境条件要求及装卸、运输时的注意事项。

10. 净量（千克或毫升）

用国家法定计量单位表示。液体农药产品也可以体积表示，一般指明包装量为多少千克或多少毫升。特殊农药产品，可根据其特性以适当方式表示。有的农药产品装量不足，这也是一种产品质量问题的表现。选购农药时装量不足的产品不要购买。

登陆“中国农药信息网”（www. chinapesticide. gov. cn）在“农药标签数据查询”栏目中输入标签上的农药登记证号，点击“查询”按钮，即可核查农药登记核准标签内容，当然，也可向当地农药管理机构查询。

还要检查包装是否完好。如果是瓶装农药，需查看玻璃瓶有无破损，塑料瓶体有无变形，瓶应有内盖和外盖，检查瓶盖有无松动，药液有无渗漏，宜选包装完好的且密封性良好的药瓶；如果是袋装农药，需查看包装袋有无破裂，内外包装是否均完好。总之，包装有破损的农药产品不要购买。

购药后最好保留购药凭证。在因农药质量等出现纠纷时，购药凭证往往是解决问题的关键证据之一。所以应在购药时索取购物凭证，即应向农药经销商索要发票。同时不要接收个人签名或收条。一旦发现该农药有问题，可凭发票协商解决；在因农药质量问题引致药害情况下，也是向农药、工商、技术监督等有关部门投诉的凭证。

三、现代信息工具的应用

1. 中国农药信息网 http://www. chinapesticide. gov. cn/（图 3-25）

中国农药信息网是提供专业农药信息服务的网络平台。它是为

图 3-25　中国农药信息网

用户提供专业、全面、及时的农药资讯（行情、价格、技术等）、产品信息（原药、消毒药剂、杀菌农药、杀虫农药、植物生长调节剂、化肥、叶面肥等）、展会信息等的服务平台。

全国农药信息查询系统：利用现有网络、权威出版物等资源系统，广泛收集农药行业的最新管理信息和技术资料，重点对农药登记管理信息的技术资料，进行系统化收集、归纳和整合，实现管理信息资源共享，为农药登记管理和农药开发应用提供技术支持。该系统的建立可以使农药管理、生产、经销及使用者能够快速、及时、便捷地查询到丰富翔实的农药登记管理信息，共有 21 项查询功能，为农药管理、生产、经销及使用者提供了最直观和最广泛的数据。

2. 中国农药网 http://www.agrichem.cn/（图 3-26）

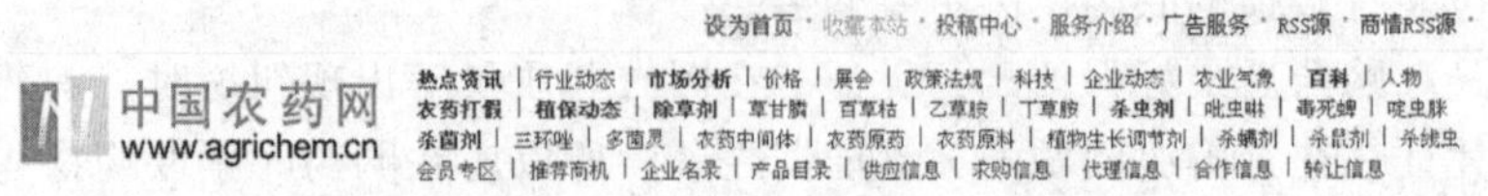

设为首页 · 收藏本站 · 投稿中心 · 服务介绍 · 广告服务 · RSS源 · 商情RSS源 ·
中国农药网 www.agrichem.cn
热点资讯 | 行业动态 | 市场分析 | 价格 | 展会 | 政策法规 | 科技 | 企业动态 | 农业气象 | 百科 | 人物
农药打假 | 植保动态 | 除草剂 | 草甘膦 | 百草枯 | 乙草胺 | 丁草胺 | 杀虫剂 | 吡虫啉 | 毒死蜱 | 啶虫脒
杀菌剂 | 三环唑 | 多菌灵 | 农药中间体 | 农药原药 | 农药原料 | 植物生长调节剂 | 杀螨剂 | 杀鼠剂 | 杀线虫
会员专区 | 推荐商机 | 企业名录 | 产品目录 | 供应信息 | 求购信息 | 代理信息 | 合作信息 | 转让信息

图 3-26　中国农药网

中国农药网涵盖百科权威农药（杀菌农药、杀毒农药、杀虫农药、植物生长调节剂等）、肥料（叶面肥、化肥、冲施肥、原药等）、种子（拌种剂、生根剂、包衣剂、果实膨大剂）等领域，已成为全国规模最大的农药行业门户网站。

该网站为农药行业打造出专业级的产品与服务，同时，在面向全国的信息服务中更针对行业经验进行了规划和整合，从而在横向的服务范围与纵向的地域覆盖上建立起了全业务的信息服务网络。

3. 中国植保网 http://www.zgzbao.com/（图 3-27）

图 3-27　中国植保网

是经国家互联网信息网络管理中心批准的植保行业最大的门户网站。中国植保网首页设置了新闻快报、技术超市、信息超市、植物病害区、植物定虫区以及答疑解惑六个专栏；特设了权威专家、电子书、农药信息、肥料信息、种子信息等版块。易于各类涉农人士以最短的时间上网查阅自己所需。该网站旨在引导农民了解田园动态、世界植保新技术，提高管理水平，树立超前意识和科技兴农理念。

第四章 杀虫剂

第一节 杀虫剂的类别与作用机制

杀虫剂的合理使用，可以控制虫害，但是如果使用不当，不仅影响防治效果，还会破坏环境，危害人类健康，甚至危及生命。因此，了解不同杀虫剂的性质，掌握其作用方式和作用机制，明确其应用范围，才能更加安全、科学、有效地使用杀虫剂。本章将杀虫剂按照作用方式、作用机制及有效成分等方面来进行分类介绍，为广棚室蔬菜种植者提供参考。

一、按杀虫剂的作用方式分类

作用方式是指杀虫剂进入昆虫体内并到达作用部位的途径和方法。常规杀虫剂的作用方式有胃毒、触杀、熏蒸、内吸四种。其余几类如引诱、驱避、拒食、不育、调节生长发育过程等又统称为特异性杀虫剂，其为作用方式还是作用机制仍未定论，有人认为是特殊的作用方式，有人认为是作用机制，还有人认为是两者的统一，本书暂且将其作为特殊的作用方式来分类。对绝大多数杀虫剂来讲，它们的杀虫作用往往是多种方式，如乐果具有较强的内吸作用及触杀作用；杀虫脒除具有胃毒、触杀作用外，还有拒食作用。

1. 胃毒剂

通过昆虫的取食活动，经虫口进入其消化系统到达靶标，起到毒杀作用的药剂。药剂通过害虫的口器和消化道进入虫体，经胃肠吸收，穿透肠壁进入血淋巴，通过循环系统到达作用部位，引起害虫中毒致死。因此害虫必须对含有胃毒剂的食物不产生忌避和拒食作用。无机的砷酸盐、亚砷酸盐类及氟化合物是典型的胃毒剂，大部分的有机磷类及菊酯类杀虫剂都有胃毒作用，如敌百虫等，有些触杀剂往往兼具一定的胃毒作用。胃毒剂适用于防治咀嚼式口器的害虫，如黏虫、蝗虫、蝼蛄等，对防治舐吸式口器的害虫也有效，如蝇类等。

2. 触杀剂

与昆虫的体壁接触后渗入虫体，或堵塞气门而毒杀害虫的药剂。触杀剂首先在昆虫体壁湿润展布，溶解害虫上表皮的蜡质及类脂，穿透表皮，渗入虫体，最后达到作用部位，才能发挥良好的触杀作用。就整个昆虫体躯而言，节间膜、触角、足等薄膜处，昆虫的感觉器官，药剂易渗入；药剂侵入的部位越靠近脑和体神经节，中毒越快；幼龄幼虫体壁及刚蜕过皮的幼虫，药剂易于侵入，而幼虫蜕皮前，新旧表皮之间有蜕皮液，含有各种酶类，药剂不易通过。拟除虫菊酯类、有机氯类及有机磷类杀虫剂都是典型的触杀剂，如辛硫磷、溴氰菊酯等。触杀剂对各类口器的害虫都适用，但对体被蜡质等保护物的害虫（如蚧、粉虱等）效果不佳。

3. 熏蒸剂

施用后呈气态或气溶胶态的生物活性成分，通过害虫的呼吸系统进入虫体，毒杀害虫的杀虫剂。绝大多数陆栖昆虫的呼吸系统是由气门和气管系统组成，气门是昆虫进行呼吸时空气及二氧化碳的进出口。气体药剂如氯化苦、磷化氢及溴甲烷等可以在昆虫呼吸时随空气进入气门，沿气管系统最后到达微气管而产生毒效，而有些矿物油乳剂由气门进入气管后产生堵塞作用，阻碍气体交换，使害虫窒息而死。理想的熏蒸剂最好是沸点低、比重小、蒸气压高，物体表面积越大，吸附量也越大。当气温高于10℃时，温度升高可以提高熏蒸效果；低于10℃时，蒸发率也低，效果也不错；但10℃时，昆虫很不活跃，呼吸率降低，效果最差。常见的熏蒸剂有磷化铝（分解产生磷化氢抑制昆虫呼吸酶而致死）、氯化苦（进入虫体后，使细胞肿胀腐烂，还可使细胞脱水和蛋白质沉淀，破坏虫体组织机能而致死）、溴甲烷（侵入虫体后水解产生麻醉性毒物溴化氢、甲醛等）。

熏蒸剂尤其适宜温室杀虫，由于温室良好的密闭性，为熏蒸剂的使用提供了适宜的条件。

4. 内吸性杀虫剂

可被植物体（包括根、茎、叶及种子）吸收并输导至全株，在一定时期内，以原体或其活化代谢物的形式，随害虫取食植物组织或吸吮植物汁液而进入虫体毒杀害虫的药剂，其实质上是一类特殊的胃毒剂，如乐果等。药剂在植物体内的输导分为向顶性输导和向基性输导，现有的内吸性杀虫剂主要是向顶性输导作用，可采取浇灌、涂茎、茎干包扎及叶部喷雾等方法使用。一般情况下，内吸性杀虫剂对刺吸式口器害虫效果较好。

5. 驱避剂

本身没有杀虫能力，但可驱散或使害虫忌避远离施药区，以保护寄主植物的药剂。如避蚊胺、驱蝇定、牛蝇畏、香茅草等。

6. 拒食剂

可影响昆虫的味觉器官，使其厌食或拒食，最后因饥饿、失水而逐渐死亡，或因营养摄取不足而不能正常发育的药剂，如拒食胺、印楝素、川楝素等。印楝素对鳞翅目、直翅目等多种害虫有效。

7. 引诱剂

使用后依靠其物理、化学作用（如光、颜色、气味、微波信号等）可将害虫诱聚而利于歼灭的药剂。一般可分为食物引诱、性引诱和产卵引诱。如性诱剂，可用于诱杀雄虫，以控制种群发展，亦用于迷向法导致种群活动失常。

8. 不育剂

使用后可直接干扰或破坏害虫的生殖系统，使害虫不能正常繁殖的药剂，一般可分为雄性不育、雌性不育和两性不育，如噻替派、喜树碱等。

9. 昆虫生长调节剂

通过阻碍害虫的正常生理功能，扰乱其正常的生长发育，使其不能完成整个生活史，从而消灭害虫的药剂，包括保幼激素类似物（如 ZR-515）、抗保幼激素类（如早熟素）、几丁质合成抑制剂（如灭幼脲）及蜕皮激素类等。

二、按杀虫剂的作用机制分类

作用机制是指杀虫剂进入虫体后与靶标的作用，即对昆虫的酶系、受体及其他物质的作用以及由此对虫体产生的影响和后效应。根据靶标部位的不同主要可分为神经毒剂、呼吸毒剂和消化毒剂。

1. 神经毒剂

以昆虫的神经系统作为靶标发挥毒性的杀虫剂，大多数杀虫剂都是神经毒剂，如有机磷类杀虫剂、氨基甲酸酯类杀虫剂、拟除虫菊酯类杀虫剂、沙蚕毒素类杀虫剂、吡虫啉、阿维菌素以及植物杀虫剂烟碱等，主要是干扰、破坏昆虫神经生理、生化过程而引起昆虫中毒及死亡。

昆虫的神经细胞之间通过神经轴突连接，神经冲动可在轴突内以电传导的方式进行，而轴突间由突触连接，以神经递质沟通，其中最常见的是乙酰胆碱。乙酰胆碱产生于神经传导的瞬间，又通过胆碱酯酶迅速水解为胆碱和乙酸，从而终止传导。但受到药剂的作用时，胆碱酯酶无法发挥正常的生理功能，会导致神经突触中积累大量的乙酰胆碱，从而破坏冲动的正常传导，中毒的昆虫表现出兴奋、痉挛等症状，最终死亡。有机磷类及氨基甲酸酯类杀虫剂即通过抑制乙酰胆碱酯酶产生神经毒性。乙酰胆碱作为神经递质传导冲动时，在突触后膜上有接受它的受体，此类受体受到药剂的作用，也会破坏神经传导，引起昆虫中毒。此类药剂包括吡虫啉及沙蚕毒素类药剂。拟除虫菊酯类杀虫剂则是通过破坏神经轴突上的离子通道，从而造成昆虫中毒死亡。而阿维菌素的靶标则是外周神经系统内的γ-氨基丁酸（GABA，一种抑制性神经递质）受体。各类神经毒剂，常以一个靶标为主，同时影响其他次要靶标，不同神经毒剂因结构不同，常表现出不同的作用靶标及中毒症状。

2. 呼吸毒剂

以昆虫的呼吸系统为靶标的杀虫剂。昆虫的呼吸包括从气门吸入氧排出二氧化碳，以及氧进入虫体后通过气管及微气管输送到各个组织和细胞，在细胞内参与物质代谢，并产生能量两个过程。因此呼吸毒剂可分为外呼吸毒剂和内呼吸毒剂。

外呼吸毒剂是通过物理作用，堵塞或覆盖了昆虫气门而不能呼吸，即阻断了昆虫气管内的气体与外界空气的交换，引起昆虫窒息，如矿物油杀虫剂等。内呼吸毒剂则是通过对呼吸酶系的抑制，抑制了呼吸代谢正常进行。多数呼吸毒剂属于后一类，如一氧化碳、硫化氢等抑制细胞色素氧化酶，影响氧的正常传送及能量的产生；鱼藤酮、氢氰酸抑制呼吸过程中的电子传递系统，导致昆虫不能正常呼吸；很多熏蒸剂不但通过气门产生熏蒸作用，而且可以破坏昆虫的呼吸。

3. 消化毒剂

主要以昆虫消化系统作为初始靶标的杀虫剂。消化毒剂对昆虫主要有两类靶标：一是破坏中肠，可称为中肠组织破坏剂；二是影响消化酶系，可称为消化抑制剂。目前已知的Bt内毒素和二氢沉香呋喃类化合物属于消化毒剂。

Bt内毒素是细菌杀虫剂苏云金芽孢杆菌（*Bacillus thuringiensis*，Bt）芽孢形成期产生的伴孢晶体毒素，它由许多称为δ-内毒素的亚单位组成，是Bt的主要杀虫活性成分。Bt伴胞晶体被敏感昆虫摄食后，在中肠蛋白酶的作用下溶解并激活，释放出毒素核心肽段，而后毒素作用于中肠上皮细胞，引起细胞膨胀和裂解，由此引起昆虫肠道麻痹和肠道穿孔，消化道细胞的离子和渗透压平衡遭到破坏，最终导致死亡，这在昆虫致死作用中占主导地位。

苦皮藤素V属二氢沉香呋喃类化合物，是从苦皮藤中分离的杀虫活性成分。苦皮藤素V是以昆虫中肠细胞膜上受体为靶标的小分子化合物，苦皮藤素V与受体结合后细胞膜的三维构象发生改变，细胞膜对离子的通透性亦随之改变，渗透压平衡被打破，细胞膨胀、瓦解，造成肠壁穿孔，体液流失，最终导致昆虫死亡。

除此之外，作用于其他靶标部位的毒剂还包括能调节昆虫生长的蜕皮激素、保幼激素、抗保幼激素、几丁质合成抑制剂，能控制昆虫行为的引诱剂、驱避剂，以及能影响昆虫生殖系统的不育剂等。

三、按杀虫剂的有效成分分类

根据杀虫剂的有效成分主要分为无机杀虫剂和有机杀虫剂。

1. 无机杀虫剂

无机杀虫剂即有效成分为无机化合物的杀虫剂，是较早应用的一类杀虫剂，主要品种是砷酸盐类、氟硅酸盐类、氟铝酸盐类以及氟化物类，如砷酸铅、砷酸钙、氟化钠、氟硅酸钠、硫黄、磷化锌等。无机杀虫剂一般不表现触杀作用，只有胃毒作用，因此只适用于防治咀嚼式口器害虫，主要用于制备毒饵诱杀地下害虫以及蝗螨等恶性害虫。氟硅酸钠的细饵剂可以撒施在作物叶片上诱杀斜纹夜蛾等鳞翅目害虫幼虫。这类杀虫剂一般药效较低，对作物易引起药害，而砷制剂对人毒性大，因此自有机合成杀虫剂大量使用以后大部分已被淘汰。

2. 有机杀虫剂

有机杀虫剂即有效成分为有机化合物的杀虫剂，包括天然产物杀虫剂和化学合成杀虫剂。二者的本质区别不在于前者是生物自身通过一系列生化反应合成的，后者是人工通过化学反应合成的，而在于前者的分子结构是生物在长期的进化过程中形成的，而后者的分子结构是人为设计的。

（1）天然产物杀虫剂　天然产物杀虫剂主要是指生物源杀虫剂，即以植物、动物、微生物等产生的次生代谢产物开发的杀虫剂，另外也包括矿物油杀虫剂。和化学合成杀虫剂相比，大多数天然产物杀虫剂对哺乳动物的毒性较低，对环境的压力较小，比较安全，但防治谱较窄，甚至有明显的选择性，且大多作用缓慢，在遇到有害生物大量发生、迅速蔓延时往往不能及时控制危害。

① 植物源杀虫剂：从植物体组织中提取出的有杀虫活性的天然有机物质，经过加工制成的杀虫剂。主要有鱼藤酮、苦参碱、烟碱、茶皂素、印楝素、除虫菊素、鱼尼丁等。

a. 鱼藤酮：从鱼藤根中提取并经结晶制成。具触杀、胃毒、生长发育抑制和拒食作用，是典型的细胞呼吸代谢抑制剂，通过影响害虫的神经和肌肉组织中的细胞呼吸，使之心跳减弱、麻痹而死。鱼藤酮杀虫谱广，对鳞翅目、半翅目、鞘翅目、双翅目、膜翅目、缨翅目、蜱螨目等多种害虫有效。由于鱼藤酮对人畜毒性较低，在作物上的持效期较短，因此特别适合于蔬菜害虫的防治。

b. 苦参碱：由植物苦参的根、果提取制成的生物碱制剂，以触杀作用为主，兼具胃毒作用，主要作用于昆虫的神经系统，可引起中枢神经麻痹，进而抑制昆虫的呼吸作用，使害虫窒息死亡。苦参碱对人畜低毒，杀虫谱广，对多种作物上的菜青虫、蚜虫、棉铃虫、红蜘蛛、白粉虱、食心虫等均有极好的防效，用于拌种能有效杀死各种地下害虫。

c. 烟碱：是烟草中的一种重要生物碱，主要表现为熏蒸作用，也有触杀及胃毒作用，并有一定的杀卵活性。烟碱是一种神经毒剂，引起昆虫颤抖、痉挛、麻痹等中毒症状，通常在1小时内死亡，对人畜高毒。烟碱是广谱杀虫剂，可用于防治蚜虫、蓟马、蝽象、卷叶虫、菜青虫、三化螟、飞虱和叶蝉等害虫。

d. 印楝素：从印楝树种中提取的一种生物杀虫剂，广谱、高效、低毒、易降解、无残留且没有抗药性，对几乎所有植物害虫都具有驱杀效果，而对人畜和周围环境无任何污染。印楝素的作用方式有多种，主要表现为干扰昆虫的正常行为，如拒食、驱避及产卵忌避等，是目前世界上公认的对昆虫活性最强的拒食剂，并能干扰昆虫从卵期到成虫各个阶段的正常生长发育。其主要作用机制：直接或间接通过破坏昆虫口器的化学感应器官产生拒食作用；通过对中肠消化酶的作用使得食物的营养转换不足，影响昆虫的生命力，高剂量的印楝素可以直接杀死昆虫，低剂量则致使出现永久性幼虫或畸形的蛹、成虫等；扰乱昆虫内分泌系统，致使昆虫变态、发育受阻。

② 动物源杀虫剂：主要指动物体的代谢物或其体内所含有的具有特殊功能的生物活性物质，主要包括动物毒素如蜘蛛毒素、黄蜂毒素、沙蚕毒素等，以及调节昆虫各种生理过程的昆虫激素、昆虫信息素如棉铃虫性诱剂等。

③ 微生物源杀虫剂：能用于防治害虫的病原微生物（包括真菌、细菌、病毒和微孢子虫等）及其代谢产生的杀虫活性物质（杀虫抗生素），因来源于微生物，故统称为微生物源杀虫剂。目前用于害虫防治的真菌主要是白僵菌和绿僵菌，细菌主要是苏云金杆菌（Bt）及其变种，病毒商品化的只有核型多角体病毒和质型多角体病毒，微孢子虫应用较多的是蝗虫微孢子虫，抗生素类主要是阿维菌素、多杀霉素、华光霉素等。

a. 白僵菌制剂：一种真菌性微生物药剂，由昆虫病原半知菌类丛梗孢科白僵菌属真菌经发酵加工而成，杀虫成分主要是白僵菌活孢子。对鳞翅目、直翅目、鞘翅目、同翅目、真螨目等200多种害虫有寄生性。

b. 苏云金杆菌制剂：即Bt制剂，一种细菌性微生物农药。属低毒广谱性胃毒剂，其伴孢晶体（δ-内毒素）是主要的杀虫活性物质，因为有个病变过程，所以对害虫的毒杀速度较慢。对各种尺螻、周蛾、刺蛾、天蛾、夜蛾、螟蛾、枯叶蛾、蚕蛾和蝶类幼虫有理想的防治效果。

c. 阿维菌素：属抗生素类杀虫剂，是一种高效、广谱的杀虫剂，以胃毒作用为主，兼有触杀作用，并有微弱的熏蒸作用，有限的植物内吸作用，但它对叶片有很强的渗透作用，可以跨层运动，从而杀死表皮下的害虫，且残效期长。其作用机制是抑制神经信号的传递，引起螨类和昆虫神经麻痹，不活动不取食，2～4天后死亡。因不引起昆虫迅速脱水，所以它的致死作用较慢。对捕食性和寄生性天敌虽有直接杀伤作用，但因植物表面残留少，因此对害虫天敌仍较安全。阿维菌素对线虫、螨类非常高效，但对鳞翅目害虫的效果较差。

d. 多杀霉素：属抗生素类杀虫剂，产生菌为土壤放线菌，商品名为菜喜。对昆虫有胃毒和触杀作用，为神经毒剂，主要用于防治果树、茶树、蔬菜等多种害虫如鳞翅目幼虫、蓟马和食叶甲虫。

④ 矿物油杀虫：矿物油是很好的触杀性杀虫剂，其作用机制是通过形成油膜封闭成虫或幼虫的气孔，使其窒息死亡，属于物理性杀虫，长期使用无抗性、无残留，如柴油乳剂、石油乳剂等。防治蚜、螨、粉、虱、介壳虫以及其他躯体较小的害虫，效果很好，价格低廉。矿物油必须具备一定的规格，如馏程、黏度、磺化度等，对不同的植物需要选择相适应的物理指标，特别是磺化度。矿物油还可以同其他杀虫剂混合使用，可以相互显著提高毒力和防治效果。

(2) 化学合成有机杀虫剂

① 有机氯类杀虫剂：有机氯类杀虫剂属于神经毒剂。主要品种：DDT，主要作用于昆虫神经系统的轴突部位，影响钠离子通道而使昆虫的正常神经传导受到干扰或破坏而中毒；环戊二烯类，主要作用于中央神经系统的突触部位，使突触前膜过多地释放乙酰胆碱，从而引起轴突动作电位的传导，引起神经系统不正常的兴奋，导致中毒昆虫痉挛、麻痹而引起死亡。有研究报道，有些有机氯杀虫剂还是GABA受体抑制剂。由于该类杀虫剂属剧毒和高毒，在环境中有顽固的残留性，除硫丹、林丹等少数品种外，大部分产

品已停止生产，禁止使用。

② 有机磷类杀虫剂：有机磷类杀虫剂品种繁多，绝大多数为广谱高效杀虫剂。这类杀虫剂作用方式多样，有些品种多种作用方式兼而有之，如马拉硫磷具有触杀、胃毒和内吸作用，还有比较好的熏蒸作用，而有些品种作用方式比较单一，如敌百虫，仅以胃毒作用为主。但在作用机制上是相同的，都是神经毒剂，抑制胆碱酯酶活性，使害虫中毒。一般在气温高时药效显著，但易产生抗性。这类杀虫剂多数属高毒或中等毒类，少数为低毒类，在应用中要注意中毒事件的发生，解毒剂通常为阿托品、解磷定等。有机磷类杀虫剂主要品种有敌百虫、敌敌畏、对硫磷、甲基对硫磷、甲胺磷、乙酰甲胺磷、杀螟硫磷、乐果、马拉硫磷、辛硫磷、久效磷、甲拌磷、三唑磷、甲基辛硫磷、二嗪磷、丙溴磷、三唑磷等。高毒农药有甲拌磷、甲胺磷、甲基对硫磷、对硫磷、久效磷、磷胺、氧化乐果等，现已在蔬菜上禁用。

a. 敌敌畏：商品名为DDVP、万事利等，广谱杀虫剂，具有触杀、胃毒和强烈熏蒸作用，击倒力强，残效期短，对高等动物毒性较大，适用于防治多种害虫，包括蚊、蝇等卫生害虫以及熏蒸种子储藏期害虫。制剂有50%乳油、80%乳油。用80%乳油稀释800～1500倍喷雾可防治植物上的多种咀嚼式口器害虫，如黄曲条跳甲、飞虱等。杀虫作用的大小与气温高低有直接关系，气温越高，杀虫效力越强。

b. 敌百虫：商品名为强锤等，为高效、低毒、低残留的广谱杀虫剂，具有强烈的胃毒作用，触杀作用较弱，可防治多种害虫，对半翅目蝽象类有特效，对鳞翅目、双翅目、鞘翅目害虫效果显著。敌百虫在中性和弱酸性条件下较稳定，而在碱性条件下可转化为毒性更强的敌敌畏，且转化过程随碱性的增强和温度的升高而加速，易引起中毒，应特别注意。用麦糠8千克、90%敌百虫晶体0.5千克，混合拌制成毒饵，撒施在苗床上，可诱杀蝼蛄及地老虎幼虫等。用90%晶体1000倍液，可喷杀尺蠖、天蛾、卷叶蛾、粉虱、叶蜂、草地螟、潜叶蝇、毒蛾、刺蛾、灯蛾等低龄幼虫；浇灌花木根部，可防治蛴螬、夜蛾、白囊袋蛾等。

c. 辛硫磷：商品名为腈肟磷、倍腈松、肟硫磷等，是高效、低毒、广谱的有机磷杀虫剂，具有强烈的触杀和胃毒作用。主要用于防治地下害虫，还可防治蚊、蝇等卫生害虫及仓储害虫，对蛴螬、蝼蛄和金针虫有特效，对鳞翅目幼虫很有效。辛硫磷见光易分解，因此最好傍晚施药，残效期2～3天。辛硫磷与阿维菌素混用可防治多种蔬菜害虫，但不能与碱性物质混合使用。防治地下害虫采用土壤或种子处理。

d. 乐果：又叫乐戈，具有良好的触杀、胃毒作用和强内吸作用，是广谱性的高效低毒选择性杀虫、杀螨剂，在酸性、中性溶液中较稳定，在碱性溶液中易分解失效。对高等动物毒性低，对昆虫毒性高，在虫体内氧化为毒性更强的氧化乐果而增强毒效。杀虫谱较广，可用于防治蔬菜、果树、油料作物、粮食作物的多种刺吸式口器和咀嚼式口器的害虫，对蔬菜和豆类等的潜叶蝇有特效，对蚜虫也有很好药效。主要剂型为40%乳油，也有超低量油剂和可溶性粉剂。该药剂浓度高时易对高粱、烟草、桃树等作物产生药害。

③ 氨基甲酸酯类杀虫剂：氨基甲酸酯类杀虫剂也具有触杀、胃毒、熏蒸和内吸等多种作用方式，大多数品种作用迅速，选择性强，对高等动物及鱼类安全，自然分解快，不易污染环境。其作用机制也是神经毒剂，抑制胆碱酯酶活性。这类杀虫剂少数为高毒农药，如克百威、灭多威、涕灭威等，大多为中低毒性，如西维因等。

a. 灭多威：商品名称为万灵，又称为乙肟威、灭多虫、灭索威，是广谱的内吸性杀虫剂，并具有触杀、胃毒作用，为高毒农药。制剂有20%乳油、24%水剂，叶面喷雾可防治蚜虫、蓟马、棉铃虫、飞虱等多种害虫。对于一些对有机磷杀虫剂产生抗性的害虫也有较好的防效。

b. 抗蚜威：商品名称为辟蚜雾，是具有触杀、熏蒸和叶面渗透作用的选择性杀蚜虫剂，能防治除棉蚜以外的所有蚜虫。有速效性，可有效地延长对蚜虫的控制期，对瓢虫、食蚜蝇和蚜茧蜂等蚜虫天敌没有不良影响。抗蚜在强酸、强碱及见光情况下易分解，应避光储存。其杀虫效果与气温有关，在15℃以下使用效果不能充分发挥，使用时最好气温在 20℃以上。

c. 硫双威：商品名称为拉维因，又称双灭多威、硫双灭多威、桑得卡，以茎叶喷雾和种子处理方式用于许多作物，具有一定的触杀作用和胃毒作用，对主要的鳞翅目、鞘翅目和双翅目害虫有效，对鳞翅目的卵和成虫也有较高的活性。

④ 沙蚕毒素类杀虫剂：这类杀虫剂是根据沙蚕毒素的化学结构人工合成的类似物，低毒低残留，对环境污染小，杀虫谱广，具有触杀、胃毒和内吸作用，并表现明显的拒食作用，对多种作物上的食叶害虫、钻蛀性害虫以及刺吸式害虫均有良好防效。沙蚕毒素类杀虫剂进入昆虫体内，首先转化为沙蚕毒素，以沙蚕毒素的形式结合于神经系统突触部位的乙酰胆碱受体，阻断或部分阻断神经系统的电位传导而发挥毒杀作用。沙蚕毒素杀虫剂与有机磷、氨基甲酸酯、拟除虫菊酯类等杀虫剂虽同属神经毒剂，但作用机制不同，因此与这三种杀虫剂无交互抗性。目前使用的品种主要有杀螟丹、杀虫环、杀虫磺、杀虫双、杀虫单、杀虫钉和多噻烷。杀螟丹对鳞翅目幼虫、半翅目、同翅目害虫有特效。

⑤ 拟除虫菊酯类杀虫剂：拟除虫菊酯类杀虫剂是根据天然除虫菊素的化学结构而仿制成的一类超高效杀虫剂，广谱、低毒、低残留，具有触杀和胃毒作用，不具有内吸和熏蒸作用。对光、热稳定，对高等动物一般具有中等毒性，个别品种低毒，对植物安全，连续使用极易产生抗药性。该类化合物属于神经毒剂，作用于昆虫的外周和中央神经系统，通过刺激神经细胞引起重复放电而导致昆虫麻痹。主要产品有氯菊酯（广谱低毒，具触杀和胃毒作用）、氯氰菊酯（高效、速效、中毒、低残留广谱杀虫剂，可防治鳞翅目害虫、蚜虫及介壳虫）、溴氰菊酯。

a. 溴氰菊酯：商品名称为敌杀死，是高效、广谱的拟除虫菊酯类杀虫剂。具触杀和胃毒作用，触杀作用迅速，击倒快，无内吸及熏蒸作用，在高浓度下对一些害虫有驱避作用，持效期长，中等毒性。能防治鳞翅目、鞘翅目、双翅目、直翅目等的 140 多种害虫，但对螨类、棉铃象甲、稻飞虱及螟虫（蛀茎后）效果差，反而还会刺激螨类繁殖。该药剂在气温低时防效更好，不可与碱性物质混用。制剂有2.5%敌杀死乳油，主要用于喷雾防治害虫，有时根据需要也可拌土撒施。

b. 氰戊菊酯：商品名称为速灭杀丁、速灭菊酯、杀灭菊酯，是高效、广谱的触杀性杀虫剂，有一定胃毒作用与驱避作用，无内吸及熏蒸作用。适用于棉花、果树、蔬菜、大豆、小麦等作物，对鳞翅目幼虫防治效果良好，对同翅目、直翅目、半翅目等害虫也有较好的防效，但对螨类效果差，害虫易产生耐药性。防治害虫用2000～3000倍液喷雾。

c. 甲氰菊酯：商品名称为灭扫利，具有触杀、胃毒和一定的驱避作用，无内吸活性和熏蒸作用，中等毒性，杀虫谱广，击倒快，持效期长，其最大特点是对许多种害虫和多种叶螨同时具有良好的防治效果，特别适合在害虫、害螨并发时使用。适用于防治蔬菜、花卉、果树上的多种害虫和害螨。制剂有20%乳油。防治菜青虫、小菜蛾用20%乳油2000～3000倍喷雾，隔7～10天再喷1次，可兼治螨类。

d. 氯氰菊酯：商品名称为安绿宝、灭百可等，为广谱、触杀性杀虫剂，可用来防治果树、蔬菜、草坪等植物上的鞘翅目、鳞翅目和双翅目害虫，也可防治地下害虫，还可防治牲畜体外寄生虫微小牛蜱及羊身上的痒螨属寄生虫、羊蜱蝇和其他各种瘿螨，对室内蜚蠊、蚊、蝇等传病媒介昆虫均有良效。剂型有5%乳油、10%乳油、20%乳油，12.5%可湿性粉剂、20%可湿性粉剂，1.5%超低容量喷雾剂。防治蚜虫用10%乳油喷施，隔7～10天后再喷1次，可控制蚜虫危害。

e. 氯氟氰菊酯：商品名称为功夫，又称为三氟氯氰菊酯、功夫菊酯，有强烈的触杀作用和胃毒作用，杀虫谱广，残效期长，其性质稳定，耐雨水冲刷，适用于防治棉花、果树、蔬菜、大豆等作物上的多种害虫，也能防治动物体上的寄生虫。该药剂可有效地防治鳞翅目、鞘翅目、半翅目等害虫和螨类，对蜜蜂、家蚕、鱼类及水生生物高毒，不能与碱性物质混用，也不可做土壤处理剂。

⑥ 新烟碱类杀虫剂：新烟碱类杀虫剂是一类高效、广谱、高选择性的新型杀虫剂，具有良好的根部内吸性、触杀和胃毒作用，

对哺乳动物毒性低。这类杀虫剂的作用机制主要是通过选择性控制昆虫神经系统烟碱型乙酰胆碱酯酶受体，阻断昆虫中枢神经系统的正常传导，从而导致害虫出现麻痹进而死亡。该类杀虫剂可有效防治同翅目、鞘翅目、双翅目和鳞翅目等害虫，对用传统杀虫剂防治产生抗药性的害虫也有良好的活性，既可用于茎叶处理，也可用于土壤、种子处理。主要品种有吡虫啉、啶虫脒、烯啶虫胺和噻虫嗪等，主要用来防治刺吸式口器害虫如蚜虫、飞虱、粉虱和叶蝉等。

a. 吡虫啉：商品名为康福多，又名咪蚜胺、灭虫精，是新型广谱、高效、低毒、低残留的内吸性杀虫剂，兼具胃毒和触杀作用，速效，持效，选择性强，对天敌安全。对同翅目昆虫效果明显，对鞘翅目、双翅目和鳞翅目也有效，但对线虫和红蜘蛛无效。主要防治刺吸式口器害虫，对蚜虫、飞虱、叶蝉的防治效果极好，悬浮剂处理种子可有效防治蝼蛄、蛴螬、地老虎等地下害虫。制剂有10%可湿性粉剂、5%乳油等。用10%可湿性粉剂喷雾可防治蚜虫和飞虱等。

b. 啶虫脒：商品名称为吡虫清、乙虫脒、莫比朗，具触杀和胃毒作用，对植物叶面有较强的渗透作用，杀虫速度快，持效期长。适用于防治果树、蔬菜等多种作物上的半翅目、同翅目（尤其是蚜虫）、缨翅目和鳞翅目害虫及地下害虫，与有机磷、氨基甲酸酯和菊酯类杀虫剂无交互抗性。剂型有20%可溶性粉剂、13%莫比朗乳油。该杀虫剂可以和其他类杀虫剂配伍，参与害虫综合治理。

c. 噻虫嗪：商品名为阿克泰，是一种全新结构的第二代烟碱类高效低毒杀虫剂，对害虫具有胃毒、触杀及内吸活性，杀虫谱广，安全性高，持效期长，用于叶面喷雾及土壤灌根处理。有效防治同翅目、鳞翅目、鞘翅目、缨翅目害虫，对刺吸式口器害虫有特效，如各种蚜虫、叶蝉、粉虱、飞虱等。

⑦ 甲脒类杀虫剂：甲脒类杀虫剂开发的品种主要有杀虫脒和双甲脒，由于前者对哺乳动物的致癌作用已被禁止使用，目前仍在广泛使用的为双甲脒。双甲脒具有虫、螨兼治的作用，现在市场上多用其来防治植物叶螨。双甲脒具有多种作用方式，主要是具有触

杀、拒食、驱避与胃毒作用，也有一定的熏蒸和内吸作用，对叶螨科各个发育阶段的虫态都有效，但对越冬的卵效果较差。甲脒类杀虫剂的作用机制较为独特。杀虫脒的作用机制一是对轴突膜局部的麻醉作用，二是对章鱼胺受体的激活作用；双甲脒还抑制单胺氧化酶的活性。这种作用机制对抗药性害虫的治理具有重要意义。

⑧ 昆虫生长调节剂：昆虫生长调节剂不能直接快速杀死害虫，而是干扰昆虫生长发育或蜕皮，从而造成种群数量衰退。它的作用靶标是昆虫体内独特的激素或合成酶系统，可分为几丁质合成抑制剂、保幼激素类似物和蜕皮激素类似物。昆虫生长调节剂大多有明显的胃毒作用，但触杀作用较小，对天敌比较安全，通常药效较慢而残效期长。

a. 几丁质合成抑制剂：主要是抑制几丁质在昆虫体内的合成，使昆虫因为不能正常蜕皮或化蛹而死亡，具有胃毒作用，触杀作用很小，对一些昆虫，此类化合物还可以干扰昆虫体内 DNA 合成而导致绝育，即具有不育作用。与有机磷、氨基甲酸酯、拟除虫菊酯类杀虫剂无交互抗性。选择性高，对人畜毒性很低，对环境无污染。杀虫谱广，能防治鳞翅目、鞘翅目、双翅目等多种害虫。主要品种有灭幼脲、氟啶脲、除虫脲、杀铃脲、氟铃脲、氟虫脲、噻嗪酮、灭蝇胺等。

(a) 除虫脲，商品名称为敌灭灵，其他名称为伏虫脲、氟脲杀，属于低毒特异性杀虫剂。具有胃毒和触杀作用，没有内吸作用。其杀虫机制是抑制昆虫几丁质合成酶的形成，导致幼虫畸形而死，对鳞翅目和双翅目害虫有特效，对刺吸式口器昆虫无效。制剂有 20%除虫脲悬浮剂。用 1000～2000 倍液喷雾可防治菜青虫、小菜蛾、甜菜夜蛾、斜纹夜蛾等蔬菜害虫。

(b) 氟虫脲，商品名称为卡死克，对植食性螨类和其他许多害虫均有特效，对捕食性螨和天敌昆虫安全。防治小菜蛾、甜菜夜蛾、菜心野螟、黏虫、棉叶夜蛾的使用剂量为有效成分 20～40 克/公顷。

(c) 氟啶脲，商品名称为抑太保、定虫隆，以胃毒作用为主，兼有触杀作用。对多种鳞翅目害虫及直翅目、鞘翅目、膜翅目、双翅目害虫有很高活性，对鳞翅目害虫，如甜菜夜蛾、斜纹夜蛾有特效，对刺吸式口器害虫无效，残效期一般可持续2～3周，对使用有机磷、氨基甲酸酯、拟除虫菊酯等其他杀虫剂已产生抗性的害虫有良好的防治效果。防治适期应掌握在孵卵期至1～2龄幼虫盛期。

(d) 噻嗪酮，商品名称为扑虱灵、优乐得，具有低毒、低残留的高效选择性，对昆虫具有强触杀作用，又有胃毒和一定的内吸输导作用。主要作用于几丁质合成，其症状出现在蜕皮和羽化期，使中毒昆虫不得蜕皮而死。噻嗪酮对幼虫和若虫有效，对成虫没有直接杀伤力，但可缩短其寿命，减少产卵量，并且产出的多是不育卵，幼虫即使孵化也很快死亡。对同翅目飞虱科、叶蝉科、粉虱科及介壳虫类防治效果好，药效慢，用药后3～7天才能达到高峰。

(e) 灭蝇胺，商品名为斑蝇敌、果蝇灭，具有触杀和胃毒作用，并有强内吸传导性，持效期较长，但作用速度较慢，对人、畜无毒副作用，对环境安全。选择性强，主要对双翅目昆虫有活性，其作用机制是使双翅目昆虫幼虫和蛹在形态上发生畸变，成虫羽化不全或受抑制。灭蝇胺适用于多种瓜果蔬菜，主要用于防治各种瓜果类、茄果类、豆类及多种叶菜类蔬菜的美洲斑潜蝇等多种潜叶蝇，韭菜及葱、蒜的根蛆等。

b. 保幼激素类似物：由于天然昆虫保幼激素性质很不稳定，极易受日光和温度的破坏而失去生物活性，而且合成困难，因此人们在其基础上，人工仿生合成了保幼激素类似物，虽然化学结构上有所不同，但都保留了天然保幼激素的作用特点。保幼激素类似物的生物活性高，选择性强，对人、畜安全，残毒小，但只能在昆虫的特定发育阶段使用。主要表现为控制害虫的生长发育，使虫态间变态受阻，形成超龄幼（若）虫，或形成蛹至成虫的中间体，这些畸形个体没有生命力或者不能繁殖后代，产生了间接不育的效果。有些保幼激素类似物可以直接使雌虫不育，成为一类安全的化学不育剂。保幼激素类杀虫剂的化合物分子直接作用于被作用对象的目标基因，不需要通过细胞内第二信使的传递。保幼激素类似物主要为烯烃类化合物，如烯虫酯（ZR-515），该化合物具有触杀和胃毒作用，对蚊、蝇的幼虫有较强的杀灭作用；烯虫乙酯（ZR-512），对鳞翅目、半翅目和某些鞘翅目、同翅目害虫有效；烯虫炔酯(ZR-777)，对蚜虫和小粉蚧有效。苯醚类化合物吡丙醚（蚊蝇醚），具有胃毒、触杀、内吸作用，并有强烈的杀卵作用，低毒，持效期长，影响昆虫蜕变和繁殖，对烟粉虱、介壳虫、小菜蛾、甜菜夜蛾、斜纹夜蛾、梨黄木虱、蓟马等有良好的防治效果，同时对苍蝇、蚊虫等卫生害虫也具有很好的防治效果。此外，哒嗪酮类化合物、氨基甲酸酯类杀虫剂双氧威也具有保幼激素活性。

c. 蜕皮激素类似物：蜕皮激素类似物也是在天然蜕皮激素基础上人工仿生合成的，保留了天然蜕皮激素的作用特点，能干扰昆虫内分泌系统使昆虫难以完全蜕皮而死亡。蜕皮激素类似物具有胃毒、触杀作用，其中抑食肼还具有内吸作用，对天敌和非靶标生物无毒或低毒，但速效性差。目前，蜕皮激素类杀虫剂主要有抑食肼(RH-5849，虫死净)、虫酰肼（米满）和虫酰肼系列产品如氯虫酰肼和甲氧虫酰肼等。

(a) 抑食肼，具有胃毒、触杀作用，还具有一定的内吸作用，温度高时杀虫效果好，还能抑制害虫产卵。杀虫谱较广，持效期长，无残留，适用于蔬菜上多种害虫和菜青虫、斜纹夜蛾、小菜蛾等的防治，对鳞翅目及某些同翅目和双翅目害虫有高效，如二化螟、稻纵卷叶螟、舞毒蛾，对有抗性的马铃薯甲虫防效优异。

(b) 虫酰肼，具有胃毒、触杀作用，并有极强的杀卵活性，对天敌和非靶标生物安全，杀虫活性高，选择性强，对所有鳞翅目幼虫均有效，对抗性害虫棉铃虫、菜青虫、小菜蛾、甜菜夜蛾等有特效，但速效性较差。虫酰肼可使一些鳞翅目幼虫还未进入蜕皮阶段，提前蜕皮，喷药后6～8小时即停止取食，2～3天脱水饥饿而死亡。20%米满悬浮剂1000～2000倍液喷雾，防治水稻螟虫、甘蔗条螟、甜菜夜蛾、斜纹夜蛾，2000～3000倍防治豆卷叶螟。在虫卵孵化时喷药效果最佳。

⑨ 其他杀虫剂

a. 溴虫腈：商品名除尽，又名虫螨腈，为结构新型的吡咯类杀虫、杀螨剂，具有胃毒和触杀作用，对植物叶面渗透性强，有一定的内吸作用。低毒品种，防效高，持效期长，杀虫谱广，对钻蛀、刺吸和咀嚼式害虫及螨类有优良的防效。其杀虫机制是阻断害虫线粒体的氧化磷酰化作用，使细胞合成因缺少能量而停止生命功能，其机制独特，与有机磷、氨基甲酸酯和菊酯类杀虫剂无交互抗性。溴虫腈对鳞翅目、同翅目、鞘翅目等70多种害虫都有极好的防效，尤其对蔬菜抗性害虫中的小菜蛾、甜菜夜蛾、斜纹夜蛾、美洲斑潜蝇、豆野螟、蓟马等有特效。

b. 氟虫腈：商品名锐劲特，是一种新型广谱、高效的苯基吡唑类杀虫剂，以触杀和胃毒作用为主，并有较强的内吸活性。氟虫腈通过γ-氨基丁酸（GABA）调节的氯通道干扰氯离子的通路，破坏正常中枢神经系统的活性并在足够剂量下引起个体死亡。由于这种独特的作用机制，使氟虫腈与其他类杀虫剂间不存在交互抗药性，具有长效性、高活性与环境友好性并有促进植物生长的功能。氟虫腈对蚜虫、叶蝉、飞虱、鳞翅目幼虫、蝇类等多种害虫具有优异的防治效果，对半翅目、鳞翅目、缨翅目、鞘翅目等害虫以及对环戊二烯类、拟除虫菊酯类及氨基甲酸酯类产生抗性的害虫都具有高度的敏感性。锐劲特原药对鱼类和蜜蜂毒性较高，使用时应慎重。

c. 吡蚜酮：又称吡嗪酮，属吡啶类杀虫剂，具有触杀作用，同时还有内吸活性。具有高度的选择性，对危害蔬菜、花卉、棉花、啤酒花、果树等的刺吸式口器害虫表现出优异的防治效果，对哺乳动物低毒，对非靶标生物安全。吡蚜酮的作用机制独特，只要蚜虫或飞虱一接触到吡蚜酮几乎立即产生口针阻塞效应，立刻停止取食，并最终饥饿致死，而且此过程是不可逆转的。因此，吡蚜酮具有优异的阻断昆虫传毒功能。尽管目前对吡蚜酮所引起的口针阻塞机制尚不清楚，但已有研究表明这种不可逆的“停食”不是由于“拒食作用”引起的。经吡蚜酮处理后的昆虫最初死亡率是很低的，昆虫“饥蛾”致死前仍可存活数日，且死亡率高低与气候条件有关。吡蚜酮可用于防治大部分同翅目害虫，尤其是蚜虫科、粉虱科、叶蝉科及飞虱科害虫，适用于蔬菜及多种大田作物。

第二节 常见虫害及防治

一、鳞翅目害虫

1. 夜蛾类（甜菜夜蛾、斜纹夜蛾、甘蓝夜蛾、地老虎）

(1) 甜菜夜蛾 俗称白菜褐夜蛾。属鳞翅目、夜蛾科。

【分布】世界性顽固害虫。

【危害特点】为害多种蔬菜，如甘蓝、花椰菜、白菜、萝卜、莴苣、番茄、青椒、茄子、马铃薯、黄瓜、西葫芦、豆类、茴香、韭菜、菠菜、芹菜、胡萝卜等。初龄幼虫在叶背群集吐丝结网，在叶内取食叶肉，留下表皮，成透明的小孔，食量小，3龄后，分散为害，食量大增，昼伏夜出，危害叶片成孔洞、缺刻，严重时，可吃光叶肉，仅留叶脉，甚至剥食茎秆皮层。幼虫可成群迁飞，稍受震扰吐丝落地，有假死性。3～4龄后，白天潜于植株下部或土缝，傍晚移出取食为害。

【形态特征】成虫，体长10～14毫米，翅展25～34毫米，体灰褐色，前翅中央近前缘外方有肾形斑1个，内方有圆形斑1个，后翅银白色。卵，圆馒头形，白色，表面有放射状的隆起线。幼虫，体长约22毫米，体色变化很大，有绿色、暗绿色至黑褐色(图4-1，彩图)，腹部体侧气门下线为明显的黄白色纵带，有的带

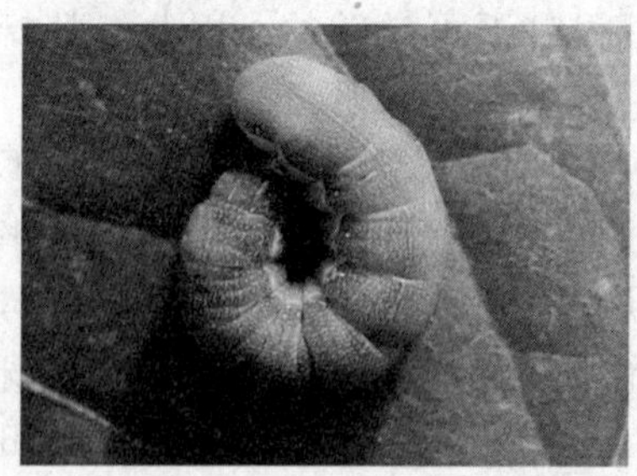

图4-1 甜菜夜蛾

粉红色，带的末端直达腹部末端，不弯到臀足上去。蛹，体长10毫米左右，黄褐色。

【习性】成虫昼伏夜出，有强趋光性和弱趋化性，大龄幼虫有假死性，老熟幼虫入土吐丝化蛹。

【药剂防治】药剂防治时期应以及早防治为原则，在初卵幼虫未发为害前喷药防治。在发生期每隔3～5天田间检查1次，发现有点片的要重点防治。在傍晚施药。抓住1～2龄幼虫盛期进行防治，可选用下列药剂喷雾：5%抑太保乳油4000倍液、5%卡死克乳油4000倍液、5%农梦特乳油4000倍液、20%灭幼脲1号悬浮剂500～1000倍液、25%灭幼脲3号悬浮剂500～1000倍液、40%菊杀乳油2000～3000倍液、40%菊马乳油2000～3000倍液、20%氰戊菊酯2000～4000倍液、茴蒿素杀虫剂500倍液。对3龄以上的幼虫，用20%米满1000～1500倍液喷雾，每隔7～10天喷1次。米满对甜菜夜蛾是一种经济高效的药剂，但该药作用速度较慢，应比常规药剂提前2～3天施药，喷药后虽然害虫暂时没有死亡，但已不再为害，不必担忧防效而重喷。以除尽、卡克死、米满防效最佳。可选用50%高效氯氰菊酯乳油1000倍液加50%辛硫磷乳油1000倍液，或加80%敌敌畏乳油1000倍液喷雾，防治效果均在85%以上。也可用5%抑太保乳油、5%卡死克乳油，或75%农地乐乳油500倍液或5%夜蛾必杀乳油1000倍液喷雾防治，5天的防治效果均达90%以上。

（2）斜纹夜蛾　又名莲纹夜蛾，俗称夜盗虫、乌头虫等（图4-2，彩图）。

【分布】世界性分布。是一种暴食性害虫，我国主要发生在长江流域的江西、江苏、湖南、湖北、浙江、安徽，黄河流域的河南、河北、山东等省。除青海、新疆未明外，各省（自治区）都有发生。

【危害特点】是一类杂食性和暴食性害虫，危害寄主相当广泛，除十字花科蔬菜外，还可危害包括瓜、茄、豆、葱、韭菜、菠菜以及粮食、经济作物等近100科、300多种植物。以幼虫咬食叶片、花蕾、花及果实，初龄幼虫啮食叶片下表皮及叶肉，仅留上表皮呈

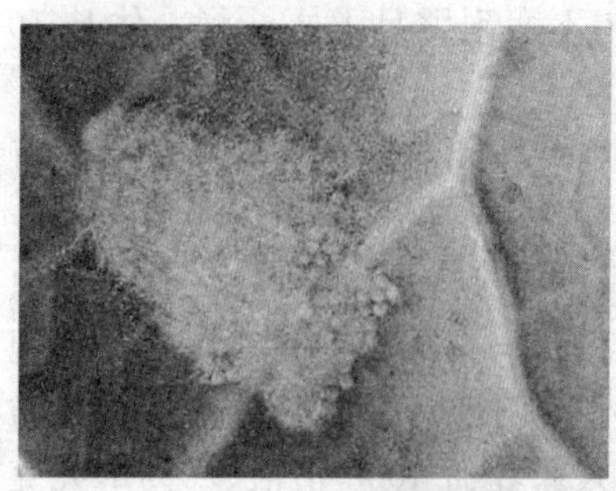
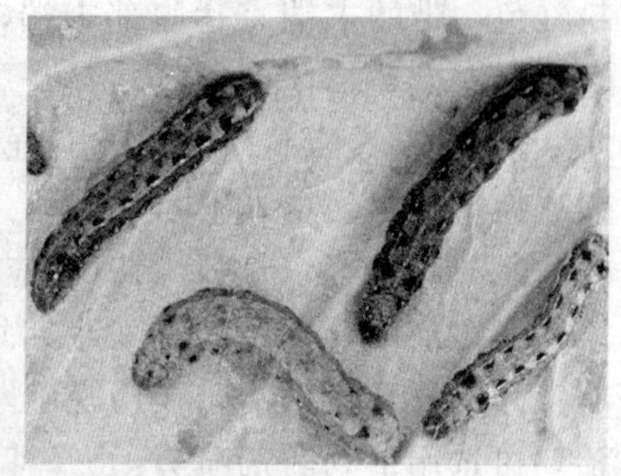

图 4-2　斜纹夜蛾

透明斑；4 龄以后进入暴食，咬食叶片，仅留主脉。在包心菜上，幼虫还可钻入叶球内危害，把内部吃空，并排泄粪便，造成污染，使之降低乃至失去商品价值。

【形态特征】成虫，体长 14～21 毫米；翅展 37～42 毫米，褐色，前翅具许多斑纹，中有一条灰白色宽阔的斜纹，故名。成虫前翅灰褐色，内横线和外横线灰白色，呈波浪形，有白色条纹，环状纹不明显，肾状纹前部呈白色，后部呈黑色，环状纹和肾状纹之间有 3 条白线组成明显的较宽的斜纹，自翅基部向外缘还有 1 条白纹。后翅白色，外缘暗褐色。卵，半球形，直径约 0.5 毫米；初产时黄白色，孵化前呈紫黑色，表面有纵横脊纹，数十至上百粒集成卵块，外覆黄白色鳞毛。老熟幼虫体长 38～51 毫米，夏秋虫口密度大时体瘦，黑褐色或暗褐色；冬春数量少时体肥，淡黄绿色或淡灰绿色。蛹，长 18～20 毫米，长卵形，红褐色至黑褐色。腹末具发达的臀棘一对。

【习性】我国从北至南一年发生4～9代。以蛹在土中蛹室内越冬，少数以老熟幼虫在土缝、枯叶、杂草中越冬。南方冬季无休眠现象。发育最适温度为28～30℃，不耐低温，长江以北地区大都不能越冬。各地发生期的迹象表明此虫有长距离迁飞的可能。成虫具趋光和趋化性。卵多产于叶片背面。幼虫共6龄，有假死性。4龄后进入暴食期，猖獗时可吃尽大面积寄主植物叶片，并迁徙他处为害。天敌有小茧蜂、广大腿小蜂、寄生蝇、步行虫，以及多角体病毒、鸟类等。

【防治方法】

① 农业防治。清除杂草，收获后翻耕晒土或灌水，以破坏或恶化其化蛹场所，有助于减少虫源。结合管理随手摘除卵块和群集危害的初孵幼虫，以减少虫源。

② 物理防治。

a. 点灯诱蛾。利用成虫趋光性，于盛发期点黑光灯诱杀。

b. 糖醋诱杀。利用成虫趋化性配糖醋液（糖：醋：酒：水＝3：4：1：2）加少量敌百虫诱蛾。

c. 柳枝蘸洒500倍敌百虫诱杀蛾子。

③ 药剂防治。挑治或全面治，交替喷施21％灭杀毙乳油6000～8000倍液，或50％氰戊菊酯乳油4000～6000倍液，或20％氰马或菊马乳油2000～3000倍液，或2.5％功夫、2.5％天王星乳油4000～5000倍液，或20％灭扫利乳油3000倍液，或80％敌敌畏或2.5％灭幼脲或25％马拉硫磷1000倍液，或5％卡死克或5％农梦特2000～3000倍液，2～3次，隔7～10天1次，喷匀喷足。

（3）甘蓝夜蛾　也称甘蓝夜盗虫（图4-3，彩图）。

【分布】广泛分布于各地。

【危害特点】它可为害甘蓝、白菜、萝卜、菠菜、胡萝卜等多种蔬菜。它主要是以幼虫危害作物的叶片，初孵化时的幼虫围在一起于叶片背面进行为害，白天不动，夜晚活动啃食叶片，而残留下表皮，到大龄（4龄以后），白天潜伏在叶片下，菜心、地表或根周围的土壤中，夜间出来活动，形成暴食。严重时，往往能把叶肉

图 4-3　甘蓝夜蛾

吃光，仅剩叶脉和叶柄，吃完一处再成群结队迁移为害，包心菜类常常有幼虫钻入叶球并留了不少粪便，污染叶球，还易引起腐烂。

【形态特征】

① 成虫：体长 10～25 毫米，翅展 30～50 毫米。体、翅灰褐色，复眼黑紫色，前足胫节末端有巨爪。前翅中央位于前缘附近内侧有一环状纹，灰黑色，肾状纹灰白色。外横线、内横线和亚基线黑色，沿外缘有黑点 7 个，下方有白点 2 个，前缘近端部有等距离的白点 3 个。亚外缘线色白而细，外方稍带淡黑。缘毛黄色。后翅灰白色，外缘一半黑褐色。

② 卵：半球形，底径 0.6～0.7 毫米，上有放射状的三序纵棱，纵棱间有一对下陷的横道，隔成一行方格。初产时黄白色，后来中央和四周上部出现褐斑纹，孵化前变紫黑色。

③ 幼虫：体色随龄期不同而异，初孵化时，体色稍黑，全体有粗毛，体长约 2 毫米。甘蓝夜蛾 2 龄体长 8～9 毫米，全体绿色。1～2 龄幼虫仅有两对腹足（不包括臀足）。3 龄体长 12～13 毫米，全体呈绿黑色，具明显的黑色气门线。3 龄后具腹足四对。4 龄体长 20 毫米左右，体色灰黑色，各体节线纹明显。老熟幼虫体长约 40 毫米，头部黄褐色，胸、腹部背面黑褐色，散布灰黄色细点，腹面淡灰褐色，前胸背板黄褐色，近似梯形，背线和亚背线为白色点状细线，各节背面中央两侧沿亚背线内侧有黑色条纹，似倒“八”字形。气门线黑色，气门下线为一条白色宽带。臀板黄褐色、椭圆形，腹足趾钩单行单序中带。

④ 蛹：长20毫米左右，赤褐色，蛹背面由腹部第一节起到体末止，中央具有深褐色纵行暗纹1条。腹部第五至第七节近前缘处刻点较密而粗，每刻点的前半部凹陷较深，后半部较浅。臀刺较长，深褐色，末端着生2根长刺，刺从基部到中部逐渐变细，到末端膨大呈球状，似大头钉。

【药剂防治】由于成虫喜糖醋，在方法上可采用糖：醋：水＝6：3：1的比例，再加入少量甜而微毒的敌百虫原药。也可选用4000倍液的杀灭菊酯或1000倍液的辛硫磷，根据预测预报提供的材料，及时进行防治。

(4) 地老虎　又名切根虫、夜盗虫，俗称地蚕（图4-4，彩图），属昆虫纲鳞翅目夜蛾科多食性害虫。种类较多，农业生产上造成危害的有10余种，其中小地老虎、黄地老虎、大地老虎、白边地老虎和警纹地老虎等尤为重要，均以幼虫为害。

图4-4　地老虎

【危害特点】寄主和为害对象有棉、玉米、高粱、粟、麦类、薯类、豆类、麻类、苜蓿、烟草、甜菜、油菜、瓜类以及多种蔬菜等。药用植物、牧草和林木苗圃的实生幼苗也常受害。此外，还有多种杂草为其重要寄主。地老虎在全国各地均以第1代发生为害严重，春播作物受害最重。

【形态特征及习性】

① 大地老虎：成虫体长20～23毫米，翅展52～62毫米；前

翅黑褐色，肾状纹外有一不规则的黑斑。卵半球形，直径 1.8 毫米，初产时浅黄色，孵化前呈灰褐色。老熟幼虫体长 41～61 毫米，黄褐色；体表多皱纹。蛹体长 23～29 毫米，腹部第 4～7 节前缘气门之前密布刻点。分布也较普遍，并常与小地老虎混合发生；以长江流域为害较重。我国各地均 1 年发生 1 代。

② 小地老虎：成虫体长 16～23 毫米，翅展 42～54 毫米；前翅黑褐色，有肾状纹、环状纹和棒状纹各一，肾状纹外有尖端向外的黑色楔状纹，亚缘线内侧有 2 个尖端向内的黑色楔状纹尖端相对。卵半球形，直径 0.6 毫米，初产时乳白色，孵化前呈棕褐色。老熟幼虫体长 37～50 毫米，黄褐色至黑褐色；体表密布黑色颗粒状小突起，背面有淡色纵带；腹部末节背板上有 2 条深褐色纵带。蛹体长 18～24 毫米，红褐色至黑褐色；腹末端具 1 对臀棘。世界性分布。在我国遍及各地，但以南方旱作及丘陵旱地发生较重；北方则以沿海、沿湖、沿河、低洼内涝地及水浇地发生较重。南岭以南可终年繁殖；由南向北年发生代数递减，如广西南宁 7 代，江西南昌 5 代，北京 4 代，黑龙江 2 代。

③ 黄地老虎：成虫体长 14～19 毫米，翅展 32～43 毫米；前翅黄褐色，肾状纹的外方无黑色楔状纹。卵半球形，直径 0.5 毫米，初产时乳白色，以后渐现淡红斑纹，孵化前变为黑色。老熟幼虫体长 32～45 毫米，淡黄褐色；腹部背面的 4 个毛片大小相近。蛹体长 16～19 毫米，红褐色。我国主要分布在新疆及甘肃乌鞘岭以西地区及黄河、淮河、海河地区；也见于俄罗斯、非洲、印度和日本等地。华北和江苏一带年发生 3～4 代，新疆 2～3 代，内蒙古 2 代。

④ 警纹地老虎：成虫体长 16～20 毫米，翅展 33～37 毫米；前翅灰白色至灰褐色，环状纹与肾状纹配置似惊叹号。卵半球形，直径 0.75 毫米，初产时乳白色，孵化时呈黑色；表面有隆起的纵横线。老熟幼虫体长 38～42 毫米；头部黄褐色，有 1 对八字形黑褐色条纹。蛹体长 14～18 毫米，红褐色，腹末有臀棘 1 对。主要分布于我国新疆、内蒙古、西藏一带，并常与黄地老虎混合发生。在新疆每年可发生 2 代。

⑤ 白边地老虎：成虫体长17～21毫米，翅展37～45毫米；前翅的颜色和斑纹变化大，由灰褐色至红褐色，一种为白边型，前翅前缘有白色至黄色的淡色宽边；另一种是暗化型，前翅全部深暗无白色宽边。卵半圆球形，直径0.7毫米，初产时乳白色，孵化前呈灰褐色。老熟幼虫体长35～40毫米，体表光滑无微小颗粒；头部黄褐色，有明显"八"字纹。蛹体长18～20毫米，黄褐色，腹部第4～7节前缘有许多小刻点。主要分布于内蒙古、河北和黑龙江的部分地区，全年发生1代。

农业生产上危害较重的主要有小地老虎、黄地老虎、大地老虎等。危害蔬菜的主要是小地老虎和黄地老虎，分布最广、危害严重的是小地老虎。

【防治方法】

① 配制糖醋液诱杀成虫。糖醋液配制：糖6份、醋3份、白酒1份、水10份、90%万灵可湿性粉剂1份，调匀，在成虫发生期设置。某些发酵变酸的食物，如甘薯、胡萝卜、烂水果等加入适量药剂，也可诱杀成虫。

② 也可利用黑光灯诱杀成虫。

③ 在菜苗定植前，选择地老虎喜食的灰菜、刺儿菜、苦荬菜、小旋花、艾蒿、青蒿、白茅、鹅儿草等杂草堆放诱集地老虎幼虫，然后人工捕捉，或拌入药剂毒杀。

④ 早春清除菜田及周围杂草，在清出杂草的时候，把田埂阳面土层铲掉3厘米左右，可以有效降低化蛹地老虎量。防止地老虎成虫产卵。

⑤ 清晨在被害苗株的周围，找到潜伏的幼虫，每天捉拿，坚持10～15天。

⑥ 配制毒饵，播种后即在行间或株间进行撒施。毒饵配制方法如下。

a. 豆饼（麦麸）毒饵：豆饼（麦麸）20～25千克，压碎、过筛成粉状，炒香后均匀拌入40%辛硫磷乳油0.5千克，农药可用清水稀释后喷入搅拌，以豆饼（麦麸）粉湿润为好，然后按每亩用量4～5千克撒入幼苗周围。

b. 青草毒饵：青草切碎，每50千克加入农药0.3～0.5千克，拌匀后成小堆状撒在幼苗周围，每亩用毒草20千克。

c. 油渣：炒香后用90%敌百虫拌匀，撒在幼苗周围可以诱杀地老虎、蝼蛄等多种地下害虫。

⑦ 化学防治：在地老虎1～3龄幼虫期，采用48%地蛆灵乳油1500倍液、48%乐斯本乳油或2.5%劲彪乳油2000倍液、10%高效灭百可乳油1500倍液、21%增效氰·马乳油3000倍液、2.5%溴氰菊酯乳油1500倍液、20%氰戊菊酯乳油1500倍液、20%菊·马乳油1500倍液、10%溴·马乳油2000倍液等地表喷雾。

2. 螟蛾类（菜螟、豇豆蛀螟、茄螟）

（1）菜螟　又称菜心野螟、萝卜螟、甘蓝螟、白菜螟、吃心虫、钻心虫、剜心虫等。

【分布】分布北起黑龙江、内蒙古，南至国境线。南方受害重。近年河北、山东、河南为害也较重。寄主有甘蓝、花椰菜、白菜、萝卜、芜菁、菠菜、榨菜。

【危害特点】幼虫为钻蛀性害虫，为害蔬菜幼苗期心叶及叶片，破坏寄主生长点，导致作物停止生长或萎蔫死亡，造成缺苗断垄。甘蓝、白菜受害导致不能结球、包心，可传播软腐病。

【形态特征】成虫为褐色至黄褐色的近小型蛾，体长约7毫米，翅展16～20毫米；前翅有3条波浪状灰白色横纹和1个黑色肾形斑，斑外围有灰白色晕圈。老熟幼虫体长约12毫米，黄白色至黄绿色，背上有5条灰褐色纵纹，体节上还有毛瘤，中后胸背上毛瘤单行横排各12个，腹末节毛瘤双行横排，前排8个，后排2个。

【药剂防治】应掌握在卵的初孵期，幼虫吐丝结网前喷药防治。一旦幼虫钻入心叶内，药后难以取得理想的防治效果。防治药剂：每亩用90%晶体敌百虫75克，兑水45千克喷雾，或1.8%阿维菌素1000倍液喷雾，或80%敌敌畏乳油1200倍液喷雾。喷药时间：在晴天的傍晚或早晨幼虫取食时，施药效果好。若虫口密度大，危害严重时，每隔5～7天，连续防治2次。

（2）豇豆荚螟　蛀食豆荚的螟虫，也称豆野螟、豆荚野螟。

【分布】在国外主要分布于日本、印度及欧洲。国内分布很普遍，属偏南方的种类，我国吉林、辽宁、北京及自此向南都有分布。

【危害特点】寄主为豆科植物，豇豆、菜豆、扁豆、四季豆、蚕豆、大豆等。以豇豆受害最重。以幼虫蛀食豆类作物的果荚和种子，蛀食早期果荚造成落荚；蛀食后期果荚则造成种子被食，蛀孔外堆有腐烂状的绿色粪便。此外，幼虫还能吐丝缀卷几张叶片在内蚕食叶肉，以及蛀食花瓣和嫩茎，造成落花、枯梢，严重影响产量和品质。严重受害地区，蛀荚率达70%以上，受害豆荚味苦，不堪食用。

【形态特征】

① 成虫：体长约13毫米，翅展24～26毫米，暗黄褐色。前翅中央有2个白色透明斑；后翅白色半透明，内侧有暗棕色波状纹。

② 卵：0.6毫米×0.4毫米，扁平，椭圆形，淡绿色，表面具六角形网状纹。

③ 幼虫：末龄幼虫体长约18毫米，体黄绿色，头部及前胸背板褐色。中、后胸背板上有黑褐色毛片6个，前列4个，各具2根刚毛，后列2个无刚毛；腹部各节背面具同样毛片6个，但各自只生1根刚毛。

④ 蛹：长13毫米，黄褐色。头顶突出，复眼红褐色。羽化前在褐色翅芽上能见到成虫前翅的透明斑。

【防治方法】可采用90%敌百虫可溶性粉剂1000倍液，50%杀螟硫磷1000倍液，25%喹硫磷2000倍液，10%氯氰菊酯乳油1000倍液，10%吡虫啉可湿性粉剂1000～1500倍液，5%锐劲特胶悬剂2500倍液等，豆科作物对敌敌畏敏感，不应使用，以免造成药害。

（3）茄黄斑螟　别名茄螟、茄白翅野螟。

【分布】分布于南方。

【危害特点】茄黄斑螟主要为害茄子、龙葵、马铃薯、豆类等蔬菜。幼虫钻蛀茄子顶心、嫩梢、嫩茎、花蕾及果实，造成枝梢枯萎、落花、落果及果实腐烂。秋季幼虫多蛀果，蛀孔外留有虫粪。秋茄受害比春茄重。

【形态特征】

① 成虫：体长6.5～10毫米，翅展18～32毫米，体、翅均为白色，前翅具4个明显的黄色斑纹，翅基部黄褐色，近后缘前端有一红色三角形纹，顶角下方有一个黑色眼形纹。后翅中室具一个小黑点。

② 卵：0.7毫米×0.4毫米，似水饺状，脊上有2～5个齿，初产时乳白色，孵化前灰黑色。

③ 幼虫老熟幼虫体长16～18毫米，初龄时黄白色，老龄时粉红色。头及前胸背板黑褐色，各节均有6个黑褐色毛斑，前4个大，后2个小，每节两侧各有一个瘤突，上生两根刚毛。

④ 蛹：长8～9毫米，浅黄褐色，腹部3～4节两侧气孔上方各有一对突起，外被深褐色不规则形茧，初为白色，渐为深褐色或棕红色。

【防治方法】利用性诱剂诱集成虫，一般剂量为100微克；每隔30米设一个诱捕器。化学防治时注意对幼虫的防治掌握在3龄期前，施药以上午为宜，重点喷洒植株上部。可选用BT、HD-1等苏云金芽孢杆菌制剂；2.5%保得乳油2000～4000倍液；20%氯氰乳油2000～4000倍液；20%杀灭菊酯乳油2000～4000倍液；2.5%功夫乳油2000～4000倍液；2.5%天王星乳油2000～4000倍液等喷雾防治：

3. 潜叶蛾

葱须鳞蛾见图4-5，彩图。

【危害特点】主要寄主植物有韭菜、葱、洋葱等百合科蔬菜和野生植物。幼虫蛀食韭叶，严重时心叶变黄，降低产量和质量，以老韭菜和种株受害最重。

【形态特征】

① 成虫：体长4～4.5毫米，翅展11～12毫米，全体呈黑褐色，下唇须前伸并向上弯曲，第二节向末端逐渐膨大，触角丝状，

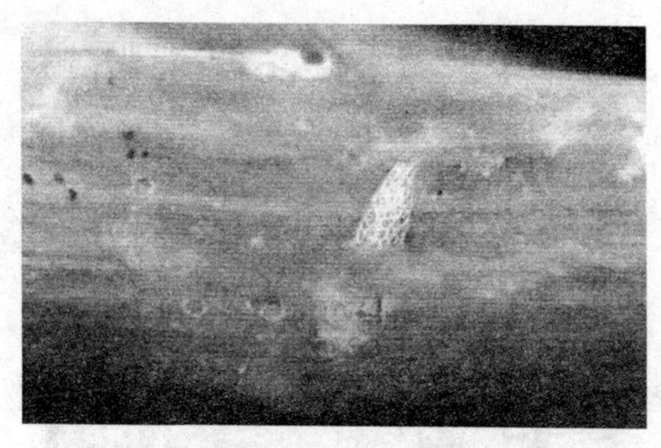

图 4-5　葱须鳞蛾

长度超过体长的一半。前翅黄褐色至黑褐色，成虫静息时前翅合拢形成一个菱形的白斑。翅前有 5 条浅褐色不明显的斜纹，翅中部近外缘处有一深色近三角形区域，翅中部有一条稍深色的纵纹，后翅深灰色。

② 卵长圆形，初产乳白色发亮，后变浅褐色。

③ 老龄幼虫体长 8～8.5 毫米，头浅褐色，虫体黄绿色至绿色，各体节有稀疏的短毛。

④ 蛹长 6 毫米左右，纺锤形，后期深褐色，外被白色丝状网茧。

【防治方法】可用 40%菊·马乳油 2000～3000 倍液，或 10%氯氰菊酯乳油 2000～3000 倍液，或 20%杀灭菊酯乳油 2000～3000 倍液，或 5%敌杀死（溴氰菊酯）乳油 4000 倍液，或 2.5%功夫（三氟氯氰菊酯）乳油 4000 倍液，或 5%来福灵（顺式氰戊菊酯）乳油 4000 倍液，或 20%灭扫利（甲氰菊酯）乳油 4000～6000 倍液，或 10.8%凯撒乳油 2000 倍液，或 5%农梦特（四氟脲）乳油 2000 倍液，或 24%万灵水剂（灭多威）1000～1500 倍液，或 25%杀虫双水剂 250～300 倍液，或 50%巴丹可湿性粉剂 1000 倍液等药剂喷雾防治。

4. 菜青虫（图 4-6，彩图）

菜粉蝶别名菜白蝶，幼虫称菜青虫。已知寄主有 35 种，分属

图 4-6 菜青虫

9个科。如十字花科、菊科、白花菜科、金莲花科、木犀草科、百合科等。但主要为害十字花科，如甘蓝、花椰菜、白菜、萝卜、芥菜、油菜等。

【分布】菜粉蝶是分布最广、为害最重、常发成灾的种类，其分布遍及世界各地。国内除西藏不详外，全国各地均有，除广东、台湾发生较轻外，一般为害都较严重。

【危害特点】寄主植物虽多，但主要取食十字花科蔬菜，仍为寡食性害虫。因此有无十字花科植物，对其发生关系很密切。相对湿度为68%～80%，严重发生的4～6月和9～10月，正好是十字花科蔬菜大量栽培的季节。菜粉蝶初龄幼虫在叶背啃食叶肉，残留表皮，呈小形凹斑。3龄之后吃叶片呈缺刻和孔洞。严重时只残留叶柄和叶脉。同时排出大量虫粪，污染叶面和菜心，使蔬菜品质变坏，并引起腐烂，降低蔬菜的产量和质量。幼虫为害造成的伤口，便于软腐病菌侵入，引起软腐病。

【形态特征】

① 成虫：体长12～20毫米，体黑色，翅为粉白色，顶角有三角形黑斑，在翅的中外方有两个黑色圆斑。后翅的前缘近外方处有一黑斑，展翅后，前后翅三圆斑在一条直线上。

② 卵：瓶状，顶端稍尖，基部较钝。初产淡黄色，后变橙黄色。卵单产，直立在叶片上。

③ 幼虫：老熟幼虫体长 28～35 毫米，体青绿色，背线淡黄色，体密布黑色细小毛瘤，上生细毛。沿气门线有一列黄色斑点。

④ 蛹：纺锤形，两端尖细，颜色因化蛹场所而异，在叶片上为绿色或黄绿色，土墙和篱笆上多为褐色，此外还有黄色、灰绿色等。

【发生规律】该虫适宜温暖潮湿的气候条件，不耐高温。幼虫生长的适宜温度为 16～31℃，相对湿度为 68%～80%，最适温度为 20～25℃，最适相对湿度在 76%左右。若超过 30℃，相对湿度在 68%以下，即大量死亡。

【药剂防治】菜粉蝶低龄幼虫抗药力弱，应抓紧时机进行防治。一般在卵盛期后 5～7 天，即孵化盛期，此时为用药的关键时期。又因发生不整齐，要连续用药 2～3 次。药剂：20%氰戊菊酯乳油、2.5%功夫乳油、5%抑太保乳油、25%灭幼脲乳油、1.8%阿维菌素乳油等。生物防治：除了保护自然天敌，发挥其自然控制作用之外，可使用微生物杀虫剂，如 3.2%Bt 可湿性粉剂、颗粒体病毒等，也可和低浓度农药混用，效果显著。

5. 小菜蛾

鳞翅目菜蛾科。英文名 Diamondback moth。学名 *Plutella xylostella*（L.）。别名小青虫、两头尖、吊死鬼等（图 4-7，见彩图）。

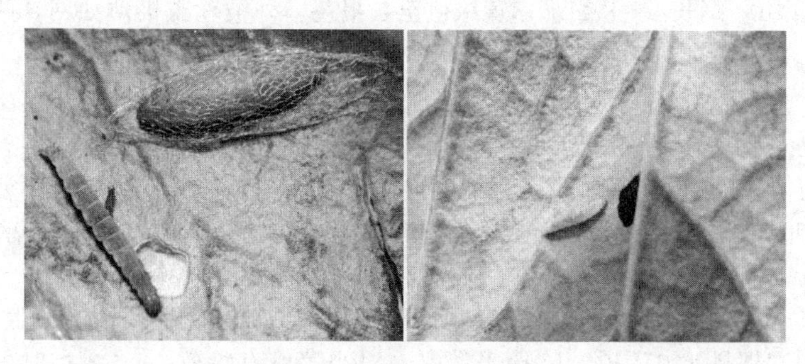

图 4-7　小菜蛾幼虫、蛹

【分布】世界性迁飞害虫。目前我国各地普遍发生。

【危害特点】主要为害甘蓝、紫甘蓝、青花菜、薹菜、芥菜、花椰菜、白菜、油菜、萝卜等十字花科植物。初龄幼虫仅取食叶肉，留下表皮，在菜叶上形成一个个透明的斑，俗称“开天窗”，3～4龄幼虫可将菜叶食成孔洞和缺刻，严重时全叶被吃成网状。在苗期常集中心叶为害，影响包心。在留种株上，危害嫩茎、幼荚和籽粒。

【形态特征】

① 成虫体长6～7毫米，翅展12～16毫米，前后翅细长，缘毛很长，前后翅缘呈黄白色三度曲折的波浪纹，两翅合拢时呈3个接连的菱形斑，前翅缘毛长并翘起如鸡尾，触角丝状，褐色，有白纹，静止时向前伸。雌虫较雄虫肥大，腹部末端圆筒状，雄虫腹末圆锥形，抱握器微张开。

② 卵椭圆形，稍扁平，长约0.5毫米，宽约0.3毫米，初产时淡黄色，有光泽，卵壳表面光滑。初孵幼虫深褐色，后变为绿色。末龄幼虫体长10～12毫米，纺锤形，体节明显，腹部第4～5节膨大，雄虫可见一对睾丸。体上生稀疏长而黑的刚毛。头部黄褐色，前胸背板上有由淡褐色无毛的小点组成的两个“U”字形纹。臀足向后伸超过腹部末端，腹足趾钩单序缺环。幼虫较活泼，触之，则激烈扭动并后退。

③ 蛹长5～8毫米，黄绿色至灰褐色，外被丝茧极薄如网，两端通透。

【药剂防治】采用细菌杀虫剂，如Bt乳剂600倍液可使小菜蛾幼虫感病致死。用灭幼脲700倍液、25%快杀灵2000倍液、24%万灵1000倍液（该药注意不要过量，以免产生药害，同时不要使用含有辛硫磷、敌敌畏成分的农药，以免“烧叶”）、5%卡死克2000倍液进行防治，或用福将（10.5%的甲维氟铃脲）1000～1500倍液喷雾。注意交替使用或混合配用，以减缓抗药性的产生。用“邯科140”10～15毫升喷雾，对小菜蛾有特效，1～3小时可见效，15天的防效仍可达90%以上；一般喷施1～2次即可实现菜田无虫害。

二、同翅目害虫

1. 蚜虫（图 4-8，彩图）

图 4-8 蚜虫

（1）萝卜蚜 也称菜蚜、菜缢管蚜。

【分布】全国分布。

【危害特点】以十字花科蔬菜为主的寡食性害虫，寄主大约有30种。喜食叶片毛多而蜡质少的蔬菜，如白菜、萝卜等。

【形态特征】

① 有翅胎生雌蚜：体长1.6～1.8毫米，头、胸黑色，腹部黄绿色至绿色，腹管前两侧具黑斑，有时身体上覆有少量的白色蜡粉。腹管暗绿色较短，中后部稍膨大，末端稍收缢。

② 无翅胎生雌蚜：体长1.8毫米，全体黄绿色或稍覆有白色蜡粉。胸部各节中央有一横纹，并散生小黑点。腹管和尾片同有翅蚜。

（2）甘蓝蚜

【分布】主要分布在北方的新疆、甘肃、内蒙古、宁夏、河北、辽宁、黑龙江、吉林等地，在新疆是为害十字花科蔬菜的优势种。

【危害特点】以十字花科蔬菜为主的寡食性害虫，寄主约50种。偏嗜叶片光滑蜡质多的蔬菜，如甘蓝、花椰菜等。

【形态特征】

① 有翅胎生雌蚜：体长约 2.2 毫米，头、胸黑色，腹部黄绿色，两侧各有 5 个黑点。全身覆有明显的白色蜡粉。腹管很短，中部稍膨大。尾片短，圆锥形，基部稍凹陷。

② 无翅胎生雌蚜：体长约 2.5 毫米，全身暗绿色。腹管同有翅蚜。发育起点温度为 4.3℃，最适发育温度为 20～25℃，从平均温度与日平均产仔量总数看，16～17℃产仔量最多，小于 14℃或大于 18℃趋于减少。

（3）桃蚜

【分布】世界性害虫，我国各地均有发生。

【危害特点】已知的寄主有 352 种，是多食性害虫，除为害十字花科蔬菜外，还可以为害茄子、马铃薯、菠菜等。

【形态特征】

① 有翅胎生雌蚜：体长约 2 毫米，头、胸黑色，腹部淡暗绿色，背面有淡黑色斑纹。腹管绿色，很长，中后部稍膨大，末端有明显的收缢。尾片绿色而大，具 3 对侧毛。

② 无翅胎生雌蚜：体长约 2 毫米，全体绿色，但有时为黄色至樱红色。腹管同有翅蚜。

【药剂防治】目前蚜虫的防治主要是药剂防治。由于蚜虫繁殖速率快，蔓延迅速，因此在药剂防治中，应本着早防的原则，及时及早防治。常用药物：50％辟蚜雾可湿性粉剂或水分散粒剂2000～3000 倍液，该药对菜蚜有特效，且不伤天敌；或 10％吡虫啉可湿性粉剂 2000～3000 倍液，或 70％灭蚜松可湿性粉剂 2500 倍液等。菜蚜对拟菊酯类农药易产生抗药性，应慎用或与其他农药混用。常用的有 2.5％溴氰菊酯 2000～2500 倍液，或 20％氰戊菊酯乳油 3000～4000 倍液；或 10％氯氰菊酯乳油 2000～6000 倍液；或 20％菊・马乳油 1500～2000 倍液。生物防治：蚜虫的天敌很多，应保护和利用天敌。在用药剂防治时，应采用尽量少伤害天敌的药物。作用较大的捕食性天敌有六斑月瓢虫、七星瓢虫、横斑瓢虫、双带盘瓢虫、十三星瓢虫、大绿食蚜蝇、食蚜瘿蚊、普通草蛉、大草蛉、小花蝽等，寄生性天敌有蚜茧蜂，微生物天敌有蚜霉菌等。

2. 粉虱

粉虱是指一类小型具刺吸式口器的昆虫，属同翅目粉虱总科，两性成虫均有翅，身体及翅上覆有白色蜡粉。危害蔬菜的粉虱主要有烟粉虱和温室粉虱。烟粉虱又名棉粉虱、甘薯粉虱、银叶粉虱。温室粉虱又称白粉虱、小白蛾子，与烟粉虱在形态上十分相似，生活史相近，危害习性相同，有很多共同寄主，如黄瓜、番茄、茄子、南瓜等温室蔬菜作物及一些观赏植物，常常混同发生，是我国北方农业生产的两种重要害虫。

粉虱的生活周期分为卵、4 个若虫期和成虫期，通常人们将第 4 龄若虫称伪蛹，雌雄虫常成对出现在叶背。

（1）烟粉虱　又名棉粉虱、甘薯粉虱、银叶粉虱（图 4-9，彩图）。

图 4-9　烟粉虱

【分布】广泛分布于亚洲、欧洲、非洲、美洲等 90 多个国家和地区，在我国各蔬菜、作物种植区也均有分布。

【为害特点】烟粉虱可为害 74 科 500 多种植物，如豆科、菊科、锦葵科、茄科、葫芦科、旋花科和十字花科等，主要种类包括棉花、蔬菜、花卉等多种经济作物。烟粉虱对不同的植物表现出不同的危害症状，叶菜类如甘蓝、花椰菜受害叶片萎缩、黄化、枯萎；根菜类如萝卜受害表现为颜色白化、无味、重量减轻；果菜类如番茄受害，果实不均匀成熟。烟粉虱有多种生物型。该虫可直接刺吸植物汁液，造成植株衰弱、干枯；若虫和成虫分泌蜜露，诱发煤污病，同时烟粉虱可以传播病毒病，后者所造成危害比前两者要严重得多。烟粉虱至少可在30多种作物上传播分属7个病毒组的50多种病毒病。

【形态特征】

① 成虫雌虫体长（0.91±0.04)毫米，翅展（2.13±0.06)毫米；雄虫体长（0.85±0.05)毫米，翅展（1.81±0.06)毫米。虫体淡黄白色到白色，复眼红色、肾形，单眼两个。触角发达，7节。翅白色，无斑点，被有蜡粉。前翅有两条翅脉，第一条脉不分叉，停息时左右翅合拢呈屋脊状。足3对，跗节2节，爪2个。

② 卵椭圆形，有小柄，与叶面垂直。卵初产时淡黄绿色，孵化前颜色加深，呈琥珀色至深褐色，但不变黑。卵散产，在叶背分布不规则。

③ 若虫（1～3龄)：椭圆形。1龄体长约0.27毫米，宽0.14毫米，有触角和足，能爬行，有体毛16对，腹末端有1对明显的刚毛，腹部平、背部微隆起，淡绿色至黄色，可透见2个黄色点。一旦成功取食合适寄主的汁液，就固定下来取食直到成虫羽化。2、3龄体长分别为0.36毫米和0.50毫米，足和触角退化至仅1节，体缘分泌蜡质，固着为害。

④ 蛹（4龄若虫)：蛹淡绿色或黄色，长0.6～0.9毫米；蛹壳边缘扁薄或自然下陷，无周缘蜡丝。

【防治方法】烟粉虱具有寄主广泛、体被蜡质、世代重叠、繁殖速度快、传播扩散途径多、对化学农药极易产生抗性等特点，因而必须采取综合治理措施。特别是要加强冬季保护地的防治。

① 农业防治：温室或大棚内在栽培作物前要彻底杀虫，严密把关，选用无虫苗，防止将粉虱带入棚室内。结合农事操作，随时去除植株下部衰老叶片，并带出保护地外销毁。在棚室周围地块种植粉虱不喜食的蔬菜，如芹菜、蒜黄等较耐低温的蔬菜。应避免种植烟粉虱喜食的作物。

② 物理防治：粉虱对黄色，特别是橙黄色有强烈的趋性，可在温室内设置黄板诱杀成虫。

③ 生理防治：丽蚜小蜂是烟粉虱的有效天敌，通过释放该蜂，

并配合使用高效、低毒、对天敌较安全的杀虫剂，有效地控制烟粉虱的大发生。推荐使用方法如下：在保护地番茄或黄瓜上，作物定植后，即挂诱虫黄板监测，发现烟粉虱成虫后，每天调查植株叶片，当平均每株有粉虱成虫0.5头左右时，即可第1次放蜂，每隔7～10天，放蜂1次，连续放3～5次，放蜂量以蜂虫比3∶1为宜。放蜂的保护地要求白天温度能达到20～35℃，夜间温度不低于15℃，具有充足的光照。可以在蜂处于蛹期时（也称黑蛹）释放，也可以在蜂羽化后直接释放成虫。如放黑蛹，只要将蜂卡剪成小块置于植株上即可。释放中华草蛉、微小花蝽、东亚小花蝽等捕食性天敌对烟粉虱也有一定的控制作用。在美国、荷兰利用玫烟色拟青霉制剂防治烟粉虱，美国环保局在推广使用白僵菌的GHA菌株防治烟粉虱。

④ 化学防治：作物定植后，应定期检查，当虫口较高时（有的地方，黄瓜上部叶片每叶50～60头成虫，番茄上部叶片每叶5～10头成虫作为防治指标），要及时进行药剂防治。每公顷可用99%敌死虫乳油（矿物油）1～2千克，10%扑虱灵乳油、25%灭螨猛乳油、50%辛硫磷乳油750毫升，25%扑虱灵可湿性粉剂500克，10%吡虫啉可湿性粉剂375克，20%灭扫利乳油375毫升，1.8%阿维菌素乳油、2.5%天王星乳油、2.5%功夫乳油250毫升，25%阿克泰水分散粒剂180克，加水750升喷雾。在密闭的大棚内可用敌敌畏等熏蒸剂按推荐剂量杀虫。

(2) 白粉虱　又名小白蛾子，属同翅目粉虱科（图4-10，彩图）。

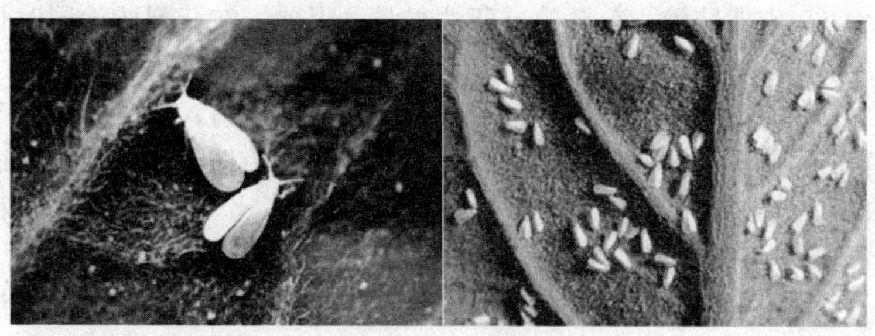

图4-10　白粉虱

【分布】是一种世界性害虫，1975年始现于北京，现几乎遍布全国。

【危害特点】是菜地、田地、温室、大棚内种植作物的重要害虫。寄主范围广，蔬菜中的黄瓜、菜豆、茄子、番茄、辣椒、冬瓜、豆类、莴苣以及白菜、芹菜、大葱等都能受其危害，还能为害花卉、果树、药材、牧草、烟草等112个科653种植物。锉吸式口器，成虫和若虫吸食植物汁液，被害叶片褪绿、变黄、萎蔫，甚至全株枯死。此外，由于其繁殖力强，繁殖速度快，种群数量庞大，群聚为害，并分泌大量蜜液，严重污染叶片和果实，往往引起煤污病的大发生，使蔬菜失去商品价值。除严重为害番茄、青椒、茄子、马铃薯等茄科作物外，也是严重为害黄瓜、菜豆的害虫。

【形态特征】成虫体长0.9～1.4毫米，淡黄白色或白色，雌雄均有翅，全身披有白色蜡粉，雌虫个体大于雄虫，其产卵器为针状。

【防治方法】

① 药剂防治。幼苗定植前可用具有内吸作用的25%阿克泰可分散粒剂6000～8000倍液灌根处理，对苗期粉虱等刺吸式口器害虫的发生和危害具有良好预防和控制作用。在粉虱低密度时，可用高效、低毒药剂25%阿克泰可湿性粉剂5000～6000倍液、3%敌蚜虱乳剂1000～1500倍液、10%吡虫啉可湿性粉剂2000～2500倍液、10%氯噻林可湿性粉剂2000～2500倍液、99.1%敌死虫200～300倍液以及植物源农药0.4%苦参碱可湿性粉剂500～1000倍液防治粉虱。每隔7～10天喷1次，连续防治3次。

② 农业防治。粉虱的抗药性很强，因此，在药剂防治同时也应该注重农业栽培管理。

a. 实行隔断：我国北方保护地蔬菜在种植前，清洁田园并于南北通风口及进出的门加设30筛目尼龙网。为防止生产中粉虱成虫迁入，进出门应用2道网纱隔离。特别是在秋（冬）季实施这种措施有利切断粉虱的生活史，起到根治的效应。

b. 使用清洁苗：培育清洁苗，控制初始种群，这是粉虱防治成败的关键。冬春季育苗房要与生产温室隔开；避免在发生粉虱的温室内育苗，育苗及定植前清除残株和杂草，可选用22%敌敌畏烟剂7.5千克/667米^{2}熏杀残余成虫；夏秋季育苗房适时覆盖防虫网，通风口加设30筛目纱网防止成虫迁入。

③ 诱捕。在粉虱初发期悬挂黄板20片/667米^2。如用市售不干胶粘虫板，悬挂时，粘虫板应与植株上部叶片等高。诱捕法除可监测粉虱发生动态外还可诱杀大量成虫，可兼治斑潜蝇、蚜虫等重要害虫。虫量较大时，在挂黄板诱捕前应先用化学农药将大量成虫杀死，然后再挂黄板诱捕残虫。这样会取得持久的防治效果。

④ 寄生。根据黄板监测情况，在加温温室及节能日光温室春茬果菜上，粉虱发生低密度时释放丽蚜小蜂，使寄生蜂建立种群控制烟粉虱种群于低密度状态。

三、双翅目害虫

1. 韭菜根蛆（图4-11，彩图）

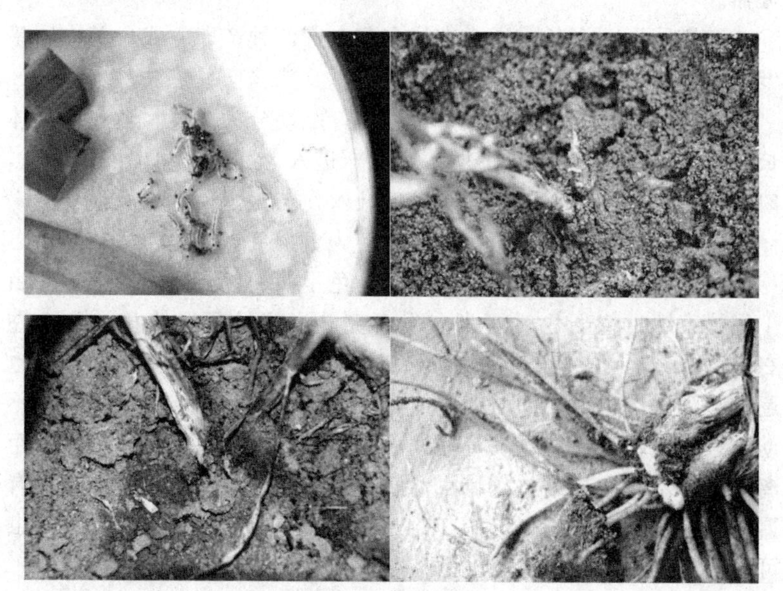

图4-11　韭菜根蛆

韭菜根蛆，学名韭菜迟眼蕈蚊，其幼虫俗称为韭蛆。

【分布】主要分布于北京、天津、山东、河北、辽宁、浙江、甘肃、台湾等地。

【危害特点】主要危害韭菜等香辛蔬菜，韭菜棚室和露地均可发生韭菜根蛆，如除治不好可造成严重减产。韭蛆幼虫钻食韭菜地下部分，其表现症状，地上叶片瘦弱、枯黄、萎蔫断叶，幼虫常聚集在根部鳞茎里或钻蛀假茎中引起腐烂，严重时可造成整畦毁种，损失很大。

【形态特征】成虫呈黑褐色，体长 2.5～4.5 毫米，雌虫略大。头部较小，胸部隆起向前突出覆于头部之上。一对复眼极大，在头顶由眼桥相接，单眼 3 个；触角丝状，共 16 节，长约 2 毫米。胸部粗壮，着生 3 对足，足细长，各足胫节端部均具一对长距和刺状胫梳。成虫翅展约 5 毫米，呈淡烟色，翅脉褐色，前三条脉较为粗壮，后翅退化为平衡棒；腹部中段粗大，向端部渐细而尖，节间膜白色；雌虫腹部末端粗大，具一对分为两节的尾须，雄虫具一对抱握器。

卵椭圆形，白色。通常有堆产和散产两种产卵方式，其中卵呈堆产时肉眼可见。

幼虫体细长，头漆黑色，有光泽，龄期分为 4 龄。老熟幼虫体长 5～7 毫米，白色，半透明，无足。进入老龄后，幼虫停止取食，肉眼可见体内乳白色脂肪体颗粒，吐丝作茧化蛹。

蛹为裸蛹，初期黄白色，后期转为黄褐色，羽化前呈灰黑色。

成虫昼夜均能羽化。初羽化时体色呈淡褐色，翅呈淡烟色。由于蛹体束缚，初羽化时翅尚未发育完全，翅长只有体长的 1/3 左右，需要经历 30～60 分钟才能完成翅的充分伸展和硬化，体色也逐渐转为黑褐色。在此时期内成虫不善飞行，通常选择一处静止不动或近地面爬行。待翅发育完全后，才变得活跃起来，单次扩散距离可达 4 米左右。雄虫较雌虫活跃。当附近有雌虫活动时，雄虫有追逐和连续振翅行为。上午 10 点前后为成虫活动高峰期，雌雄虫可多次交尾，交尾方式为“一”字形。

雌成虫昼夜均能产卵，卵多产在近地表土块下或韭株地下鳞茎近地表的叶鞘内。卵在孵化前变暗变黄，出现小黑点。初孵幼虫群集于寄主地下部或近土表的叶鞘处蛀食。大多数幼虫在寄主附近的土中化蛹，少数仍留在小鳞茎或根茎内化蛹。

【防治方法】

① 科学施肥：不施未经堆沤腐熟的有机肥或饼肥。施腐熟的肥料要开沟探施后覆土，防止成虫产卵。

② 清除韭蛆繁殖场所：韭蛆对葱蒜类气味较敏感，喜食腐败的东西，并在其上产卵，要及时清理菜畦里的残枝枯叶及杂草，降低幼虫孵化率和成虫羽化率。

③ 晒韭根防治：在韭蛆为害盛期用竹签或木棍剔开韭根周围的土，晒根晒土，经 1 周后可将大部分幼虫晒死。覆土前沟施草木灰后再覆土盖严，施草木灰后可根据情况尽量晚浇水，以保土壤不致过湿，此法防治效果很好，草木灰还是一种好肥料，能促进韭菜生长。

④ 糖、醋、酒诱杀：利用韭蛆对这些气味的敏感性，用此法诱杀。方法是糖、醋、酒和 90%敌百虫按 3∶1∶10∶0.1 的比例，先将糖用水溶化后加醋、酒、水和农药即可，一般每 30 米^2 放一诱杀盒，每 5～7 天更换 1 次诱杀液，每隔 1 日加 1 次醋。

⑤ 药剂防治：北方冬季温室韭菜生产期间可以悬挂黑色黏虫板结合诱剂诱杀韭蛆成虫，每亩用量在 30～50 张。同时根据黏虫板上诱集的虫量进行监测，在监测到成虫活动高峰后，采用 17%敌敌畏烟剂闭棚熏蒸，每亩用量 500 克，连续熏蒸 2～3 次，可有效杀灭韭蛆成虫，降低田间韭蛆卵量。东北地区韭菜温室可以选择 12 月中上旬和翌年 1 月中上旬进行集中熏蒸处理，施用安全间隔期保持在 14 天左右，防效十分理想。同时，印楝素可作为生物肥促进植株生长，培育健康植株，达到控病防虫的目的。此外，还可以混施 5%氟铃脲乳油 300 毫升，可成功抑制韭蛆幼虫脱皮和卵孵化，发挥杀虫杀卵效果。毒土处理可选择在韭菜萌芽或收割后 2～3 天，将药剂拌 30～40 千克细土混匀，顺垄撒施，处理后浇灌溉水。

⑥ 防治成虫可采用 50%敌敌畏每棚（亩）0.4 千克拌入 30 千克细沙内，充分拌匀后于上午 11 时前顺垄撒施，施药时要闭棚，2

小时后通风。或者在成虫羽化盛期（3月下旬至4月上旬）选用40%辛硫磷乳油、80%敌敌畏乳油1000～1500倍于上午9～11时喷雾，10天1次，连续喷施2～4次。

2. 潜叶蝇

潜叶蝇（图4-12，彩图）是棚室蔬菜生产中比较常见的虫害。我国常见的有潜叶蝇科的豌豆潜叶蝇、紫云英潜叶蝇、水蝇科的稻小潜叶蝇、花蝇科的甜菜潜叶蝇等。

(a) 潜叶蝇为害严重时（叶背面）

(b) 潜叶蝇为害（叶正面）

(c) 美洲斑潜蝇

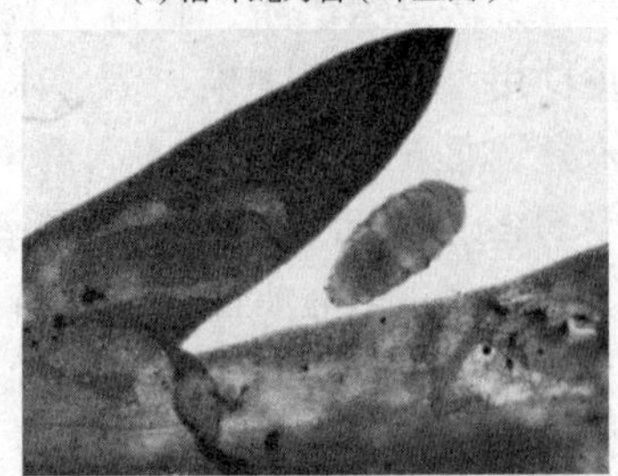

(d) 斑潜蝇蛹

图4-12 潜叶蝇

(1) 豌豆潜叶蝇

【分布】豌豆潜叶蝇寄主复杂，据福建报道有21科77属137种植物，除为害草坪外，以十字花科的油菜、大白菜、雪里蕻等，豆科的豌豆、蚕豆，菊科的茼蒿及伞形科的芹菜受害为最重，在河北、山东、河南及北京郊区主要危害豌豆、油菜、甘蓝、结球甘蓝和小白菜以及杂草中的苍耳等。

【危害特点】豌豆潜叶蝇以幼虫潜入寄主叶片表皮下，曲折穿行，取食绿色组织，造成不规则的灰白色线状隧道。危害严重时，叶片组织几乎全部受害，叶片上布满蛀道，尤以植株基部叶片受害为最重，甚至枯萎死亡。幼虫也可潜食嫩荚及花梗。成虫还可吸食植物汁液使被吸处成小白点。

【形态特征】成虫体长4～6毫米，灰褐色。雄蝇前缘下面有毛，腿、胫节呈灰黄色，跗节呈黑色，后足胫节后鬃3根。卵呈白色，椭圆形，大小为0.9毫米×0.3毫米，成熟幼虫长约7.5毫米，有皱纹，呈乌黄色。蛹，长约5毫米，呈椭圆形，开始为浅黄褐色，后变为红褐色，羽化前变为暗褐色。

【防治方法】

① 用粘虫板诱杀成虫。

② 以诱杀剂点喷部分植株：诱杀剂以甘薯或胡萝卜煮液为诱饵，加0.5%敌百虫为毒 剂制成。每隔3～5天点喷1次，共喷5～6次。喷药宜在早晨或傍晚，注意交替用药，最好选择兼具内吸和触杀作用的杀虫剂。可选用20%康福多乳油2000倍液；或1.8%爱福丁乳油2000倍液或40%绿菜宝乳油1000～1500倍液。

(2) 紫云英潜叶蝇

【分布】除西藏、新疆、青海、甘肃尚无报道外，其他各地均有发生。

【危害特点】主要为害紫云英及一些草坪草。以幼虫在叶片内潜食叶肉，造成盘旋形弯曲潜道，导致叶片枯萎。甜菜潜叶蝇幼虫潜叶为害，潜痕较宽，留下叶片的表皮呈半透明水泡状，多头幼虫潜害一叶时，很易使叶片枯萎。寄主有甜菜、菠菜及藜科、蓼科等植物。

【形态特征】

① 成虫体长1.5～2毫米，头部黄白色或灰白色，胸部黑褐色，中胸两侧具黄褐色纵条纹。背中鬃呈2行排列，在其侧方常有1～2行稀疏刚毛。小盾片黑褐色，背面中部略带黄色。腹部褐色至黑褐色，微被细粉。

② 卵纺锤形，长0.5毫米，宽0.16毫米，乳白色。一端有2个小突起呈“八”字形。卵表面有纵行皱纹，腹面略平，中央具脊。

③ 幼虫老龄幼虫体长约2毫米，圆筒形。初孵化乳白色，后变淡黄色。头部略小，口钩明显，黑色，上具2齿。前胸和腹末的背面各有1对气门。前气门基部接近，端部各有10～16个球状突起，后气门显著突出，上有12个球状突。

④ 蛹体长1.8毫米，长卵圆形。初化蛹淡黄色，后变黄色，近羽化时转暗褐色。蛹壳坚硬，前气门位于体的前端，呈管状而较尖，后气门显著突出，位于体的末端背面，较分离。

【药剂防治】利用成虫吸食花蜜习性，还可用30%糖水＋0.05%敌百虫诱杀成虫。掌握成虫盛发期，及时喷药防治成虫，防止成虫产卵。成虫主要在叶背面产卵，应喷药于叶背面。在成虫产卵盛期或孵化初期，用20%氰戊菊酯乳油300倍液，或50%辛硫磷乳油1000倍液或40.7%乐斯本乳油800～1000倍，喷雾防治，每隔7天用药1次，连续用药2～3次效果较好。在刚出现危害时喷药防治幼虫，防治幼虫要连续喷2～3次，农药可选用40%乐果乳油2000倍液、50%敌敌畏乳油1000～1500倍液、90%敌百虫1000倍液。注意在采收前10～15天停止施药。

四、鞘翅目害虫

1. 跳甲类（黄曲条跳甲，图4-13，彩图）

图4-13 黄曲条跳甲

黄曲条跳甲属鞘翅目、叶甲科害虫，俗称狗虱虫、跳虱，简称跳甲。

【分布】全国各地均有分布。

【危害特点】常为害叶菜类蔬菜，以甘蓝、花椰菜、白菜、菜薹、萝卜、芜菁、油菜等十字花科蔬菜为主，但也为害茄果类、瓜类、豆类蔬菜。以成虫和幼虫两个虫态对植株直接造成危害。成虫食叶，以幼苗期最重；在留种地主要为害花蕾和嫩荚。幼虫只害菜根，蛀食根皮，咬断须根，使叶片萎蔫枯死。萝卜被害呈许多黑斑，最后整个变黑腐烂；白菜受害叶片变黑死亡，并传播软腐病。

【形态特征】

① 成虫：体长约2毫米，长椭圆形，黑色有光泽，前胸背板及鞘翅上有许多刻点，排成纵行。鞘翅中央有一黄色纵条，两端大，中部狭而弯曲，后足腿节膨大、善跳。

② 卵：长约0.3毫米，椭圆形，初产时淡黄色，后变乳白色。

③ 幼虫：老熟幼虫体长4毫米，长圆筒形，尾部稍细，头部、前胸背板淡褐色，胸腹部黄白色，各节有不显著的肉瘤。

④ 蛹：长约2毫米，椭圆形，乳白色，头部隐于前胸下面，翅芽和足达第5腹节，腹末有一对叉状突起。

【药剂防治】注意防治成虫宜在早晨和傍晚喷药。可使用5%抑太保乳油4000倍液；5%卡死克乳油4000倍液；5%农梦特乳油4000倍液；40%菊杀乳油2000～3000倍液；40%菊马乳油2000～3000倍液；20%氰戊菊酯2000～4000倍液；茴蒿素杀虫剂500倍液喷雾处理。敌百虫或辛硫磷液灌根以防治幼虫。

2. 瓢虫

二十八星瓢虫（图4-14，彩图）是危害蔬菜的典型有害瓢虫，又称酸浆瓢虫，俗称花大姐、花媳妇。它是马铃薯瓢虫和茄二十八星瓢虫的统称，二十八星瓢虫典型特点就是背上有28个黑点（黑斑），这是与其他瓢虫最显著的区别。

【分布】马铃薯瓢虫，主要分布于华北、西北、内蒙古、东北等地；茄二十八星瓢虫在全国广泛分布，但主要在长江以南各省为

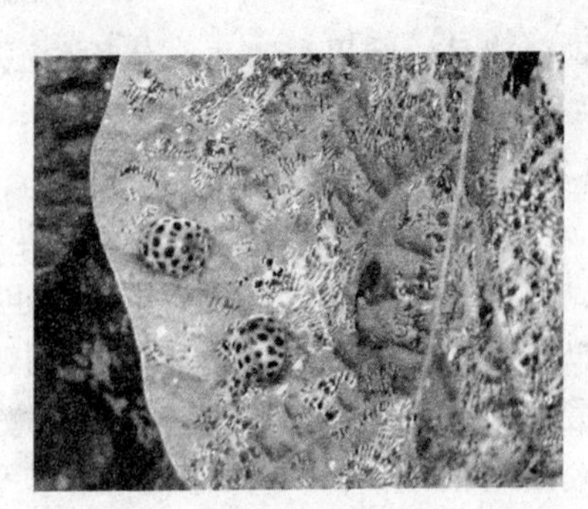

图 4-14 二十八星瓢虫

害严重。

【危害特点】成虫、幼虫在叶背剥食叶肉，仅留表皮，形成许多不规则半透明的细凹纹，状如箩底。也能将叶吃成孔状，甚至仅存叶脉。严重时受害叶片干枯、变褐，全株死亡。果实被啃食处常常破裂、组织变僵、粗糙、有苦味，不能食用，只留下叶表皮。严重的叶片可呈透明，呈褐色枯萎，叶背只剩下叶脉。茎和果上也有细波状食痕。寄主有茄科、豆科、葫芦科、十字花科、藜科植物，以危害茄子和马铃薯为主。

【形态特征】

① 茄二十八星瓢虫：成虫体略小，前胸背板多具 6 个黑点，两鞘翅合缝处黑斑不相连，鞘翅基部第二列的 4 个黑斑基本上在一条线上，幼虫体节枝刺毛为白色。

② 马铃薯瓢虫：成虫体略大，前胸背板中央有一个大的黑色剑状斑纹，两鞘翅合缝处有 1～2 对黑斑相连，鞘翅基部第二列的 4 个黑斑不在一条线上，幼虫体节枝刺均为黑色。卵炮弹形，初产淡黄色，后变黄褐色。老熟幼虫淡黄色，纺锤形，背面隆起，体背各节生有整齐的枝刺，前胸及腹部第 8～9 节各有枝刺 4 根，其余各节为 6 根。蛹淡黄色，椭圆形，尾端包着末龄幼虫的蜕皮，背面有淡黑色斑纹。

【药剂防治】可选用 80%敌敌畏乳油或 90%晶体敌百虫或 50%马拉硫磷乳油 1000 倍液；50%辛硫磷乳油 1500～2000 倍液；2.5%溴氰菊酯乳油或 20%氰戊菊酯或 40%菊杂乳油或 40%菊马

乳油 3000 倍液；21%灭杀毙乳油 6000 倍液喷雾。

3. 叶甲

小猿叶甲（小猿叶甲，图 4-15，彩图）属鞘翅目，叶甲科。

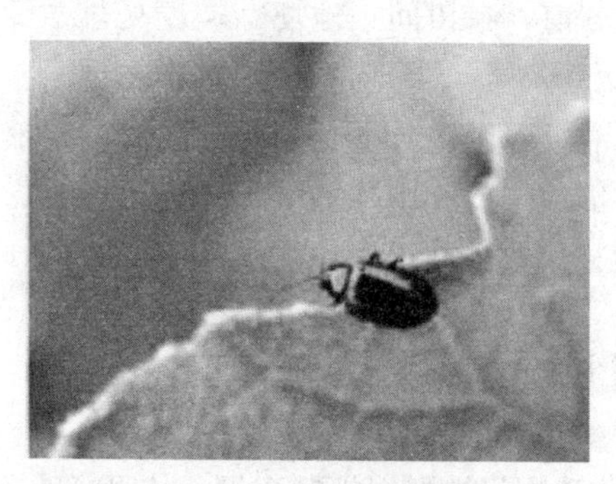

图 4-15　小猿叶甲

【分布】我国分布北起辽宁、内蒙古，南至台湾、海南及广东、广西、云南，东部滨海，西沿河北、山西、陕西斜向甘肃，折入四川、云南等地。还分布于朝鲜、日本、印度、越南等国家。

【危害特点】成、幼虫喜食菜叶，咬食叶片成缺坑或孔洞，严重的成网状，只剩叶脉。成虫常群聚为害。苗期发生较重时，可造成严重的缺苗断垄甚至毁种。主要为害白菜、萝卜、芥菜、花椰菜、莴苣、胡萝卜、洋葱、葱等。

【形态特征】小猿叶甲成虫体长 2.8～4 毫米，卵圆形，蓝黑色，有绿色金属光泽。头小，深嵌入前胸，刻点深密。触角基部 2 节的顶端带棕色，触角向后伸展达鞘翅基部，端部 5 节明显加粗。前胸背板短，宽为长的 2 倍以上。鞘翅刻点排列规则，每翅 8 行半，肩瘤外侧还有一行相当稀疏的刻点。幼虫初孵时淡黄色，后变暗褐色。老熟幼虫长约 7 毫米，头部黑色，胸部和腹部灰褐色，各节有大型黑色肉疣 8 个，排成一横列，肉瘤上有几条黑色长毛。卵长椭圆形，一端较钝，初产时鲜黄色，后变暗黄色，大小（1.2～1.8)毫米×(0.45～0.55)毫米。蛹体长 3.4～3.8 毫米，近半球形，淡黄色；前胸背板中央无纵沟，腹末不分叉。

【防治方法】

① 农业防治。收获后及时清洁田园，消灭越冬越夏成虫。

② 利用成、幼虫假死性，进行震落扑杀。

③ 成虫越冬前，在田间、地埂、畦埂处堆放菜叶杂草，引诱成虫，集中杀灭。

④ 化学防治。孵化盛期喷5%卡死克2000倍液，或16%顺丰3号乳油1500倍液，或50%复果乳油1000倍液，或50%辛硫磷乳油1500倍液。采收前9天停止用药。

五、螨目害虫

螨虫属节肢动物门蛛形纲蜱螨亚纲，体型微小，大多数种类小于1毫米，一般在0.5毫米左右，有些不到0.1毫米。成虫螨有4对足，一对触须，无翅和触角，身体不分头、胸和腹三部分，而是融合为一囊状体，有别于昆虫。虫体分为颚体和躯体，颚体由口器和颚基组成，躯体分为足体和末体。螨虫躯体和足上有许多毛，有的毛还非常长。前端有口器，食性多样。

叶螨又名红蜘蛛（图4-16，彩图）、俗称大蜘蛛、大龙、砂龙、蛛螨等。属蜱螨亚纲叶螨科的植食螨类。我国的种类以朱砂叶螨为主，属蛛形纲、蜱螨目、叶螨科。分布广泛，食性杂，可危害

图4-16 红蜘蛛

110多种植物。

【分布】国内分布于河北、北京、河南、辽东、江苏、广东、广西等地。国外分布于日本、泰国、菲律宾等国。

【危害特点】取食室内植物及重要农业植物（包括果树）的叶和果实。其抗药能力日益增强，故难以防治。主要危害茄科、葫芦科、豆科、百合科等多种蔬菜作物。

枣树上红蜘蛛种类较多，枣粮间作的枣园中的优势种为截形叶螨，其寄生广泛，除蔬菜外，还危害枣树、棉花、玉米、豆类及多种杂草。

【形态特征】

① 成螨长0.42～0.52毫米，体色变化大，一般为红色，梨形，体背两侧各有一块黑长斑。雌成螨深红色，体两侧有黑斑、椭圆形。

② 卵圆球形，光滑，越冬卵红色，非越冬卵淡黄色较少。

③ 红蜘蛛幼螨近圆形，有足3对。越冬代幼螨红色，非越冬代幼螨黄色。

④ 越冬代若螨红色，非越冬代若螨黄色，体两侧有黑斑。若螨有足4对，体侧有明显的块状色素。

【药剂防治】较多叶片发生时，应及早喷药，常用的农药有克螨特、三氯杀螨醇、乐果、花虫净、速灭杀丁等。应用螨危4000～5000倍（每瓶100毫升兑水500～500千克）均匀喷雾，40%三氯杀螨醇乳油1000～1500倍液、20%螨死净可湿性粉剂2000倍液、15%哒螨灵乳油2000倍液、1.8%齐螨素乳油6000～8000倍等均可达到理想的防治效果。

第五章 杀菌剂

农用杀菌剂是用来防治植物病害的药剂。其作用是可以杀死病原物或抑制病原物生长，而不妨碍植物的正常生长。

第一节　杀菌剂的分类与作用机制

一、杀菌剂的分类

除农用抗生素属于生物源杀菌剂外，主要的品种都是化学合成杀菌剂，杀菌剂可根据原料来源、作用方式及化学组成等进行分类。

1. 按杀菌剂的原料来源分类

(1) 无机杀菌剂　硫黄粉、石硫合剂、铜制剂等。

① 硫黄粉：定植前温室（大棚）熏蒸消毒。每 160 米^2 用硫黄粉 250 克、锯末 500 克，在傍晚 7 时开始熏烟消毒一昼夜。熏蒸温度维持在 20℃，棚内可有绿色植物，以免造成药害。

② 石硫合剂：有 100 余年的使用历史，目前还是生产中的常用药剂，主要用来防治白粉病、红蜘蛛、介壳虫等。在生长季节使用如遇高温干旱易发生药害。原液对皮肤和衣服有腐蚀性，应小心使用。不能与其他农药混合（图 5-1）。

③ 铜制剂：波尔多液主要对鞭毛菌、多数半知菌引起的病害

图 5-1 石硫合剂

效果好，而对白粉病、锈病差。注意：现用现配，呈碱性，不宜用金属容器，注意药害。其他铜制剂有氧氯化铜（碱式氯化铜、氯化氧铜、王铜）、络氨铜·锌（抗枯宁、抗枯灵）、腐植酸铜（843 康复剂）、去氢枞酸铜（绿乳铜、松脂酸铜）、氢氧化铜（铜大师、靠山、可杀得）、虎胶肥酸铜、柠檬酸铜、醋酸铜、氢氧化铜氯化钙重盐、壬菌铜、氧化亚铜、硝基腐植酸铜、多菌灵铜盐（大收）、混合氨基酸铜（双效灵）。

（2）有机硫杀菌剂 代森铵、敌锈钠、福美锌、代森锌、代森锰锌、福美双、安泰生（丙森锌）、灭菌丹、克菌丹、敌克松等。

① 代森类：代森铵、代森锌、代森锰锌（大生）杀菌剂为广谱性保护性杀菌剂，用于防治多种作物上的真菌性叶部病害，对果树炭疽病、蔬菜霜霉病等均有良好的效果。酸性条件下易分解，使用不当易引起药害。缺点：不稳定、不耐储存，中间代谢产物乙撑硫脲，有致甲状腺癌的作用，在番茄上使用 3 天后，果实上检出 20 微克/毫克的乙撑硫尿，21 天后全部消失。安泰生（丙森锌），低毒，是一种速效好、残效长、广谱性的保护性杀菌剂。对霜霉病、早、晚疫病均有优良的保护性，并对白粉病、锈病、葡萄孢属的病害也有一定的抑制作用。

② 福美类（二甲基二硫代氨基甲酸盐类）：主要有铵、锌、

铁、镍、砷盐，目前生产中大量使用的是福美双，特点与代森类相同，但可做拌种剂。

③ 灭菌丹、克菌丹：为广谱性杀菌剂，在果树、蔬菜以及各种经济作物上使用可防治多种病害，如蔬菜根腐病、立枯病、马铃薯晚疫病、葡萄霜霉病和炭疽病等。但对白粉病效果差。对植物安全，尤适用于对铜制剂敏感的植物，如桃、白菜等。与其他有机杀菌剂混合是好品种。可进行土壤消毒、种子处理，并兼有一定的杀螨作用。

④ 敌克松（地可松、敌磺钠）：具有内吸作用，对大白菜软腐病有较好的效果。可拌种、土壤消毒（拌细土）、喷雾。遇光易分解，宜于傍晚或阴天使用。

（3）有机磷、砷杀菌剂　如退菌特、甲基立枯磷、乙磷铝等。

退菌特：中文商品名有艾佳、斑尔、达葡宁、风范、福露、果洁净、恒康、蓝迪、绿伞、农宁、努可、葡青、三克斯、三美、胂·锌·福美双、退菌特、透习脱、三福美（福美双＋福美锌＋福美甲胂）、土斯特。是福美双 40%、福美锌 20%、福美甲胂 20%的混合制剂，属中等毒性杀菌剂，广谱保护性杀菌剂。适用作物非常广泛，可广泛使用于黄瓜、番茄、茄子、西瓜、芹菜、芦笋、十字花科蔬菜等蔬菜；对霜霉病、疫病、晚疫病、炭疽病、褐斑病、灰斑病、网斑病、紫斑病、白粉病、锈病、黑斑病、黑痘病、白腐病、疮痂病、黑点病、早疫病、叶霉病、斑枯病、黄斑病、叶斑病、菌核病等多种真菌性病害均有很好的预防效果。

（4）取代苯类杀菌剂　如甲基硫菌灵、百菌清、敌克松等。

① 甲基硫菌灵（甲基托布津）：用于防治油菜菌核病、霜霉病；蔬菜灰霉病、白粉病、炭疽病等。

② 百菌清：防治蔬菜霜霉病、白粉病、炭疽病、疫病、灰霉病等。

③ 敌克松：防治蔬菜苗期立枯病、猝倒病可配药土撒施；防治马铃薯环腐病，可用该药拌种薯块；黄瓜、西瓜立枯病、枯萎病兑水喷茎基部或灌根；白菜、黄瓜霜霉病、番茄、茄子炭疽病，可喷雾防治。

（5）三唑类杀菌剂　如多菌灵、粉锈宁、恶霉灵、噻菌灵、苯醚甲环唑、氟硅唑等。

① 多菌灵：喷雾防治番茄早疫病、黄瓜炭疽病等；灌粉防治白菜根肿病，拌种防治大白菜褐斑病、炭疽病等。不能与强碱性药剂或含铜药剂混用，对多菌灵产生抗药性的地区，应停用该药。

② 粉锈宁：粉锈宁对多种作物由真菌引起的病害，如锈病、白粉病等有一定的治疗作用，可用作喷雾、拌种和土壤处理。防治黄瓜、西瓜、丝瓜白粉病、炭疽病，喷雾处理，间隔 15 天 1 次，连喷 3～4 次。防治菜豆炭疽病、豌豆白粉病，连续用药 2～3 次。防治温室、塑料棚等保护地设施内蔬菜白粉病，耕层土壤与该药拌和，做栽培土，持效期可达 2 个月左右。防治豇豆锈病、豌豆白粉病、蚕豆锈病，每隔 15～20 天喷雾 1 次，连喷 2～3 次。防治番茄白绢病，每隔 10～15 天灌药 1 次，连灌 2 次。持效期长，叶菜类收获前 15～20 天应停止使用。可与酸性和微碱性药剂混用，不能与强碱性药剂混用。

③ 恶霉灵：用于防治豆类枯萎病、灰霉病、菌核病、番茄灰霉病、病毒病、早疫病、晚疫病、绵疫病、枯萎病；茄子褐纹病、枯萎病、绵疫病、菌核病；黄瓜霜霉病、立枯病、疫病、灰霉病、枯萎病、蔓枯病、菌核病、白绢病；叶菜类立枯病、根腐病、黑根病、菌核病；辣椒猝倒病、炭疽病、灰霉病、疫病；葱、蒜类灰霉病、紫斑病等。该药剂安全、低毒、无残留，是环保型杀菌剂。同时，该药可与多种杀虫剂、杀菌剂、除草剂混合使用。

④ 苯醚甲环唑：通用名恶醚唑、显粹。商品名思科、世高。是三唑类杀菌剂中安全性比较高的，广泛应用于果树、蔬菜等作物，有效防治黑星病、白腐病、白粉病、褐斑病、锈病等。

⑤ 氟硅唑：商品名福星、克菌星、秋福。氟硅唑是三唑类内吸杀菌剂，具有保护和治疗作用，渗透性强，可防治子囊菌、担子菌及部分半知菌引起的病害。主要用于防治黄瓜黑星病和蔬菜白粉病等。

（6）抗生素类杀菌剂　抗生素是由微生物代谢产生的抗生物

质，多数是土壤中分离的放线菌类的代谢物。其特点：选择性强；活性高；具有保护和治疗作用；在自然中降解快，对环境安全；多数易导致病原菌产生抗性。抗生素的作用机制具有多样性。不同抗生素的作用机制不同。如井冈霉素、多抗霉素、春雷霉素、农用链霉素、抗霉菌素120等。

① 井冈霉素：抑制菌丝顶端细胞的伸长。对丝核菌引起的各种立枯病、纹枯病有很好的效果。

② 多抗霉素：是由链霉菌产生的肽嘧啶核苷类抗生素。抑制真菌细胞壁的主要成分几丁质的生物合成。主要防治白粉病、纹枯病、灰霉病、瓜类霜霉病。

③ 春雷霉素（加瑞农、春日霉素）：在酸性和中性溶液中比较稳定，遇碱性溶液易破坏失效。用于防治番茄叶霉病、黄瓜炭疽病、细菌性角斑病、枯萎病等。

④ 农用链霉素（硫酸链霉素）：具有内吸作用，可防治多种植物细菌和真菌病害。主要用于喷雾，可作灌根和浸种消毒等。防治大白菜软腐病，大白菜、甘蓝黑腐病，黄瓜细菌性角斑病，甜椒疮痂病、软腐病，菜豆细菌性疫病、火烧病，喷雾处理，于发病初期开始，每隔7～10天喷1次，连喷2～3次。防治番茄、甜（辣）椒青枯病，于发病初期灌根，每株灌药液0.25千克，每隔6～8天灌1次，连灌2次。防治番茄溃疡病，按1克农用链霉素加水15升，移栽时每株浇灌药液150毫升。防治黄瓜细菌性角斑病可用农用链霉素浸种30分钟，取出后催芽播种。

（7）复配杀菌剂　如炭疽·福美、甲霜·铜、甲霜·锰锌、拌种灵·锰锌、抑快净、阿米多彩、退菌特等。

① 炭疽·福美：炭疽·福美由福美双30%、福美锌50%、助剂和载体等组成。常用于防治番茄轮纹病、疫病，大白菜黑斑病、白斑病；对黄瓜霜霉病以及一些作物的炭疽病等都有良好的效果。但不能与铜制剂混用。

② 甲霜·铜：由10%瑞毒霉和40%琥珀酸铜混合配制而成。喷雾防治黄瓜霜霉病、甜（辣）椒疫病、疮痂病、莴苣霜霉病、大白菜霜霉病、软腐病、番茄晚疫病等，移苗期灌根防治茄子黄

萎病。

③ 甲霜·锰锌（雷多米尔·锰锌、进金、农士旺、稳达、金瑞霉）：可防治黄瓜、白菜、莴苣、油菜、绿菜花、菜心、紫甘蓝、樱桃萝卜、芥蓝等的霜霉病，防治黄瓜、辣（甜）椒、韭菜疫病，可采取喷药结合灌根的方法。也可喷雾防治番茄晚疫病，番茄、茄子、辣椒等苗期猝倒病，辣椒早疫病、黑斑病，油菜黑斑病、白锈病等。病原菌对该药极易产生抗性，应与其他杀菌剂交替使用。目前该药尚无对该药中毒患者特效的解毒药，因此在使用时，施药人员必须做好保护措施。

④ 抑快净：通用名称 famoxadone＋霜脲氰（cymoxanil）（甲氧基亚胺基）乙酰胺，制剂 52.5％抑快净水分散粒剂。是美国杜邦公司开发生产的、兼具内吸治疗和保护双重作用的新型高效复合杀菌剂。famoxadone 主要通过抑制病菌细胞复合物Ⅲ中的线粒体电子转移，造成氧化磷酸化停止，病菌细胞丧失能量来源（ATP）而导致死亡。霜脲氰则主要是阻止病菌孢子萌发及菌丝生长，最终杀灭病菌。是目前防治黄瓜、莴苣、葫芦科蔬菜霜霉病；马铃薯晚疫病和早疫病；番茄晚疫病、早疫病、灰叶斑病和叶霉病；芦笋锈病的有效药剂。抑快净中 famoxadone 能发挥持久的保护功能，在病菌发生的初始阶段特别有效。它与极具内吸性和治疗性的杀菌剂霜脲氰混合，两者作用相互补充，大大增强了保护和治疗作用，使其在病菌感染前后都适用，提供病害的全程防治。抑快净具有能深入渗透叶片表层、附着力强、保护期长、用量低、在叶片和果实上不留痕迹、对作物和环境安全等特点。

⑤ 阿米多彩：由两种保护成分百菌清和嘧菌酯组成，两种不同的作用机制，阻止病菌孢子萌发，减少病害的发生。能预防流行的四大主要蔬菜病害——霜霉病、早疫病、炭疽病、蔓枯病，在潮湿的环境下使用，能给作物提供更好的保护，帮助提高产量和品质。

（8）其他杀菌剂　如甲霜灵、菌核利、腐霉利、扑海因、灭菌丹、克菌丹、特富灵、敌菌灵、高脂膜、菌毒清、霜霉威、喹菌酮、烯酰吗啉、氟啶胺、乙嘧酚、农利灵、阿米西达等。

① 甲霜灵（阿普隆、保种灵、瑞毒霉、瑞毒霜、甲霜安、雷多米尔、氨丙灵）：用于防治黄瓜霜霉病和疫病，茄子、番茄及辣椒的棉疫病，十字花科蔬菜白锈病、马铃薯晚疫病等，每隔10～14天喷1次，用药次数每季不得超过3次。

② 菌核利：用于防治蔬菜、果树上的菌核病、灰霉病等。

③ 腐霉利（速克灵、杀霉利、二甲菌核利、黑灰净、必克灵、消霉灵、扫霉特、棚丰、福烟、克霉宁、灰霉灭、灰霉星、胜得灵、天达腐霉利）：内吸性杀真菌剂，对葡萄孢属和核盘菌属真菌有特效。防治黄瓜灰霉病、菌核病，番茄灰霉病、菌核病、早疫病，辣椒灰霉病等。

④ 扑海因（异菌脲、异菌咪、异丙定）：扑海因主要对葡萄孢属、链孢霉属、核盘菌属、小菌核属等具有良好的杀灭效果。主要用于防治番茄灰霉病、早疫病，黄瓜灰霉病、菌核病，蚕豆赤斑病，韭菜灰霉病，莴苣灰霉病，葫芦科蔬菜、胡椒、茄子等的灰霉病、早疫病、斑点病等。

⑤ 灭菌丹（福尔培、苯开普顿）：防治瓜类及其他蔬菜霜霉病、白粉病，马铃薯和番茄早疫病、晚疫病，豇豆白粉病、轮纹病等。

⑥ 特富灵（氟菌唑、特富灵）：防治黄瓜白粉病。

⑦ 敌菌灵：用于防治瓜类的炭疽病、霜霉病、黑星病和各种作物的灰霉病，防效高。

⑧ 菌毒清：对蔬菜腐烂病（软腐病）、病毒病、霜霉病有特效；对瓜类（黄瓜、西瓜、冬瓜等）角斑病、腐烂病、霜霉病、病毒病、枯萎病有显效；对辣椒、茄子、番茄等青枯病、腐烂病、病毒病等有特效；对花生、油料作物叶茎腐病有特效；对生姜姜瘟病、马铃薯疫病有特效。

⑨ 霜霉威（曾用名普力克、普而富、扑霉特、扑霉净、免劳露、疫霜净、破霜、蓝霜、挫霜、亮霜、霜敏、霜杰、霜灵、霜妥、双泰、普露、普润、普佳、普生、上宝、欣悦、惠佳、广喜、耘尔、病达、双达、疫格、劳恩、卡普多、拒霜侵、宝力克、霜霉普克、霜霉先灭、霜疫克星）：可广泛适用于黄瓜、番茄、辣椒、

莴苣、马铃薯等蔬菜及烟草、草莓、草坪、花卉等。对卵菌纲真菌病害具有很好的防治效果，如霜霉病、疫病、猝倒病、晚疫病、黑胫病等。

⑩ 喹菌酮：主要防治蔬菜的白粉病，也可作为杀螨剂（称灭螨猛）使用。

⑪ 烯酰吗啉：广泛用于蔬菜霜霉病、疫病、苗期猝倒病等由鞭毛菌亚门卵菌纲真菌引起的病害防治，具内吸活性。药效比目前广泛使用的甲霜灵、霜脲氰、乙磷铝、噁霜灵等高，但单独使用有比较高的抗性风险，所以常与代森锰锌等保护性杀菌剂复配使用，以延缓抗性的产生。

⑫ 氟啶胺：是由日本石原产业公司开发的新型取代苯胺类广谱杀菌剂。同苯并咪唑类、二羧酰亚胺类及目前市场上已有的杀菌剂无交互抗性。对灰葡萄孢引起的多种灰霉病有特效。对交链孢属、疫霉属、单轴霉属、核盘菌属和黑星菌属等病菌引起的病害亦有良好的活性。耐雨水冲刷，持效期长，兼有优良的控制食植性螨类的作用，对十字花科植物根肿病也有卓越的防效。

⑬ 乙嘧酚：别名乙嘧醇、不霉定、乙氨哒酮、胺嘧啶、乙菌定。为内吸性杀菌剂，通过叶片和根部吸收，主要用于防治蔬菜的白粉病。

⑭ 农利灵：德国巴斯夫公司（BASF AG）开发生产的二甲酰亚胺类触杀性杀菌剂。适用于白菜黑斑病，黄瓜、番茄、茄子灰霉病、疫病及花卉灰霉病等病害。对蔬菜类作物的灰霉病、褐斑病、菌核病等有良好的防治效果。

⑮ 嘧霉胺：又称甲基嘧啶胺、二甲嘧啶胺，属苯氨基嘧啶类杀菌剂，对灰霉病有特效。当前传统药物中防治黄瓜灰霉病、番茄灰霉病、枯萎病活性较高的杀菌剂。

⑯ 阿米西达：是世界上第一个大量用于农业生产的免疫类杀菌剂，是世界上用量最大、销售额最多的农用杀菌剂，对所有真菌类病害都有良好的防治效果，广泛应用于番茄、黄瓜等保护地蔬菜真菌病害的防治，且具有良好的作物安全性和非常突出的环境相容

性，是蔬菜无公害基地的首选产品。

2. 按杀菌剂的使用方式分类

（1）保护剂　在病原微生物尚未接触寄主植物前或未寄主植物体之前，用药剂处理植物或周围环境，达到抑制病原杀菌剂孢子萌发或杀死萌发的病原孢子，以保护植物免受其害的药剂为保护剂，如波尔多液、百菌清、硫酸铜、代森锰锌等。

（2）治疗剂　病原微生物已经侵入植物体内，但植物未表现病症，处于病害的潜伏期。药物从植物表皮渗入植物组织内部，经输导、扩散或产生代谢物来杀死或抑制病原，使病株不再受害，并恢复健康。具有这种治疗作用的药剂称为治疗剂或化学治疗剂，如甲基托布津、多菌灵、春雷霉素等。

（3）铲除剂　指植物感病后施药能直接杀死已侵入植物的病原物。具有这种铲除作用的药剂为铲除剂，如福美砷、五氯酚钠、石硫合剂等。

3. 按杀菌剂在植物体内传导特性分类

（1）内吸性杀菌剂　能被植物叶、茎、根、种子吸收进入植物体内，经植物体液输导、扩散、存留或产生代谢物，可防治一些深入到植物体内或种子胚乳内病害，以保护作物不受病原物的浸染或对已感病的植物进行治疗，因此具有治疗和保护作用，如多菌灵、力克菌、绿亨 2 号、多霉清、霜疫清、甲霜灵、乙磷铝、甲基托布津、敌克松、粉锈宁、杀毒矾、拌种双等。

（2）非内吸性杀菌剂　此类药剂不能被植物内吸并传导、存留。目前，大多数品种都是非内吸性杀菌剂，此类药剂不易使病原物产生抗药性，比较经济，但大多数只具有保护作用，不能防治深入植物体内的病害，如硫酸锌、硫酸铜、百菌清、绿乳铜、表面活性剂、增效剂、硫合剂、草木灰、波尔多液、代森锰锌、福美双等。

此外，杀菌剂还可根据使用方法分类，如种子处理剂、土壤消毒剂、喷洒剂等。

二、杀菌剂的作用方式和作用机制

1. 杀菌剂的作用方式

(1) 杀菌作用　真正把菌杀死，如某些杀菌剂是影响孢子萌发、杀死表面菌丝等。

(2) 抑菌作用　抑制病菌生命活动的某一过程。可以抑制真菌菌丝生长、附着胞和各种子实体的形成，细胞膨胀、细胞原生质体和线粒体的瓦解以及细胞壁、细胞膜的破坏等。

(3) 影响植物代谢　通过改变对病菌的反应或影响病菌致病过程而起作用，当然也可以作用寄主植物——增强寄主植物的抗病性。

2. 杀菌剂的作用机制

(1) 对菌体细胞结构和功能的破坏　包括杀菌剂对细胞壁的影响和对菌体细胞膜的破坏以及对菌体内一些细胞器或其他细胞结构的破坏。杀菌剂对菌体细胞膜的破坏，主要是通过下列四个方面的作用：有机硫杀菌剂使膜结构被破坏，出现裂缝、孔隙，细胞膜失去正常的生理功能；含重金属元素的杀菌剂改变膜的透性；有机磷杀菌剂抑制菌体细胞膜上卵磷脂合成过程的转移甲基反应，药剂打击点是此反应的甲基转移酶；对细胞膜组分——甾醇的破坏。细胞内有多种细胞器，如线粒体、核糖体、纺锤体等，药剂对细胞器的作用都会导致菌体细胞代谢的深刻变化。

(2) 菌剂对菌体内能生成的影响　菌体内能的代谢包括生物氧化和生物合成两个方面。内能合成受干扰，即物质的氧化或生物呼吸受影响，对菌体起致死作用。包括对乙酰辅酶 A 的影响、对三羧酸循环的影响、对呼吸链的影响、对脂质氧化的影响和对氧化磷酸化的影响。

(3) 杀菌剂对代谢物质的生物合成及其功能的影响　苯来特、多菌灵等苯并咪唑类杀菌剂与菌体内核酸碱基的化学结构相似，而代替了核苷酸的碱基，使正常的核酸合成和功能受影响；许多抗生素，影响真菌核酸的聚合，使 RNA 生物合成受到抑制；核苷酸聚合为核酸的阶段受阻；构成纺锤丝的管蛋白的亚单位（微管蛋白），如与杀菌剂结合，就会影响管蛋白的形成，从而影响纺锤丝的构成和功能，使细胞有丝分裂不能正常进行，染色体的分离紊乱，对细胞分裂造成影响。杀菌剂也可以对蛋白质合成和功能造成影响，许多杀菌剂能抑制菌体内蛋白质的合成或使蛋白质变性，可以使菌体细胞内的蛋白质合成减少，含量降低，菌体生长明显受到抑制，使菌体内游离氨基酸增多；或与菌体内某些蛋白质结合而严重影响菌体的正常代谢。

第二节　棚室常见病害及药剂防治方法

随着设施蔬菜面积增加，设施栽培既有利于蔬菜周年生产和供应，也为一些病害提供了良好的生存条件，导致病害的发生实现周年循环，老病害发生频率增加，新病害不断出现的现象，一些在露地发生不太普遍的病害，已变成棚室内的严重危害，也为露地蔬菜提供了菌源。经过调查，各类蔬菜上发生的病害种类有 500 多种，发生危害较重的有 50 多种，如瓜类蔬菜霜霉病、白粉病，茄果类蔬菜早疫病、晚疫病、病毒病、灰霉病、叶霉病，十字花科蔬菜病毒病、霜霉病等，对栽培蔬菜造成较大影响。

一、蔬菜病害的症状和识别

1. 蔬菜病害的症状

病害的症状分为病状和病症两部分，植株受害后表现出来的不正常状态称为病状，在受害部位长出来的可见的病原物称为病症。例如，番茄叶霉病引起叶片黄斑，后期在黄斑背面长出白色至褐色霉层，黄斑是由于叶片受害，组织坏死形成的，即叶霉病的病状；

霉层是叶片内部的病原菌最后突破叶片，长出用于再传播侵染的繁殖体，即叶霉病的病症。病状的类型主要有变色、坏死、萎蔫、腐烂、畸形等。变色是指植物组织除正常色泽之外的颜色改变，包括花叶、黄化、白化、紫化等；坏死常指一些局部性的斑点，如角斑、条斑、圆斑、黑斑、褐斑、紫斑等；萎蔫是由于维管束受害后引起植株失水，枝叶凋萎，如青枯病和枯萎病的表现；腐烂即病组织较大面积的分解和破坏，常见的灰霉病引起叶、花、果实的腐烂；畸形是由于生长异常，表现出的如丛枝、矮化、皱缩、卷曲、肿瘤等症状。病症的类型包括粉状物、锈状物、霜霉状物、点状物、颗粒状物、脓状物等。例如，辣椒白粉病的病症是粉状物，豇豆锈病的病症是锈状物，黄瓜霜霉病的病症是霜霉状物，茄子炭疽病的病症是点状物，莴苣菌核病的病症是颗粒状物（菌核），以上是真菌病害几种常见的病症；细菌性病害在发病部位可产生或挤出白色、黄色的脓状物（菌脓），内含有大量的菌体，是细菌性病害的特有特征。需要注意的是，病毒性病害只产生病状而无病症。植株病部上的病症通常只在病害发展到中后期，并有一定温湿度条件时才出现。

2. 病害的分类

按照病原（发病原因）可分为非侵染性病害和侵染性病害。因环境条件不适宜或植物本身的原因而引起的病害，称非侵染性病害；被病原物如真菌、细菌、病毒、线虫等侵染引起的，可以传播的病害，称为侵染性病害。

非侵染性病害一般有以下几个特点。

① 病害往往大面积同时发生，表现同一症状。

② 病害无逐步传染扩散现象，病株周围有完全健康的植株。

③ 病株病果上无任何病症，组织内分离不到病原物。

④ 通过改善环境条件，植株基本可以恢复。

非侵染性病害的诊断有一定的规律性。例如，病害突然大面积同时发生，多由于气候因素、废水废气所致；叶片有明显枯斑或坏死、畸形，集中于某一部位，多为药害或肥害；植株下部老叶或顶部新叶变色，可能是缺素症；日灼常发生在植株向阳面的部位。

侵染性病害的病原因子及特点：侵染性病害具有传染性；田间往往有一个明显的发病中心（中心病株），并有向周围扩散蔓延的发展过程。

3. 病原菌的侵入和传播

病原菌的侵入途径有三种：直接侵入，自然孔口（气孔、水孔、蜜腺、柱头等）侵入，伤口侵入。不同的真菌侵入途径不同，如菜豆锈病可直接由表皮侵入，黄瓜霜霉病菌从叶背面的气孔进入，枯萎病菌则由根部的裂口侵入。细菌一般从自然孔口或伤口侵入，病毒只能从伤口侵入植株。

病原菌的传播途径主要有6种。

① 气流（风力）传播。这是真菌最常见的传播方式。真菌病害如霜霉病、白粉病等在病部产生的粉状物、锈状物、霜霉状物中，含有大量的孢子，孢子量大质轻，非常适合气流传播，可传播距离远，面积大，防治比较困难。对这些病害的预防应选用相应的抗病品种，田间发现长有上述病症的病组织要及时摘除，深埋或烧毁，防止病菌扩散。

② 水流传播。细菌、线虫和某些真菌可以通过水流传播。真菌中可产生点粒状物的病害如炭疽病等，点粒状物（繁殖体）中的孢子多黏聚在胶质物质中，雨水、灌溉水、棚膜滴水等能将胶质物质溶解，孢子随水流或水滴飞溅进行传播。细菌产生的菌脓只有依靠水流传播。灌溉水还可将土壤中的线虫和一些病原菌如腐霉病菌、软腐病菌、立枯病菌等携带传播。水流传播距离较短，在病害预防中注意控制菌源，减少水流的携带扩散。

③ 土壤传播。蔬菜的枯叶和病残体落入土壤，其中的病原菌随之入土。很多病菌可在土壤中存活多年，连茬、连作使土壤的病菌数量逐年积累，病害逐渐加重，如茄科蔬菜的青枯病、菌核病，十字花科蔬菜的软腐病等。减轻土传病害，应进行土壤消毒、轮作，避免连茬。

④ 种苗传播。有些病菌可经由种子传播，如大部分病毒病、

番茄叶霉病、茄子黄萎病、瓜类炭疽病等，预防措施包括温汤浸种、药剂浸种拌种等，效果较好。

⑤ 昆虫和其他动物传播。病毒类病原物都可借助昆虫传播，尤以蚜虫、飞虱、粉虱等传播最多。白菜软腐病也可以借助毛虫、跳甲等携带传播。病毒病的预防中要注重治虫防病。

⑥ 人为传播。人们的活动和农事操作常帮助病原菌传播。如种苗的调运、共用机具、农事操作中的整枝打杈、移栽、嫁接、蘸花、采收等。因此在管理中尽量将病/健株分开操作，防治交叉感染。

二、真菌性病害

真菌性病害的症状多在叶、茎、花果上产生局部性的斑点和腐烂，少数引起萎蔫和畸形。温湿度适宜时，病部可长出霉状物、粉状物、棉絮状物、霜霉状物、小颗粒等特定结构，即病菌的繁殖体，借助气流、风力、雨水、灌溉水等传播，直接由表皮侵入，或经由伤口、自然孔口（气孔、水孔、柱头等）侵入，重复多次侵染，使病害得以扩展蔓延。受田间实际条件限制，真菌病害的症状特点往往不够明显。一些病害就以病部长出的典型病症命名，如霜霉病、白粉病、锈病等。

1. 霜霉病

霜霉病在棚室作物上发生普遍，危害严重，属高湿低温型病害。棚室内环境普遍湿度较高，如遇低温或阴雨则易发生。该病除主要为害瓜类外，还常为害叶菜、甘蓝、萝卜、葱，较少为害豆类、茄果类等其他蔬菜。

（1）黄瓜霜霉病（图 5-2，彩图）

英文名 Cucumber downy milde；俗称“跑马干”“干叶子”。

【分布】全国各地均有发生。

【危害】黄瓜霜霉病是生产中最严重的流行性病害之一，在适宜发病的环境条件下，病害发展迅速，叶片大量干枯死亡，从发病

(a) 叶正面　　(b) 叶背面

图 5-2　黄瓜霜霉病

到流行最快时只需 5～7 天。此病在全国各黄瓜产地均有分布，一般年份减产 10%～20%，流行年份减产可达 50%～70%，重发生田块只能采收 1～2 次即因病而全部枯死，严重影响黄瓜的产量和品质。

【为害症状】黄瓜霜霉病在苗期、成株期均可发病。主要危害叶片，茎、卷须及花梗亦能受害。

① 子叶：发病初期子叶出现褪绿色黄斑，后变黄干枯，湿度大时出现紫黑色霉。

② 叶片：发病初期只是出现水浸状小斑点，病斑不断扩大，形成后因受叶脉限制的多角形病斑，黄褐色。潮湿时背面长出紫黑色霉。后期病斑破裂或连片，引起叶缘卷缩干枯，仅留心叶。发病品种病斑大，易连结成大块黄斑后迅速干枯；抗病品种病斑小，褪绿斑持续时间长，在叶面形成圆形或多角形黄褐色斑，扩展速度慢，病斑后面霉稀疏或很少。

霜霉病与细菌性角斑病的区别见表 5-1。

表 5-1　霜霉病与细菌性角斑病的区别

鉴别点	霜霉病	细菌性角斑病
病斑	较大，颜色较深，黄褐色，不穿孔	较小，颜色较浅，质脆易破裂穿孔
潮湿环境下	叶背病斑上产生黑紫色霉层	叶背病斑上溢出白色菌脓，干后留下白痕

续表

鉴别点	霜霉病	细菌性角斑病
对太阳光观察叶片病部	无透光感	有明显透光感
是否为害瓜条	不为害瓜条	可为害瓜条，产生水浸状、近圆形病斑，潮湿时病斑产生菌脓，病斑向瓜条内部扩展，维管束附近的果肉变色，病瓜后期腐烂有臭味儿
将病叶取下，于15～20℃下保湿培养24小时	背面病部有黑霉产生	无黑霉而有菌脓溢出

【病原】古巴假霜霉菌，鞭毛菌亚门假霜霉菌属，专性寄生菌。

【发病条件】

① 环境：黄瓜霜霉病的发生流行与环境温、湿度有着密切的关系，尤其是湿度，叶面结露或有水膜是病原菌侵染的必要条件。病害在田间发生的气温为16℃，适宜流行的气温为20～24℃。高于30℃或低于15℃发病受到抑制。孢子囊萌发要求有水滴，当日平均气温在16℃时病害开始发生。日平均气温在18～24℃、相对湿度在80%以上时，病害迅速扩展。在多雨、多雾、多露的情况下，病害极易流行。

② 栽培：瓜类的连作、种植感病品种、种植密度过大、植株徒长、偏施氮肥、地势低洼、大水漫灌、排水不良、保护地通风不良、排湿时间不够、晚上闭棚过早、叶面水膜形成多等都会加重病情。

【药剂防治】

① 种子处理：用50%多菌灵可湿性粉剂500倍液浸种1天，后用清水清洗干净，催芽待播。

② 烟雾防治：发病初期用45%百菌清烟剂3～3.75千克/公顷，放在棚内，用暗火点燃，发烟时闭棚，熏2夜，次晨通风，7天1次，共熏3～5次。

③ 粉尘防治：利用粉尘剂喷粉，让农药的粉粒在棚内形成飘

尘，悬浮相当长时间后在植株上均匀扩散沉积。喷5%百菌清尘剂0.75～1.5千克/公顷，7天1次，共喷5～7次。使用粉尘必须用喷粉器喷粉，不可添加任何粉剂。

④ 喷雾防治：发病前用保护性杀菌剂，可选用75%百菌清可湿性粉剂500倍液，77%可杀得可湿性粉剂1000倍液，70%乙磷铝·锰锌可湿性粉剂400倍液，40%乙磷铝可湿性粉剂400倍液，25%嘧菌酯乳油800倍液等喷雾。发病初期喷施内吸剂混剂及其与保护剂的混剂，可选64%噁霜·锰锌可湿性粉剂（杀毒矾）500倍液、72%霜脲·锰锌（克露）可湿性粉剂600～1000倍液、50%烯酰吗啉可湿性粉剂（安克）750倍液、58%甲霜·锰锌可湿性粉剂600倍液，每隔7～10天喷1次，连喷3次。发病较重时，喷施有治疗、铲除作用的杀菌剂，如68.75%氟吡菌胺·霜霉威悬浮剂（银法利）600倍液、68%精甲霜灵·锰锌WG（金雷）600倍液、69%烯酰吗啉·锰锌可湿性粉剂（安克锰锌）1000倍液、52.5%抑快净（噁唑菌酮·霜脲氰）水分散粒剂1500倍等喷雾，缩短施药间隔期。以上药剂要交替使用，防止产生抗性，每7～10天喷1次，连续2～3次，可有效控制病害。另外，还要注意喷药时叶面和叶背要喷洒均匀，做到不漏喷，中心病株周围的植株和植株中上部叶片要重点喷药保护。喷雾后结合放风排湿，可提高防治效果。

（2）十字花科蔬菜霜霉病

十字花科霜霉病（图5-3，彩图）。英文名downy mildew。俗

图5-3 十字花科霜霉病

称“白霉”“霜叶病”“黄炸叶”“霜叶”“枝干”等，采种株的茎顶及花梗染病变畸形，也称其为“龙头拐”。

【分布】全国各地均有发生。在沿江、沿海和气候潮湿、冷凉地区易流行。

【寄主范围】可侵染各种十字花科蔬菜，大白菜、小白菜、甘蓝、菜薹、萝卜、油菜和芥菜等都易感病。

【为害症状】主要危害叶片、茎部、花梗，种荚亦可受害。

① 白菜类霜霉病。苗期子叶上出现水浸状小斑点，生有白色霉层。在高温条件下，病部常出现近圆形枯斑，严重时茎及叶柄上也产生白霉，苗、叶枯死。成株期叶片被害时，最初在叶正面产生淡绿色病斑，后逐渐扩大，色泽由淡绿色转为黄色至黄褐色，因受叶脉限制而成多角形或不规则形，在叶片背面的病斑上产生白色霜状霉。病斑后期变褐色，在空气潮湿时，病情急剧发展，病斑数目迅速增加，叶背面布满白霉，最后叶片变黄、干枯。采种株的花器受害除肥大畸形外，花瓣变成绿色，久不凋落。种荚被害呈淡黄色，上长白霉，严重受害的种荚细小弯曲，结实少或不结实，花器畸形、变色生出白色霉层。

② 萝卜霜霉病。苗期至采种期均可发生。病害从植株下部向上扩展。叶面初现不规则褪绿黄斑，后渐扩大为多角形黄褐色病斑，大小3～7毫米。湿度大时，叶背或叶两面长出白霉，即病原菌繁殖体，严重的病斑连片致叶干枯。茎部染病，现黑褐色不规则状斑点。种株染病的，种荚多受害，病部呈淡褐色不规则斑，上生白色霉状物。

③ 甘蓝、花椰菜叶片正面出现微凹陷的黑色至紫黑色的病斑，点状或不规则形，叶背病斑出现白霉。花椰菜的花球被害，顶端变黑，蔓延全球则失去食用价值。

【病原】鞭毛菌亚门霜霉属寄生霜霉菌。

【发病条件】一年中可在春、秋两季为害保护地及陆地十字花科蔬菜，病害流行年份，可造成生产上20%～60%的损失。低温（平均气温16℃左右）高湿有利于病害的发生和流行。病害易于流行的平均气温是16℃，病斑发展最快的温度在20℃以上，特别是在高温下（24～25℃）容易发展为黄褐色的枯斑。一般多年连作、播种期过早、氮肥偏多、田间积水、种植过密、通风透光差的田块发病重。

【药剂防治】

① 白菜类霜霉病：精选种子及种子消毒。无病株留种，或播种前用25%甲霜灵可湿性粉、70%甲基托布津可湿性粉剂、50%福美双可湿性粉剂拌种。在发生初期，发病初期或出现中心病株及时喷雾防治。每隔7～10天用药防治1次，雨后需补喷1次。可选用687.5克/升氟菌·霜霉威悬浮剂（银法利）600～800倍液或50%烯酰吗啉可湿性粉剂（阿克白）1500～2000倍液或52.5%噁唑菌酮·霜脲氰可分散粒剂（抑快净）2000～2500倍液或25%嘧菌酯悬浮剂（阿米西达）1000倍液或72%霜脲氰锰锌可湿性粉剂（克露）800～1000倍液或69%锰锌·烯酰WP 600倍液等喷雾防治。

② 萝卜霜霉病：在中短期测报基础上掌握在发现中心病株后，开始喷洒抗生素2507液体发酵产生菌丝体提取的油状物，稀释1500倍液或70%锰锌·乙铝可湿性粉剂500倍液、72%锰锌·霜脲（霜消、霜克、疫菌净、富特、克菌宝、无霜等）可湿性粉剂600倍液、55%福·烯酰（霜尽）可湿性粉剂700倍液、69%锰锌·烯酰（安克锰锌）可湿性粉剂600倍液、60%氟吗·锰锌（灭克）可湿性粉剂700～800倍液、52.5%抑快净水分散粒剂2000倍液、25%烯肟菌酯（佳斯奇）乳油1000倍液、70%丙森锌（安泰生）可湿性粉剂700倍液。每667米^{2}喷药液70升，隔7～10天1次，连防2～3次。上述混配剂中含有锰锌的可兼治萝卜黑斑病。

萝卜霜霉病、白斑病混发地区可选用60%乙磷铝·多菌灵可湿性粉剂600倍液兼治两病效果明显。

③ 甘蓝、花椰菜霜霉病：种子消毒，用种子重量0.3%的35%甲霜灵粉剂或50%福美霜进行拌种，可得到较好的效果。田间发病初期喷药，常用药有40%乙磷铝可湿性粉剂200～300倍稀释液，或25%霜灵可湿性粉剂700倍稀释液，或75%百菌清可湿性粉剂500倍稀释液，或70%代森锰锌可湿性粉剂500倍稀释液，或58%甲霜灵锰锌可湿性粉剂500倍稀释液。

（3）其他蔬菜霜霉病　见表5-2。

表5-2　其他蔬菜霜霉病

病害	症状	药剂防治
菠菜霜霉病	主要危害叶片，叶面初生边缘不清晰的淡黄色近圆形病斑，病斑背面变为黄白色，有的叶片病斑突起呈疱疹状。随着病情发展，叶片上的病斑逐渐扩大，呈不规则形，常数个病斑连接一起，呈明显隆起状。发病后叶背部出现白色、灰色、淡紫色霉层，末期霉层呈深紫色。病斑从植株下部向上扩展，夜间有露水时易发病。干旱时病叶枯黄，多湿时病叶腐烂，严重时叶片全部变黄枯死	可用种子重量0.3%的25%甲霜灵可湿性粉剂拌种消毒。发病前或发病初期每667米^{2}用45%百菌清烟剂220克均匀放在垄沟内，将棚密闭，点燃烟熏。熏1夜，次晨通风。7～10天熏1次。发病初期可用25%瑞毒霉可湿性粉剂600倍液，或75%百菌清可湿性粉剂500倍液，或64%杀毒矾400～500倍液，或58%甲霜灵锰锌500倍液，或用40%乙磷铝可湿性粉剂200～250倍液，每隔6～7天喷1次，连喷2～3次。发现中心病株后喷洒53%精甲霜·锰锌水分散粒剂500倍液、70%乙膦·锰锌可湿性粉剂500倍液、72%霜脲·锰锌可湿性粉剂800倍液或霜霉威盐酸盐水剂800倍液防治，7～10天防治1次，连续防治2～3次。可结合喷洒叶面肥和植物生长调节剂进行防治，效果更佳。采收前8天停止用药

续表

病害	症状	药剂防治
葱霜霉病	主要为害叶片和花梗。带菌鳞茎可引起系统侵染,幼苗期即可显症,表现为植株矮缩,叶显白色,显得畸形扭曲,稍后变肥增厚,无明显的单个病斑为其特征,湿度大时,整株表面长白色绒霉(病菌孢囊梗和孢子囊),严重时叶片早枯,植株死亡。生长期间植株受侵染,叶片受害,开始产生长卵形或椭圆形病斑,呈黄白色,后变为灰白色,湿度大时,病斑表面生有白色稀疏霉层。中下部叶片被害严重时,叶片扭曲成畸形。花梗受害,其病斑和叶片的病斑相似,容易从病部弯折而枯死。假茎被害,起初病株扭曲,以后病部破裂,影响种子成熟 大葱霜霉病:病叶灰白绿色,有时出现白霉,严重时叶部扭曲畸形,植株矮小。生长期间感病,叶和花梗病斑淡黄绿色至黄白色,长有白霉、紫霉或干枯。叶中间或下部出现病斑,叶垂倒后干枯。段茎早期发病病株扭曲,晚期发病病部破裂并影响种子成熟 洋葱霜霉病:鳞茎带菌多在葱叶长至12～15厘米时发病,叶布满淡紫色霉,叶面变浅黄绿色或苍白色,干枯死亡。叶和花梗产生淡黄色椭圆形或条形病斑,微凹陷,病部长有白色或淡紫色霉,叶和花梗枯萎,腐烂死亡	温汤浸种:买来的种子须用50℃温水浸种25分钟,冷却后播种 种子消毒:按种子重量0.3%用58%雷多米尔锰锌可湿粉或50%福美双可湿性粉剂拌种。留种鳞茎下种前剥除干枯和坏死鳞片,100千克鳞茎用1千克25%甲霜灵可湿性粉剂拌种,拌匀后下种;或用该药剂800倍液浸种40～60分钟后播种(大葱) 药剂处理鳞茎(葱头):可用上述雷多米尔锰锌可湿粉800～1000倍液或72%克露可湿粉800～1000倍液,或65.5%普力克水剂800倍液浸鳞茎30～60分钟,捞起沥干后种植 苗床处理:定植前对苗床进行喷药保护。湿度高时选用58%甲霜灵·锰锌可湿性粉剂500倍液或64%噁霜·锰锌(杀毒矾)可湿性粉剂500倍液防治2～3次,可降低田间发病株率 化学防治:发病初期及时喷药控病。除喷施上述雷多米尔锰锌、普力克、克露等药外(800～1000倍液),还可喷施64%杀毒矾可湿粉(600～800倍液),或40%达科宁悬浮剂(800～1000倍液),或75%大克灵可湿粉(800～1000倍液),或30%氧氯化铜悬浮剂600倍液,2～3次或更多,隔7～15天1次,前密后疏,交替施用,喷匀喷足 实施药剂防治:初见病株及时选用下列药剂喷洒:40%乙磷铝可湿性粉剂250倍液、50%钾霜铜可湿性粉剂800倍液、75%百菌清可湿性粉剂600倍液、64%杀毒矾可湿性粉剂500倍液、72.2%普力克水剂800倍液、1∶1∶240波尔多液等,每隔7～10天喷1次,连喷2～3次

续表

病害	症状	药剂防治
莴苣霜霉病	主要为害叶片。病斑初呈黄绿色，无明显边缘，后扩大，叶脉限制呈多角形。叶片背面生白色霉状物（孢子囊及孢梗）。本病多先从下部叶片开始发生，渐向上蔓延，后期叶片枯萎	发病初期开始喷药，用药间隔期7～10天，连续喷雾防治2～3次。药剂可选用78%科博可湿性粉剂500～600倍液；80%喷克可湿性粉剂500～800倍液；58%雷多米尔锰锌可湿性粉剂600倍液；75%百菌清可湿性粉剂700倍液；72%克露可湿性粉剂800倍液等

2. 白粉病

(1) 黄瓜白粉病（图5-4，彩图）　英文名Cucumber powdery mildew。俗称“白毛”。

图5-4　黄瓜白粉病

【分布】全国各地均有发生。

【危害】白粉病是严重危害黄瓜的主要病害之一，病害在黄瓜全生长期都可以发生，以生长的中后期发病较重。在黄瓜一个生长季节内，白粉病的发病率经常达到100%，苗期发病造成植株生长势减弱甚至死亡，生育期造成瓜果畸形、品质下降、产量降低，甚至提前拉秧，导致严重的经济损失。

【为害症状】白粉病在黄瓜幼苗期和成株期均可发生，主要侵害叶片，其次是茎和叶柄，一般不直接为害果实。

① 幼苗期：子叶上有星星点点的褪绿斑，逐渐发展，整个子

叶表面覆盖一层白色粉状物，这是病菌的菌丝体、分生孢子梗和分生孢子。幼茎上染病子叶或整株幼苗逐渐萎缩枯干。

② 成株期：叶片正、反面出现白色小粉点，逐渐扩大呈圆形白色粉状斑，后向四周蔓延，连接成片，成为边缘不整齐的大片白粉斑区，布满整个叶片。以后变成灰白色，有时上面产生许多小黑点，叶片逐渐变黄、发脆。

【病原】黄瓜白粉病的病原菌记载较为混乱，病原菌有葫芦科白粉菌 *Erysiphe cucurbitacearum* Zheng et Chen（异名为二孢白粉菌 *Erysiphe cichoracearum* D.C.）和瓜类单囊壳 *Sphaerotheca cucurbitae*（Jacz）Z Y Zhao 两种真菌。分属于子囊菌亚门白粉菌属和单囊壳属。也有研究认为是 *E*. cichoracearum 和 *S*. fuliginea，并认为后者比前者更为常见。

【发病条件】影响白粉病发病的主要因素是温度和湿度。白粉菌的分生孢子萌发要求较高的温度，以 20～25℃最适，而不能低于 10℃或高于 30℃；相对湿度 80%以上，侵入的适宜相对湿度为 75%以上。白粉菌分生孢子的抗逆性较低，寿命很短，在 26℃左右只能存活 9 小时，30℃以上或－1℃以下，很快便失去活力，只有在 4℃时能稍稍延长一些寿命。分生孢子从萌发到侵入需 24 小时，分生孢子侵入后在植株表层细胞内形成吸器从中获取养分。发病适温为 15～30℃，相对湿度 80%以上，中午至下午 3 点最适宜白粉病的发生。施肥不足、管理粗放、土壤缺水、不及时灌水、植株长势衰弱、抗病性降低等致使发病较重；浇水过多、氮肥过量、植株徒长、田间通风不良、湿度增高等也有利于白粉病的发生。保护地栽培比露地发病重。

【防治方法】

① 棚室消毒：定植前 2～3 天，每 667 米^2 棚室用硫黄粉 1.5 千克与锯末 3 千克混匀，分别装入小塑料袋或盛在小花盆里，分几处放置，于傍晚密闭棚室，用暗火点燃熏一夜。熏蒸时，棚室内的温度最好能保持在 20℃左右。黄瓜生长期慎用硫黄熏蒸，以防发生药害。

② 药剂防治：发病前期，选用 80%百菌清可湿性粉剂 125～

144 克/667 米^2 保护性喷施，对黄瓜白粉病有较好的预防作用。发生初期，可选用 70%甲基硫菌灵可湿性粉剂 420～630 克/公顷、75%百菌清可湿性粉剂 1500～1725 克/公顷、50%福美双可湿性粉剂 525～1050 克/公顷、43%戊唑醇悬浮剂 96.75～116.1 克/公顷、5%己唑醇微乳剂 22.5～33.75 克/公顷、80%氟硅唑微乳剂 48～72 克/公顷、10%苯醚甲环唑可湿性粒剂 75～125 克/公顷、25%嘧菌酯悬浮剂 225～337.5 克/公顷、25%吡唑醚菌酯乳油 75～150 克/公顷、25%烯肟菌酯乳油 40～80 克/公顷、20%唑胺菌酯悬浮剂 50～100 克/公顷、41.7%氟吡菌酰胺悬浮剂 37.5～75 克/公顷、20%戊唑醇·烯肟菌胺悬浮剂 100～150 克/公顷、75%肟菌酯·戊唑醇可湿性粒剂 112.5～168.75 克/公顷、30%醚菌·啶酰菌悬浮剂 202.5～270 克/公顷。常规喷雾，每公顷的药剂兑水 750 千克。轮换施用不同作用机制的农药，每隔 7～8 天防治 1 次，连续防治 3～4 次。严格按照安全间隔期施药，可提高防效，减轻抗药性，减少商品菜农药残留，保证食用安全。农药的交替使用，可避免白粉菌的抗药性，在喷药时，不要忽略对地面的喷布。

③ 烟剂防治：施放烟雾剂最好选在傍晚放帘前进行，以利烟雾粒下沉，提高防效。在发病初期，用 15%克菌灵烟剂，每 667 米^2 用药 250～300 克；隔 7～10 天 1 次，连用 3～4 次。棚内多点摆放，布点均匀。燃放时要从内向门口顺序用暗火逐一点燃，着烟后立即密闭棚室过夜。施放烟雾剂要避开作物和易燃品，点燃后要及时退出温棚，关闭密封，次日早晨打开大棚全部通风口通风。通风结束后才能进棚作业。

(2) 辣椒白粉病　英文名 pepper powdery mildew。

【分布】全国各地均有发生。

【危害】主要影响辣椒的生长，中、后期白粉病发生逐年加重，严重影响辣椒的产量和品质。减产 10%～50%。

【为害症状】主要为害叶片。初在叶片背面的叶脉间产生一块块薄的白色霜状霉丛，不久在叶正面开始褪绿，出现淡黄色的斑块。叶背面的白色霉丛逐渐长满整个叶片（图 5-5，彩图）。

图 5-5 辣椒白粉病

【病原】子囊菌亚门的鞑靼内丝白粉菌，无性阶段称辣椒拟粉孢霉，属半知菌亚门真菌。

【发病条件】在温室内的辣椒周年可以发生此病，而以晚秋季节降水量大、降水次数多，温室内浇水过多，温度在 20～25℃、湿度在 60%～90%时发病严重。此病菌的分生孢子借气流传播，萌发时产生芽管，从寄主气孔侵入或直接突破角质层侵入，潜育期 5 年左右。温室内光照不足、通风不良、空气相对湿度大、种植密度大、施肥不合理、灌水量过大等，都有利于发病。

【药剂防治】辣椒白粉病比较难防治，该病病菌在营养生长阶段菌丝都在叶片内，等到产生繁殖体的时候，才伸出叶面，为内寄生菌。早期难以发现，而一旦发现，再用药防治就较困难了。因此，要提早预防。

① 温棚熏蒸消毒：对育苗温室、定植温棚需提前 7 天按 100 米^2 用硫黄粉 0.25 千克、锯末 0.5 千克的量，分几处点燃熏蒸密闭一昼夜。

② 种子消毒：用 55℃温水浸种 15 分钟，或用 0.1%～0.15%的高锰酸钾溶液浸泡种子 15～20 分钟。

③ 苗床消毒与培育壮苗：选 3 年没种过辣椒的壤土作床土，并按每平方米床土用 50%多菌灵或 70%甲基托布津 8～10 克处理，苗床期注意通风，培育无病壮苗。

④早期预防，防治结合：选择适当农药适时进行防治。最好在辣椒挂果时，喷施保护剂农药，如50%硫悬乳剂500倍液、75%百菌清可湿性粉剂500倍液、70%代森锰锌可湿性粉剂800倍液，每7～10天喷1次，连喷2次。田间出现病叶，这时候就必须使用内吸性杀菌剂，可用70%甲基托布津可湿性粉剂1000倍液、15%粉锈宁（三唑酮）1000倍液、40%百菌清（达科宁）悬乳剂800～1000倍液、2%武夷菌素水剂150倍液、40%多硫悬乳剂400～500倍液、40%福星乳油6000～8000倍液、10%世高水分散性颗粒剂2000～3000倍液进行喷雾防治。此外每667米^{2}还可用45%百菌清烟剂250克、50%百菌清粉尘剂1千克进行熏蒸，每隔7～10天熏1次，连续2～3次。

（3）其他蔬菜白粉病　见表5-3。

表5-3　其他蔬菜白粉病

病害	症状	药剂防治
白菜类、甘蓝类、芥菜白粉病	主要为害叶片、茎、花器及种荚，产生白粉状霉层。初为近圆形放射状粉斑，后布满各部。发病轻的，病变不变形，仅荚果略有变形；发病重的造成叶片褪绿黄化早枯，采种株枯死，种子瘦瘪	15千克水＋75%百菌清可湿粉30克＋40%多·硫胶悬剂30毫升；15千克＋5%腈菌唑乳油（仙星）30克＋40%多·硫胶悬剂30毫升；若遇到抗性严重的，可采用15千克水＋50%翠贝干悬浮剂5克与15千克水＋80%硫黄粉干悬浮剂15克
菜豆白粉病	菜豆白粉病主要为害叶片，菌丝体生于叶两面、叶柄和茎上，初发病时先在叶片上产生近圆形粉状白霉，后融合成粉状斑，严重时布满全叶，致叶片枯死或脱落	发病初期喷洒2%武夷菌素200倍液或10%施宝灵胶悬剂1000倍液、30%碱式硫酸铜悬浮剂300～400倍液、20%三唑酮乳油2000倍液、6%乐必耕可湿性粉剂1000～1500倍液、12.5%速保利可湿性粉剂2000～2500倍液、25%敌力脱乳油4000倍液、40%福星乳油9000倍液，连喷2～3次。采收前7天停止用药

续表

病害	症状	药剂防治
豇豆白粉病	主要侵害叶片，也可侵害茎蔓以及豆荚。叶片感病后，首先在叶背面出现黄褐色斑点，后扩大呈紫褐色斑，其上覆盖一层稀薄的白粉，后病斑沿叶脉发展，白粉布满全叶，严重的叶片正面也可表现症状，导致叶片枯黄，引起大量落叶	15%粉锈宁可湿性粉剂1500～2000倍液，或20%粉锈宁乳油2500倍液，或50%多菌灵可湿性粉剂500倍液，或70%甲基托布津可湿性粉剂800倍液，或40%多·硫悬浮剂500倍液，或50%硫黄悬浮剂300倍液，或2%武夷霉素水剂200倍液，或农抗120水剂200倍液，或30%特富灵可湿性粉剂2000倍液，或12%绿乳铜乳油600倍液，或30%特富灵可湿性粉剂2000倍液，或10%世高可湿性粉剂3000倍液，或40%杜邦福星乳油8000～10000倍液，或25%施保克乳油2000倍液，或50%施保功可湿性粉剂2000倍液，或47%加瑞农可湿性粉剂600倍液，或60%防霉宝水溶性粉剂1000倍液等，每7～10天喷药1次，连喷2～3次
番茄白粉病	番茄叶片、叶柄、茎秆、果实均可染病，叶片发病重，茎次之，果实受害少。发病初期叶柄、叶面及茎部出现褪绿色小点，扩大后呈不规则粉斑，上生白色絮状物。初期霉层较稀疏，渐稠密后呈毡状，病斑后向四周扩展，严重时叶片布满白粉，相互连接成片，叶片变黄发褐，大量脱落仅剩枝干。有些病斑发生于叶背，则病部正面现黄绿色边缘不明显斑块，后整叶变褐枯死，其他部位染病，病部表面也产生白粉状霉斑	定植前几天将棚室密闭，每100米^{3}用硫黄粉250克、锯末500克，掺匀后分别装入小塑料袋，分放在棚室内，在晚上点燃熏一夜。也可用45%百菌清烟剂用暗火点燃熏一夜。发病初期选喷2%农抗120的150倍液、2%武夷菌素水剂200倍液、27%高脂膜乳剂80～100倍液、15%三唑酮可湿性粉剂1500倍液、40%多硫悬浮剂500～600倍液、50%硫黄悬浮剂250～300倍液、40%福星乳油4000倍液、10%世高水分散颗粒剂3000倍液或75%百菌清可湿性粉剂600倍液，25%乙嘧酚乳剂600倍液。一般隔7～10天喷1次，连续喷3次～4次

续表

病害	症状	药剂防治
茄子白粉病	主要为害叶片，叶柄和果实等也可受害。叶片正面症状明显，背面发生较少。菌丝体在叶面上形成白色或灰白色、粉状或绒絮状、近圆形霉斑，大小2～6毫米，随着病情的发展，霉斑数量增多，斑面上粉状物逐渐明显而呈白粉斑，白粉斑相互联合成白粉状斑块，使叶片大部分或整片布满粉状霉层。叶柄初生圆形、白色霉斑，中、后期大部分叶柄覆盖霉层。果实上，首先受侵害的是果柄及果萼，霉斑近圆形或不定形，斑面较大，霉层更趋于绒絮状。果面上一般无霉斑产生，只有当果实发育不良或出现生理裂果的果面上才有白色霉斑，且斑面较大，霉层较厚	病害发生后可用2%武夷菌素(Bo-10)水剂150倍液，或2%农抗120水剂150倍液，或50%硫悬浮剂200～300倍液(高温时用500～600倍液)，或70%甲基托布津可湿性粉剂1000倍液，或50%多霉灵可湿性粉剂800倍液，或65%甲霉灵可湿性粉剂800倍液，或75%百菌清可湿性粉剂700倍液，或50%福美双可湿性粉剂700倍液喷雾防治，隔7～10天(天)喷1次，连续2～3次。如产生抗性可用40%福星(氟硅唑)乳油8000倍液，或12.5%腈菌唑乳油2500～3000倍液，或10%世高(苯醚甲环唑)水分散粒剂2000倍液，或25%阿米西达(嘧菌酯)悬浮剂1000～1500倍液，或50%翠贝(醚菌酯)干悬浮剂3000倍液等防治，还可用10%多百粉尘剂喷粉防治，每667米^{2}用1千克。由于茄子叶片表皮毛多，为增加药剂黏着性和展着性，喷药时可加入0.1%～0.2%的洗衣粉(碱性药剂中)或27%高脂膜乳剂300倍液，雾点宜细，用药液量要充足

3. 疫病

(1) 辣椒疫病（图5-6，彩图） 英文名 Pepper Phytophthora

图5-6 辣椒疫病

blight。

【分布】全国各地均有发生。

【危害】辣椒疫病是辣椒重要病害之一，凡连作3年的辣椒地，疫病发病率一般在20%～50%，重病地达50%以上，个别地块甚至造成绝产，直接影响了大棚辣椒的产量和品质。目前，该病已成为世界范围内辣椒的毁灭性病害。

【为害症状】辣椒在整个生育期和部位都可感染疫病。在辣椒苗期易造成幼苗猝倒、成株期易造成根茎腐烂和叶果青枯。幼苗发病表现为立枯状，茎基部呈暗绿色水浸状软腐，茎倒伏，有的茎基部呈黑褐色，最后枯萎死亡。叶片染病多在叶缘和叶柄连接处发生不规则水渍状暗绿色病斑，其边缘为黄绿色，高湿条件下病斑迅速扩展，造成叶片腐烂，可见白色霉层；干燥条件下则病斑干枯易破碎。主根染病初出现淡褐色湿润状斑块，根腐型烂根，须根少且易断，主根、侧根及须根的表皮易剥离，木质部变为淡褐色，后逐渐变黑褐色湿腐状，可引致地上部茎叶萎蔫死亡。茎部危害多在近地面处发生，病斑初期为暗绿色水渍状，以后出现环绕表皮扩展的暗褐色或黑褐色条斑，病部易缢缩折倒；病部以上茎梗也易萎蔫死亡，其中以分杈处的茎先出现暗绿色、湿润状不定形的斑块，以后变为黑褐色或黑色水渍状病斑，致使上端枝叶枯萎。果实染病多从蒂部开始，出现似热水烫伤状、暗绿色至污褐色、边缘不明显的病斑，很快扩展到全果实，引起腐烂。潮湿时病部覆盖白色霉层，可使局部或整个果实腐烂，并逐渐失水干燥形成黑褐色僵果残留在枝条上。

【病原】辣椒疫霉，属鞭毛菌亚门卵菌纲疫霉属真菌。

【发病条件】辣椒疫病发病的关键是湿度，其次是温度。高温、高湿有利于促进该病原菌的增殖。当空气的相对湿度在85%以上时，发病严重。尤其是在雨季，当大雨过后，天气突然放晴，气温迅速上升，疫病会在田间大流行。如果土壤湿度在95%以上，维持4～6小时，病菌便可完成侵染过程，2～3天就可发生1代。重茬地、低洼地、排水不良、氮肥使用偏多、过于密植、通风透光不良、植株衰弱等均有利于该病的发生和蔓延，土壤质地与发病也有关，黏土最重，壤土次之，沙土最轻。

【药剂防治】

① 种子处理：采用50%烯酰吗啉可湿性粉剂2000倍液或20%氟吗啉可湿性粉剂1000倍液浸种3小时，取出用冷水冲洗后催芽播种，可有效降低种子带菌率。也可用72.2%普力克水剂浸种12分钟，洗净后晾干催芽。

② 土壤消毒：

a. 用药剂灌根。每667米^{2}用98%硫酸铜每次1～1.5千克，撒施田间或水口处，随水流入田间；或用0.3%的硫酸铜兑水165千克，稀释后逐株灌根防病效果较好。

b. 苗床消毒。用25%瑞毒霉可湿性粉剂按8克/米^{2}药加细土10千克拌匀，先将1/3药土施入苗床后播种，然后将2/3药土覆盖种子；或用15%霉灵水剂800～1000倍液苗床淋施；或用3%甲霜·霉灵可湿性粉剂3000～5000倍液苗床淋施；或用80%霉·福美双可湿性粉剂2～4克/米^2，兑水3～5千克喷淋或拌细土0.5～1千克撒拌于苗床。

③ 药剂防治：发病初期用40%乙磷铝可湿性粉剂500倍液或25%甲霜灵500倍液喷洒辣椒植株和地表，可有效防止再侵染；也可用72.2%普力克水600～800倍液，75%百菌清可湿性粉剂600倍液，60%灭克可湿性粉剂750～1000倍，50%烯酰吗啉水分散粒剂1500～2000倍液，72%霜脲锰锌可湿性粉剂500～1000倍液喷雾，隔7～10天喷1次，连喷2～3次。病害大流行时用药间隔时间可缩短至5～7天，用药次数增至4～5次，防病效果显著。在辣椒生长中后期可采用药剂灌根进行防治，用50%烯酰吗啉可湿性粉剂1500倍液灌根，每株50毫升，每隔15～20天施药1次，连施2次，能有效防止再侵染。大雨、大雾后及时防治，效果佳。不同药剂合理轮换使用，尤其要注意保护性杀菌剂和内吸性杀菌剂之间的交替或混用，既可以有效延缓病菌抗药性的产生，又能提高防治效果。

④ 大棚熏蒸：大棚冬季生产或阴雨天气，应选用一些烟熏剂型的农药防病，发病初期用45%百菌清烟雾剂，每667米^{2}每次

250～300 克，或 5%百菌清粉尘剂，每 667 米^2 每次 1 千克，隔 9 天左右 1 次，连续防治 2～3 次，这样既可防治疫病又可适当降低棚内湿度，效果良好。

（2）番茄早疫病（图 5-7，彩图） 英文名 Tomato early blight。别名番茄轮纹病、番茄夏疫病。

图 5-7 番茄早疫病

【分布】全国各地均有发生。

【危害】番茄早疫病是危害番茄的重要病害之一，常引起落叶、落果和断枝，一般减产 20%～30%，严重地块，番茄植株中下部叶片枯死，果实变小，病斑增多，造成减产 50%，尤其大棚、温室中发病重。

【为害症状】苗期、成株期均可染病，主要侵害叶片，也可侵染茎、花和果实。该病潜育期短，侵染速度快。

① 叶部发病症状：多从植株下部叶片开始，逐渐向上发展。初期呈针尖大的小黑点，后发展为圆形或不规则形的轮纹斑，边缘多具浅绿色或黄色的晕环，中部呈同心轮纹，且轮纹表面生毛刺状不平坦物，别于圆纹病。潮湿时病斑上长出黑色霉层（分生孢子及分生孢子梗），严重时叶片脱落。叶柄病斑为椭圆形，深褐色或黑色，通常不将茎包住。

② 茎部发病症状：多在分枝处产生褐色至深褐色不规则圆形或椭圆形病斑，凹或不凹，具同心轮纹，表面生灰黑色霉状物（分生孢子梗和分生孢子），有时龟裂，严重时造成断枝。幼苗期茎基部发病，病斑严重时绕茎一周，引起腐烂。

③ 果实发病症状：青果发病多在花萼处或脐部，初为椭圆形或不规则形褐色或黑色凹陷病斑，后期果实开裂，病部较硬，密生黑色霉层，病果提前变红。

【病原】Alternaria solani Sorauer，称茄链格孢，属半知菌亚门链格孢属。

【发病条件】

① 环境：湿度是番茄早疫病发病的主要因素。田间持续5天均温21℃左右，相对湿度大于70%，持续2天以上，该病即开始发生和流行。

② 栽培：保护地番茄栽种密度过大、连作、基肥不足、灌水多或遇连阴、雨天多，造成环境湿度大，有利于该病的发生和蔓延。

【防治方法】

① 药剂浸种：用10%磷酸三钠浸种20分钟，将种子洗净药液后再浸种，水温50～55℃，加热水保持水温10分钟，然后加凉水冷却到30℃浸种，捞出种子催芽。

② 提前预防：在发病前，喷洒25%嘧菌酯（阿米西达）悬浮剂360～480毫升/公顷，或10%苯醚甲环唑水分散粒剂（世高）50～70克/公顷，50%异菌脲（扑海因）可湿性粉剂1000～1500倍液，75%百菌清（达克宁）可湿性粉剂600～700倍液，或70%丙森锌（安泰生）可湿性粉剂600～700倍液等保护性药剂，每隔7～10天喷雾1次，连续2～3次。

③ 初期防治：在发病初期，喷施77%氢氧化铜可湿性粉剂500～750倍液，或50%多·霉威可湿性粉剂600～800倍液，每隔7天喷1次药，连续喷3～4次。也可用25%嘧菌酯（阿米西达）悬浮剂360～1000毫升/公顷，或10%苯醚甲环唑（世高）750～1100克/公顷。阴雨天气选择烟雾剂，可选用45%百菌清烟剂或10%速克灵烟剂，每667米^2 250克。

（3）番茄晚疫病（图5-8，彩图）　英文名Tomato late blight。别名番茄疫病。

【分布】全国各地均有发生，已成为世界性病害。

图 5-8 番茄晚疫病

【危害】番茄晚疫病，又称疫病，是一种流行性很强的真菌病害，保护地、露地均可发生。该病在田间发病，起初多出现发病中心，点片发生。番茄整个生长期都可发生，成株期更易受害。发病严重时造成茎部腐烂、植株萎蔫和果实变褐色，影响产量和品质，常减产 20%～30%，严重的损失可达 80%～90%，甚至绝收、毁棚。

【为害症状】番茄整个生育期均可发病，可危害幼苗、叶、茎、果，主要为害叶片和果实。

① 幼苗发病症状：子叶先发病，出现水浸状暗绿色病斑，病斑迅速扩展，由叶片向主茎蔓延，使茎变细并呈黑褐色，致全株萎蔫或折倒，湿度大时在病部表面产生稀疏状的白霉。

② 叶部发病症状：多从植株下部开始，在叶缘或叶尖出现暗绿色水浸不规则状病斑，扩大后为褐色。湿度大时，叶背病、健交界处长稀疏状白霉；干燥时病部干枯，脆而易破。

③ 茎叶发病症状：病斑呈长条状或不规则形、褐色、腐败状，稍凹陷，或缢缩；病斑边缘有时可长出白色稀疏霉状物，易从病部折断，养分输送被阻，导致被害部位以上植株萎蔫，严重时全株焦枯、死亡。

④ 果实发病症状：多发生在青果上，发病部位可为果柄、萼片和果实。青果表面初呈油浸状暗绿色，后为暗褐色至棕褐色，稍凹陷，病斑呈不规则云纹状，边缘明显，病果质地坚硬，不变软，果实不易脱落，湿度大时其上长少量白霉，迅速腐烂。成熟果实也

可被侵染，成熟果实发病症状与青果相似。

【病原】番茄晚疫病是由致病疫霉［*Phytophthora infestans*（Mont.）de Bary］引起的，本菌属于鞭毛菌亚门卵菌纲疫霉属。

【发病条件】

① 环境：白天气温24℃以下，夜间10℃以上，空气湿度在95%以上，或有水膜存在时，发病重。棚室栽培时，遇春寒天气，温度低、日照少，病害会更加严重。白天棚室气温在22～24℃，夜间10～13℃，相对湿度95%以上持续8小时，或叶面有水膜，最易形成侵染和发病。

② 栽培：棚室栽培时，种植感病品种或带病苗、种植密度过大、株行间距小、光照减弱、通风不良以及浇水过多、基肥不足、偏施氮肥、湿度增大等情况，发病重。

【防治方法】

① 种子处理：播种前用55℃温水浸种15分钟后，再用40%福尔马林100倍液处理15分钟，可杀灭附着在种子表面的病原菌。或者用多菌灵药剂处理。

② 土壤处理：保护地番茄不能轮作时，可对土壤进行药剂处理。在番茄收获后，彻底清除田间病残体，用40%三乙膦酸铝可湿性粉剂200～300倍液对土壤、立柱、塑料薄膜等进行全方位喷雾消毒，然后进行翻耕。发病严重的田块，定植前再处理1次。

③ 药剂防治：病害尚未发生，选用保护性杀菌剂，如68.75%易保（噁唑菌酮+代森锰锌）1200倍液，或80%代森锰锌600倍液，或45%大生M-45 800倍液等；病害发生初期，选用72%克露（霜脲氰+代森锰锌）800倍液、25%阿米西达悬浮剂、58%甲霜灵·锰锌600倍液即可。病害严重时，用52.5%抑快净（噁唑菌酮+霜脲氰）2000倍液进行防治，每隔7天喷1次，连续3次。遇到阴雨（雪）天时可采用烟剂进行防治。用45%百菌清烟剂或10%速克灵烟剂，每667米^2 200～250克。每隔7天熏治1次。晚疫病易产生抗药性，要注意交替轮换用药。

（4）其他蔬菜疫病　见表5-4。

表 5-4 其他蔬菜疫病

病害	症状	药剂防治
黄瓜疫病	主要危害茎、叶、果实。茎染病主要是基部和上部，病重时茎蔓开裂溢出菌脓，变软缢缩，导致病部以上叶片萎蔫枯死。叶片染病产生圆形或不规则形水浸状病斑，边缘不明显，温度大时扩展迅速，干燥时病斑大部分穿孔破裂，叶背面出现少量霉层，潮湿时叶背面有菌脓溢出。果实染病致黄瓜由部分腐烂发出腥臭气味，至整条黄瓜全部腐烂	整地进行土壤消毒，每 667 米^2 用生石灰 300～400 千克，全层施入。每 667 米^2 用 25%甲霜灵 4～5 千克，拌土撒在堰内；40%福尔马林 150 倍稀释液浸种 80～90 分钟或 50%多菌灵 800 倍稀释液浸种 20 分钟；10%磷酸三钠溶液浸种 20 分钟，72.2%普力克水剂 800 倍液浸种 30 分钟催芽。发病前，喷 1 次保护性杀菌剂，如恶霉灵、猛杀生、大生 M-45 等；发现中心病株以后及时拔除，立即喷洒或浇灌 50%安克可湿性粉剂 30 克/667 米^2、60%百泰可分散粒剂 1500 倍液、66.8%霉多克可湿性粉剂 800 倍液、72.2%普力克水剂 800 倍液等，隔 7～10 天用药 1 次；发病初期每 667 米^2 用 45%百菌清烟雾剂 300 克，每 5～7天熏 1 次；病情严重时可以隔 5 天用药 1 次，连续防治 3～4 次。发现病斑后及时用 50%扑海因或 64%杀毒矾 150 倍液涂抹，每 5～7 天涂抹 1 次，连续 2～3 次。也可用 50%甲霜铜 600 倍液灌根，每株 150～200 毫升，每 7～10 天灌 1 次，连灌 3 次
茄子绵疫病	茄子绵疫病是由真菌引起的病害，主要危害果实，也危害茎和叶，幼苗期也会被害。发病时，先在果面上出现水浸状圆形病斑，稍凹陷呈暗褐色，果肉变褐、腐烂，易脱落。湿度大时，病部表面长有茂密的白色絮状霉，内部果肉变黑褐色、腐烂，病果极易脱落。落地病果长满白霉很快在地面腐烂，但也有少数病果失水后形成黑褐色僵果留在枝上。叶片发病时，上生近圆形或不规则水浸状病斑，病斑大小 10～30 毫米，边缘模糊，淡褐色或淡紫色，有较明显的稀疏轮纹，湿度大时病斑上有少量的白霉。该病发生严重时能侵害茎叶及果柄。茎部染病初期呈现水浸状，后变暗绿色或紫褐色，病部缢缩，其上部枝叶萎垂，湿度大时表面生有稀疏白霉。叶部受害，呈不规则状或圆形水浸状淡褐色至褐色病斑，有明显的轮纹。幼苗被害，引起猝死	在茄子定植前用 50%多菌灵可湿性粉剂加干细土进行土壤消毒。按 1∶20 比例拌匀后，均匀撒入定植穴内。在茄苗缓棵后选用 50%烯酰吗啉可湿性粉剂 1500 倍液或 53%精甲霜·锰锌水分散粒剂 500 倍液灌根。过 7～10 天后再灌 1 次。在茄子落花坐果后，喷药保护果面及茎叶。发病初期，可选用 58%甲霜灵·锰锌可湿性粉剂 500 倍液、64%杀毒矾可湿性粉剂 500 倍液、73%普立克水剂 700～800 倍液、40%乙磷铝可湿性粉剂250～300 倍液、70%百菌清 600 倍液、65%代森锌可湿性粉剂 500 倍液、72.2%霜霉威盐酸盐水剂 600 倍液、50%甲霜·铜可湿性粉剂 600 倍液、66.8%丙森·异丙菌胺可湿性粉剂 700 倍液、52.5%唑菌酮·霜脲水分散粒剂 1500 倍液、70%乙膦·锰锌可湿性粉剂 500 倍液、70%丙森锌可湿性粉剂 600 倍液、25%嘧菌酯悬浮剂 1500 倍液、64%噁霜·锰锌可湿性粉剂 500 倍液、72%霜脲·锰锌可湿性粉剂 700 倍液、69%烯酰·锰锌可湿性粉剂 1000 倍液等喷雾。隔 7～10 天再喷 1 次

续表

病害	症状	药剂防治
马铃薯晚疫病	叶片染病先在叶尖或叶缘生水浸状绿褐色斑点，病斑周围具浅绿色晕圈，湿度大时病斑迅速扩大，呈褐色，同时产生一圈白霉，即孢囊梗和孢子囊，尤以叶背最为明显；干燥时病斑变褐干枯，质脆易裂，不见白霉且扩展速度减慢。茎部或叶柄染病现褐色条斑。发病严重的叶片萎垂、卷缩，终致全株黑腐，全田一片枯焦，散发出腐败气味。块茎染病初生褐色或紫褐色大块病斑，稍凹陷，病部皮下薯肉亦呈褐色，慢慢向四周扩大或烂掉	发生初期喷雾处理，0.3%丁子香酚悬浮剂4.5毫升/公顷(有效成分用量)、687.5克/升银法利悬浮剂75克/667米^2、50%福帅得悬浮剂45克/667米^2、25%瑞凡悬浮剂30克/667米^2、100克/升科佳悬浮剂45克/667米^2；有一定的防治效果和保产增效的杀菌剂有250克/升阿米西达乳油30克/667米^2、50%烯酰吗啉水分散粒剂45克/667米^{2}和72%克露WP70克/667米^2，间隔7天连续施药2～3次。也可以使用复配剂烯酰·吡唑酯、烯酰吗啉、霜脲·锰锌、嘧菌酯、嗯霜·锰锌、精甲霜灵·锰锌、氟吡菌胺·霜霉威等
豇豆疫病	该病主要为害茎蔓、叶片和豆荚。茎蔓染病，多发生在节部及附近，尤以近地面处居多，发病初期病部呈水浸状不规则暗色斑，无明显边缘，病斑扩展绕茎一周后，呈暗褐色缢缩，病茎以上叶片迅速萎蔫死亡。湿度大时，皮层腐烂，表面产生白霉。叶片发病，初生暗绿色水浸状圆形病斑，边缘不明显。天气潮湿时，病斑迅速扩大，可蔓延至整个叶片，表面着生稀疏的白色霉状物，引起叶片腐烂；天气干燥时，病斑呈淡黄色干枯，在豆荚上产生暗绿色水浸状病斑，边缘不明显，后期病斑软化腐烂，表面产生白霉	灌根防治：可用72.2%普力克水剂1000倍液灌根、800倍液喷雾，80%大生M-45可湿性粉剂600倍液灌根、400倍液喷雾，64%杀毒矾可湿性粉剂800倍液灌根、500倍液喷雾防治。交替使用上述药剂，灌根每穴用药200～300毫升 喷雾防治：可用40%乙磷铝可湿性粉剂250倍液，或50%甲霜灵可湿性粉剂600倍液，或64%杀毒矾可湿性粉剂500倍液，70%锰锌·乙铝可湿性粉剂500倍液，或72.2%霜霉威水剂600～700倍液，或72%锰锌·霜脲可湿性粉剂700倍液，或78%波·锰锌可湿性粉剂500倍液，或56%霜霉清可湿性粉剂700倍液，或69%锰锌·烯酰可湿性粉剂600倍液，或60%灭克可湿性粉剂750～1000倍液，或50%甲霜铜可湿性粉剂600倍液，或40%福美双可湿性粉剂800倍液等药剂喷雾，每隔7天左右喷药1次，共喷2～3次

续表

病害	症状	药剂防治
韭菜疫病	疫病在韭菜的整个生育期均可发生,主要为害叶片、叶鞘、鳞茎和根系 假茎:呈水浸状,浅褐色软腐,叶鞘易脱落 鳞茎:根盘处呈水浸状褐色腐烂,鳞茎内部组织亦呈浅褐色,新生叶片瘦弱 根部:根毛减少,根部变褐腐烂,不发新根,植株长势衰弱 叶及花薹:多始于中下部,初产生暗绿色水浸状斑点,后病斑扩大,病部缢缩,引起叶、花薹下垂、腐烂 湿度大时,病部长出白色稀疏霉层	灌根:72%的锰锌·霜脲可湿性粉剂700倍液或69%的烯酰·锰锌600倍液进行灌根 喷雾:发病初期,可选用40%嘧霉胺(施佳乐)悬浮剂800~1200倍液、50%异菌脲(扑海因)可湿性粉剂1000倍液、50%腐霉利(速克灵)可湿性粉剂1000倍液、75%百菌清可湿性粉剂600倍液、50%甲基托布津可湿性粉剂600倍液、50%多菌灵可湿性粉剂500倍液、50%苯菌灵可湿性粉剂1000倍液、65%抗霉威可湿性粉剂1000倍液、25%甲霜灵可湿性粉剂750倍液、58%甲霜灵·锰锌可湿性粉剂500倍液、64%杀毒矾可湿性粉剂400倍液、77%氢氧化铜(可杀得)可湿性粉剂500倍液、80%代森锰锌(大生)可湿性粉剂600倍液、72.2%霜霉威(普力克)水剂800~1000倍液、25%嘧菌酯悬浮剂(阿米西达)1500~2000倍液等喷雾 每7天喷1次,连喷2~3次
大葱、细香葱疫病	主要危害叶片和花梗。发病初期病斑暗绿色,水浸状;扩大后为灰白色病斑,周缘不明显。叶片和花梗病部失水后缢缩变细,叶片枯萎,病部以上易折倒。空气湿度大时,病部产生白色霉层(即为病菌的孢子囊和孢子梗)。天气干燥时,白色霉层消失,剥开叶片病部内壁,可见到白色绵毛状霉层(即为病菌的菌丝体),有别于葱尖生理性干枯	发病初期喷雾防治。药剂可选用75%百菌清600倍液、25%日邦克菌1000倍液或25%甲霜灵锰锌600倍液等,每隔7~10天喷1次,连续施药2~3次

4. 锈病

(1) 豇豆锈病(图5-9,彩图) 英文名:Cowpea rust。

图 5-9 豇豆锈病

【分布】全国各地均有发生。

【危害】豇豆锈病是锈豆生产上普遍发生的一种病害，发生严重时，豇豆锈病田间发病率达 100%，可使豆类作物成片枯萎，严重影响豇豆的产量和品质，是豇豆的毁灭性病害。

【为害症状】主要危害叶片，严重时也危害茎和荚果。叶片发病，初生绿色针头大小的黄白色小斑点，小斑点逐渐扩大、变褐，隆起成近圆形的黄褐色小病斑，后期病斑中央的突起呈暗褐色（即为夏孢子堆），周围常具黄色晕环，形成绿岛，表皮破裂后散出大量锈褐色粉末（夏孢子）。茎和荚果发病，产生暗褐色突出。发病严重时，新老夏孢子堆群集形成椭圆形或不规则锈褐色枯斑，相互连结，引起叶片枯黄脱落。秋后天气逐渐转凉时，豇豆生长中后期，病斑发展成椭圆形或不规则黑褐色枯斑（冬孢子堆，如图 5-9），表皮破裂后散出黑褐色粉末（冬孢子）。

【病原】病原为豇豆属单胞锈菌，属于担子菌亚门锈菌目的真菌，为专性寄生的单主寄生全型锈菌。在豆类锈病的生活史中可产生 5 种类型的孢子：性孢子，锈孢子，夏孢子，冬孢子及担孢子，最常见的是夏孢子和冬孢子阶段。

【发病条件】

① 环境：高温高湿是诱发豇豆锈病的主要气象因素，温度20～25℃，相对湿度90%左右时易发病。早春气温回升早、夏秋连阴雨多，发病快。

② 栽培：连作地、地势低洼、排水不畅、种植过密、通风透光差、浇水过多过勤、肥料不足、施氮肥过多、缺磷钾肥等都会加重病情。保护地不通风、湿度大、结露时间长易发生。

【药剂防治】

发病初期选用40%氟硅唑（福星）乳油8000倍液，50%硫黄悬浮剂200倍液，或25%丙环唑（敌力脱）乳油3000倍液，65%的代森锌可湿性粉剂500倍液，或50%多菌灵可湿性粉剂800～1000倍液，25%烯唑醇可湿性粉剂2000～3000倍液，50%施保功可湿性粉剂1500～2500倍液，20%施保克乳油1500～2000倍液，20%噻菌铜（龙克菌）悬浮剂500～600倍液，25%嘧菌酯（阿米西达）悬浮剂1000～2000倍液，10%苯醚甲环唑水分散粒剂（世高）1500～2000倍液，50%醚菌酯（翠贝）干悬浮剂3000倍液，轮换喷雾。每隔7～10天喷1次，连续2～3次。

（2）其他蔬菜锈病　见表5-5。

表5-5　其他蔬菜锈病

病害	症状	药剂防治
大葱、洋葱锈病	为害叶片、花梗及绿色茎部。发病初期，在叶片上产生椭圆形或梭形隆起的橙黄色病斑，为病菌的夏孢子堆。后病斑表皮破裂向外翻，散出橙黄色粉末，为病菌的夏孢子。发病严重时，叶片布满病斑，致使病叶变黄干枯，植株生长缓慢、细弱，产量降低，甚至不能食用。植株生育后期，在病叶上产生的长椭圆形隆起的黑褐色病斑为病菌的冬孢子堆，其表皮破裂后散出暗褐色粉末，为病菌的冬孢子	发病初期喷洒15%三唑酮可湿性粉剂2000～2500倍液，或50%萎锈灵乳油700～800倍液、25%敌力脱乳油3000倍液、70%代森锰锌可湿性粉利1000倍液加15%三唑酮可湿性粉剂2000倍液，或70%代森锰锌可湿性粉剂1000倍液加15%三唑可湿性粉剂2000倍液、25%敌力脱乳油4000倍液加15%三唑酮可湿性粉剂2000倍液，隔10天左右1次，连续防治2～3次

续表

病害	症状	药剂防治
大蒜锈病	主要危害叶片、叶鞘，也可危害蒜薹。叶片发病，初期产生梭形褪绿斑点，后在表皮下出现橙红色纺锤形、椭圆形稍突起的小病斑，其周围有黄色或黄白色晕圈，为病菌的夏孢子堆。后病斑从中央纵裂，散出橙黄色粉末，为病菌的夏孢子。发病严重时，叶片布满病斑或病斑连片，致使病叶提前变黄枯萎，蒜薹和蒜头产量降低，蒜头开瓣多。植株生育后期，在病叶上产生的椭圆形稍隆起的黑褐色病斑为病菌的冬孢子堆，一般不破裂，内部生有褐色冬孢子	可选用25%百理通可湿性粉剂2500～3000倍液，或15%三唑酮可湿性粉剂1500～2000倍液，或40%乙膦铝可湿性粉剂200～300倍液，或75%达科宁可湿性粉剂600倍液，或64%杀毒矾可湿性粉剂500倍液，或40%信生可湿性粉剂5000～6000倍液，或20%腈菌唑可湿性粉剂1500～2000倍液，或68%金雷水分散粒剂600～800倍液，或40%福星乳油6000～8000倍液
韭菜锈病	主要危害叶片和花梗。发病初期，在表皮产生纺锤形至椭圆形橙黄色隆起的小斑点，这是夏孢子堆。病斑周围有黄色晕环，逐渐发展成为疮痂状，最后表皮纵裂，散出橙黄色粉末，这是夏孢子。病斑在叶的正、反面均可发生，严重时病斑连成一片，好像铁器生锈，稍有触动可见橙黄色孢子呈雾状散开，落到叶子表面，在适宜条件下，夏孢子将直接进入表皮，造成再侵染	发病初期喷用15%粉锈宁可湿性粉剂1000倍液，或25%粉锈宁可湿性粉剂2000倍液，或45%微粒硫黄胶悬剂350～400倍液，也可选用烯唑醇或三唑醇等药剂，每隔7天1次，连喷2～3次
茭白锈病	茭白锈病主要为害叶片。开始在叶片上出现散生的褪绿小点，逐渐成为稍隆起、黄褐色小疱斑。后疱斑破裂，散出锈褐色粉末，严重的叶片布满黄褐色疱斑，不但降低光合效能，还使病叶早枯。叶鞘上症状与叶片相同。发病后期，叶片、叶鞘上产生黑色疱斑，表皮不易破裂	12.5%烯唑醇WP2000倍液、25%三唑酮WP1250～1500倍液喷雾处理，每667米^{2}用药液75千克，7～10天喷雾处理1次，连续用药2～3次

5. 灰霉病

(1) 番茄灰霉病（图5-10，彩图）　英文名：Tomato gray mold。

【分布】全国各地均有发生。

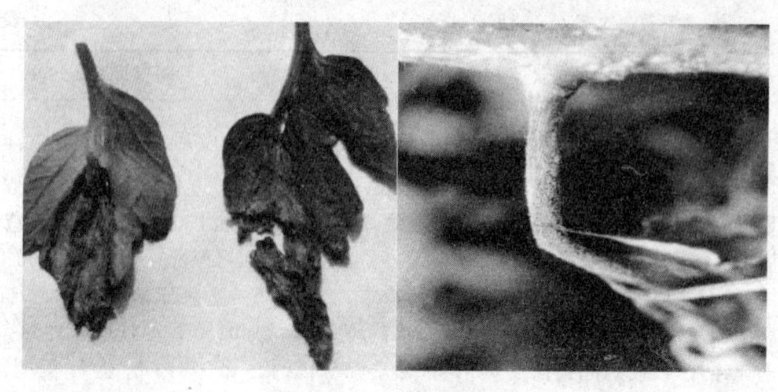

图 5-10 番茄灰霉病

【危害】番茄灰霉病是番茄的重要病害之一，在世界范围内均有相关报道，已成为实施栽培番茄生产的限制性障碍，该病菌的寄主多达 230 余种，除侵染番茄的果实外，还可侵染番茄的茎、叶、花，一般减产 10%～30%，严重时达到 50%，甚至绝收。

【为害症状】该病在植物的苗期和成株期均可发病，可为害花、果实、叶片和茎。但该病主要发生在花期和结果期。苗期发病，幼苗、嫩茎、顶芽受害，呈水渍状、淡绿色或褐色斑，病部以上枯死，引起幼苗猝倒、嫩茎腐烂、顶芽枯死。叶片染病多始于叶尖，开始时出现水浸状浅褐色病斑，病斑呈“V”字形向内扩展，边缘不规则，具深浅相间轮纹，后期干枯表面生有灰霉致叶片枯死，落叶。茎染病，初期呈水浸状小点，后扩展成长条状或长椭圆形病斑，湿度大时病斑上长出灰褐色霉层，严重时，引起上病部以上都枯死。花瓣染病后，先是呈现黄褐色，后呈灰褐色；柱头染病呈现灰褐色，湿度大时呈黑褐色并产生霉层，然后侵染脐部。果实染病，主要是青果受害严重，大约在幼果增长膨大至直径约 3 厘米时出现症状。病症多出现在萼片之间的果面处，初为浸润状暗绿褐色的不规则形斑痕，病区面积急速增大，并向果肉组织的深处渗透、溃烂、塌陷。在其基质表面上生长出茂密而蓬松的毛霉状物。霉物初为霜白色，后颜色逐渐变至灰白色乃至深鼠灰色。受害果肉软腐、青褐色，最后整个果实发霉腐烂。当果腐面积扩增到环绕花萼一周时，果实与果柄分离，落果。

【病原】番茄灰霉病病原为 *Botrytis cinerea* Pers.，称灰葡萄孢，属半知菌亚门真菌。

【发病条件】

① 环境：灰霉病的发生与温、湿度的关系最大，多雨潮湿和阴凉的天气有利于灰霉病的发生。气温 18～23℃和相对湿度持续在 90%以上的多湿、弱光条件下，易发病。气温低于 15℃或高于 25℃后发病明显减轻，高于 30℃基本不发病。冬春棚室内低温高湿的环境是灰霉病流行的主要因素，若遇上连续阴雨天气，田间湿度较大，病害便会迅速传播。

② 栽培：种植密度大，田间通风透光差，植株徒长、茂密，去除老、病叶不及时，寄主品种抗性较低等，均能引起灰霉病的发生。灰霉病是弱寄生真菌，管理粗放、肥水不足、苗的长势差、机械伤和虫伤多也是发病的重要原因。

【防治方法】

① 种子消毒，用 55℃温水浸种 20 分钟，再播种。苗床消毒，10 米^2 用 40%五氯硝基苯 0.2 千克，拌细土 10 千克，撒于苗床面，耙后用薄膜盖 3～4 天后播种。

② 定植前预防：用 50%速克灵可湿性粉剂 1500 倍液或 50%多菌灵可湿性粉剂 500 倍液喷淋番茄苗，保证无病苗进棚。

③ 蘸花预防：番茄灰霉病是花期侵染，蘸花时一定要带药作业。第 1 穗果开花时，在配好的 2,4-D 或防落素稀释液中，加入 0.1%的 50%速克灵（腐霉利）湿性粉剂或 50%扑海因（异菌脲）可湿性粉剂、50%多菌灵可湿性粉剂，进行蘸花或涂抹，使花器着药，防止病菌从花器感染果实。第 3 次掌握在浇催果水前 1 天用药，以后视天气情况确定，正常年份可停药，如遇连阴雨天气、气温低，可再防 1～2 次，间隔 7～10 天。

④ 花期预防：越冬番茄花期 1～2 月，在花期内每隔 15 天左右可选用 25%阿米西达（嘧菌酯）悬浮剂 1200 倍液，或 50%施佳乐（嘧霉胺）1200 倍液，或 45%特克多（噻菌灵）悬浮剂 1200 倍液喷雾防治。

⑤ 药剂治疗：发病初期先摘除病花、病果，后选用 25%阿米

西达1000倍液、40%施佳乐悬浮剂600倍液、45%特克多悬浮剂1000倍液、75%达科宁（百菌清）500倍液、50%扑海因500倍液、60%防霉宝（多菌灵盐酸盐）超微粉600倍液、65%甲霉灵可湿性粉剂800倍液等喷雾处理，每隔7～10天用药1次，共施药2～3次；重发田块适当加大药量，5～7天用药1次。阴雨天气保护地要选用烟剂处理，烟熏可选用10%速克灵烟剂，或45%百菌清烟剂，或15%克菌灵烟剂，用药3.00～3.75千克/公顷，于傍晚分点布放，用暗火点燃后立即密闭烟熏1夜，次日开门通风。粉尘施药，在傍晚喷洒5%百菌清粉尘剂15千克/公顷，后闭棚过夜。

由于灰霉病菌易产生抗药性，应尽量减少用药量和施药次数，必须用药时，要注意轮换或交替及混合施用，延缓抗药性。

（2）韭菜灰霉病　英文名：Chinese chives gray mold；俗称“白点病”“腐烂病”。

【分布】全国各地均有发生。

【危害】韭菜灰霉病是保护地韭菜的重要病害。近几年，随着保护地韭菜种植面积的不断扩大，韭菜灰霉病的发生也呈逐渐加重之势，成为韭菜的毁灭性病害，常导致叶片大量腐烂。轻病田可减产10%～30%，重病田可造成毁棚绝产，严重影响春节上市韭菜的产量与品质。

【为害症状】主要危害叶片，分为白点型、干尖型和湿腐型。

① 白点型：发病初期在叶片正面或背面产生白色或浅灰褐色小斑点，多由叶尖向下发展，扩大后病斑呈梭形或椭圆形，大小(1～3)毫米×(1～5)毫米。病斑多时可互相汇合成斑块，引起半叶或全叶卷曲、枯焦。空气潮湿时病斑表面生稀疏的霉层。

② 干尖型：韭菜收获后，病菌从收获的切口处侵入，形成干尖型病斑。病斑从刀口处向下腐烂，初呈水渍状，后变淡绿色，有褐色轮纹，病斑扩散后多呈半圆形或“V”字形，并可向下延伸2～3厘米，呈黄褐色，后期病斑表面生灰褐色或灰绿色茸毛状霉。

③ 湿腐型：生长期或储运期内，湿度过高时，常出现湿腐型

症状。病叶不产生白点，而逐渐腐烂并呈深绿色，枯叶表面密生灰至绿色茸毛状霉，伴有霉味。尤其是储运期间，韭菜扎成捆，相互污染和传染的速度加快，致使成捆的韭菜烂成一堆泥，造成严重的经济损失。

【病原】韭菜灰霉病的病原为葱鳞葡萄孢菌 *Botrytis squamosa* Walker，属半知菌亚门真菌葡萄孢属。

【发病条件】

① 环境：低温高湿、光照不足是灰霉病发生蔓延的主要条件。温度在 15～21℃，空气相对湿度在 90%以上，病害容易流行。棚内温度连续数日处于忽高忽低情况时，可降低韭菜的抵抗力，发病重。

② 栽培：氮肥过多、磷钾肥不足、营养不协调的韭菜田，容易发病。田间管理差，韭菜长势弱，抗病性差的田块，也容易发病。长期连作，有利于病原菌的积累，发病严重。

【药剂防治】

① 韭菜收割后盖土前，可选 50%的多菌灵或 70%的甲基硫菌灵可湿性粉剂 500 倍液，喷施预防 1 次。

② 韭菜收割后，新叶片长至 5～8 厘米长时，施药 1～2 次进行防治，药剂可选 50%腐霉利可湿性粉剂 1200 倍液、25.5%异菌脲悬浮剂 500 倍液、75%百菌清可湿性粉剂 600 倍液、10%苯醚甲环唑可湿性粉剂 1000～1500 倍液或 65%甲硫·乙霉威可湿性粉剂 600 倍液等。施药重点部位，新萌发的叶片上及周围土壤，施药间隔期 7～10 天，注意不同种类药剂交替使用。

③ 一般未收割种植田，发病初期可选用 50%木霉菌（特立克）1000 倍液、50%腐霉利可湿性粉剂 1200 倍液、50%异菌脲悬浮剂 1000 倍液、50%多菌灵可湿性粉剂 500 倍液或 70%甲基硫菌灵可湿性粉剂 500 倍液等，叶面喷雾防治，注意药剂轮换使用。或烟雾法和粉尘法，45%百菌清烟剂 3.75～4.5 千克/公顷，杀灭棚内残存的病菌，起到减少病菌侵染的作用；5%百菌清粉剂 15 千克/公顷、6.5%乙霉威粉剂 15 千克/公顷，使用喷粉器均匀喷粉。

(3) 南瓜灰霉病　英文名：Summer squash gray mold。

【分布】全国各地均有发生。

【危害】近年来，西葫芦栽培面积的不断扩大，灰霉病已成为西葫芦生产上一种重要的病害。一旦发病，损失较重。一般发病病瓜率为8%～25%，严重时达40%以上。

【为害症状】西葫芦灰霉病在苗期和成株期都能发病。病菌可危害植株叶片、茎、花和果实，以挂果期受害最重。幼茎基部产生水渍状病斑，病部密生灰色霉层，可散出灰色粉末物质，病苗极易倒伏和枯死。叶片发病，多从叶尖开始，从叶尖向基部呈V形扩展，病斑呈黄褐色，并有深褐色轮纹产生，病部扩大后，可以引起整个叶片枯死，病部也产生较多灰色霉层。花发病，组织萎缩变为褐色，表面产生很多灰色霉层。果实发病，先从花器开始，残留的柱头或花瓣被侵染后向果柄、果面扩展，被害处果面变为灰白色、软腐，潮湿时病部产生灰绿色霉层，摘病果时，会飞散出大量的粉尘物质。

【病原】病原菌灰葡萄孢菌，属半知菌亚门丝孢目真菌。

【发病条件】

① 环境：低温高湿的环境是西葫芦灰霉病发生流行的主要原因。只要气温偏低（20℃以下），相对湿度达到80%以上，便开始发病，若连续阴雨、田间湿度大，易造成灰霉病流行。

② 栽培：棚室地势低洼潮湿；光照不足；植株密度过大，生长旺盛，大水漫灌；管理粗放；未及时整枝、打顶、中耕、除草，有机肥偏少，氮肥偏多，氮、磷、钾比例失调等也利于灰霉病的发生。

【防治方法】

① 环境处理：当季收获后彻底清除病残体，用15%速克灵烟剂或45%百菌清烟剂，每公顷棚室6.0～7.5千克，熏闷24小时；或5%百菌清粉尘剂，每公顷棚室30千克喷粉；或50%速克灵可湿性粉剂600倍液，或65%甲霉灵可湿性粉剂400倍液仔细喷洒地面、墙壁、棚膜等进行表面灭菌。

② 药剂防治

a. 在定植前用50%腐霉利 WP 1500倍液或50%多菌灵 WP 500倍液喷西葫芦苗，要求无病苗进棚。

b. 发病初期

(a) 烟熏法：用10%腐霉利 FU（速克灵），每667米^2 200～250克或45%百菌清 FU 250克，在棚内分放4～5处，用香或烟等暗火点燃发烟，闭棚熏1夜。

(b) 粉尘法：每667米^2 可用6.5%万霉灵粉尘剂1千克，或5%百菌清粉尘剂，或10%灭克粉尘剂，每公顷棚室15千克，于傍晚喷施，每7天喷1次。

(c) 喷雾法：50%速克灵可湿性粉剂2000倍液，或50%福美双可湿性粉剂600倍液，或75%百菌清可湿性粉剂600倍液，或50%多菌灵可湿性粉剂500倍液，或50%甲基托布津可湿性粉剂500倍液，40%嘧霉胺 SC（施佳乐）悬浮剂1200倍液，50%异菌脲 WP 1000倍液，每隔7～10天喷1次，连喷2～3次，每次每公顷喷750～900千克。在病菌对速克灵、多菌灵、扑海因、甲基托布津产生抗药性的菜区，可选用65%甲霉灵可湿性粉剂800倍液或50%多霉灵可湿性粉剂800倍液喷雾，或6.5%万霉灵粉尘剂，每公顷棚室每次喷施15千克。

(4) 其他蔬菜灰霉病　见表5-6。

表5-6　其他蔬菜灰霉病

病害	症状	药剂防治
花椰菜灰霉病	苗期发病时幼苗呈水渍状腐烂，上生灰色霉层。成株染病多从距地面较近的叶片始发，初为水渍状，湿度大时，病部迅速扩大，呈褐色至红褐色，病株茎基部腐烂后，引致上部茎叶凋萎，且从下向上扩展，或从外叶延至内层叶，至结球叶片腐烂，其上常产生黑色小菌核。储藏期易染病，引起水渍状软腐，病部遍生灰霉，后产生小的近圆形黑色菌核	及时喷洒50%速克灵可湿性粉剂2000倍液、50%扑海因可湿性粉剂1000～1500倍液、50%农利灵可湿性粉剂1000～1500倍液、40%多·硫悬浮剂600倍液，每667米^2 喷药液50～60升，每隔7～10天防治1次，连续防治2～3次。发病初期用10%速克灵烟雾剂，每667米^2 每次200～250克，或喷撒5%加瑞农粉尘剂等药剂

续表

病害	症状	药剂防治
黄瓜灰霉病	主要危害黄瓜的幼瓜、叶、茎。病菌多从开败的雌花侵入，致花瓣腐烂，并长出淡褐色的霉层，进而向幼瓜扩展，致脐部呈水渍状，幼瓜迅速变软、萎蔫、腐烂。较大的瓜被害时，组织先变黄并生灰霉，后霉层变淡灰色，被害瓜受害部位停止生长，腐烂或脱落。叶片一般有脱落的烂花或病卷须附着在叶面引发病害，形成直径20～45毫米的大型病斑，近圆形或不规则性状，边缘明显，表面着生少量灰霉。烂瓜或烂花附着在茎上时，能引起茎部的腐烂，严重时下部的节腐烂致蔓折断，植株枯死	烟剂防病：在发病前或发病初期采用烟剂防治灰霉病，因其不增加湿度，防治效果较为彻底。可选用10%速克灵烟剂或45%百菌清烟剂，每667米^{2}用药量200～250克，于傍晚用暗火点燃后立即密闭烟熏一夜，次日开门通风 药剂喷雾：喷雾法可于发病初期喷50%速克灵可湿性粉剂1000～1500倍液或50%扑海因可湿性粉剂1000倍液或70%百菌清可湿性粉剂600倍液，于晴天上午喷施。每隔7天左右用药1次，连续进行2～3次。施药后要及时通风，降低湿度。注意阴天不要使用喷雾法防病，以免增加湿度，加重病害 花期预防：在喷花或蘸瓜时，往药液中加入预防灰霉病发生的药剂。如10%适乐时10克兑水1500～2000克喷花，对灰霉病有很好的防治效果
大蒜灰霉病	主要危害叶片，先侵染老叶，从叶端向下蔓延。初期病斑呈水渍状，后变为灰白至灰褐色小斑点，由叶尖逐渐向内扩展，病斑呈椭圆形或纺锤形，后期扩大重叠呈条形灰白色大斑，表面生有灰褐色霉层。病重时可由叶片蔓延至叶鞘及上部叶片，遍及整株，致使叶片变褐色或呈水渍状腐烂。植株易拔起，病部可见灰霉及菌核。蒜头、蒜薹储藏期间可继续为害，蒜瓣干枯，表面长出灰霉。在蒜薹上有长条形或不规则形褐色凹陷的病斑，后软化腐烂，生出灰色霉状物。有时腐烂部分绕蒜薹一周，发病部位缢缩，甚至薹苞腐烂，产生灰霉	生物措施：用木霉生物制剂特立克300～600倍液防治灰霉病效果较好 化学措施：种植前设施消毒，高温闷棚消毒，药剂熏蒸消毒或喷洒淋洗消毒，或使用土壤消毒剂进行土壤消毒 ①喷雾法。可喷洒50%速克灵可湿性粉剂1500～2000倍液，或50%扑海因可湿性粉剂1000～1500倍液，或50%灭病威可湿性粉剂600～800倍液，或40%多菌灵硫黄胶悬剂1000倍液，或50%多菌灵可湿性粉剂1000倍液，或40%施佳乐800～1000倍液，或65%抗霉威可湿性粉剂1000～1500倍液，或50%克菌丹可湿性粉剂1000倍液，或50%农利灵可湿性粉剂1000倍液。隔7天喷1次，连续防治3次为宜。由于灰霉病菌极易产生抗药性，最好几种不同类型的药剂交替使用，可以明显提高防治效果 ②烟雾法。施用10%速克灵、45%百菌清、15%克菌灵、15%腐霉利烟剂，每667米^{2}用250克熏蒸一夜。每7～8天防治1次 ③粉尘法。于黄昏前喷洒5%百菌清粉尘剂，或10%灭克粉尘剂，或6.5%甲霉灵粉尘剂，每667米^{2}用量为1千克，隔10天喷洒1次，一般2次为宜

续表

病害	症状	药剂防治
菜豆灰霉病	菜豆的花、果、叶、茎均可发病。病菌先侵染残败花朵,后扩展到荚果,病斑初为淡褐色至褐色,后软腐,表面生灰霉。有时病菌从茎蔓分枝处侵入,致病部形成凹陷的水浸状斑,后萎蔫。湿度大时易生灰色霉层。叶片染病,形成较大的轮纹斑,后期易破裂	每667米^{2}用65%克得灵50克加适乐时30克加水45千克喷雾,隔6天喷1次,连喷2～3次;每667米^{2}用40%施佳乐80克加50%扑海因50克兑水45千克喷雾,隔6天喷1次,连喷2～3次。阴雨天用15%腐霉利烟剂350克/667米^2,隔3～4天熏1次,连续用2～3次。阴雨天也可用万霉灵(6.5%甲硫·霉威)粉剂1千克/667米^{2}喷粉防治,隔5～6天1次,连续用2～3次。发病较严重时,每667米^{2}用凯泽48克加卉友12克兑水60千克喷雾,隔4天喷1次,连喷2～3次;或取22.2%戴挫霉40克加50%扑海因50克兑水60千克喷雾,隔4天1次,连喷2～3次
葱灰霉病	叶片最初出现椭圆形或近圆形白色斑点,且多数发生于叶尖,以后逐渐向下发展并连成一片,致使葱叶卷曲枯死,当湿度大时,可在枯叶上产生大量灰色霉层(即为分生孢子梗和分生孢子)	发病初期用75%百菌清可湿性粉剂600倍液、64%杀毒矾可湿性粉剂500倍液、72%普力克水剂800倍液、50%速克灵1500倍液或50%农利灵1000～1500倍液喷雾,隔7～10天1次,连续防治2～3次。防治时要轮换用药
莴苣灰霉病	主要为害茎和叶片。在叶片上初于叶尖或叶缘生褐色不规则形病斑,扩大后成黑褐色湿腐不规则大斑,或连接茎的被害部分,从叶柄开始,沿叶柄向前扩展,形成深褐色斑。茎上病斑初呈淡褐色水浸状,后期扩大后形成褐腐,最后整株逐步干枯死亡。潮湿时病部表面上产生白色后灰色霉层(分生孢子及分生孢子梗)	50%多菌灵可湿性粉剂800～1000倍液,或70%甲基托布津可湿性粉剂600～800倍液,或50%速克灵可湿性粉剂2000倍液,每7～10天喷药1次,共2～3次 可用10%腐霉利烟剂200～250克/667米^2+45%百菌清烟剂250克/667米^{2}或15%百·腐烟剂200～350克/667米^{2}或3%噻菌灵烟剂300～400克/667米^{2}等,傍晚熏蒸,视病情隔7～10天1次

续表

病害	症状	药剂防治
芹菜灰霉病	发病初期多从植株有结露的心叶，或基部有伤口的叶片、叶柄，或枯黄衰弱外叶侵入。初为水浸状，后病部软化、腐烂或萎蔫。患病部长出灰色霉层，即病菌分生孢子梗和分生孢子。如长期高湿，芹菜会整株腐烂	喷雾防治：发病初期可喷洒50%的腐霉利WP1000～1500倍液，隔7～10天喷1次，共3～4次，或用65%抗霉威（硫菌·霉威）WP1000～1500倍液、50%克菌丹WP1000倍液，50%扑海因（异菌脲）WP1000～1500倍液，50%农利灵（乙烯菌核利）WP1500倍喷雾 烟剂熏蒸：可用15%的腐霉利FU，每公顷用制剂3～5kg，或用45%百菌清烟剂，每公顷用制剂1.5～2.5kg，于傍晚闭棚点燃熏蒸，注意轮换用药 诱导植株抗病：叶面喷施磷酸二氢钾
芦笋灰霉病	芦笋灰霉病主要发生在生长不良的小枝或幼笋上，开花期也易染病。发病部位开始为水渍状，以后变为褐色或黑褐色腐烂，湿度大时，病部密生鼠毛状灰黑色霉，即病菌分生孢子梗和分生孢子。新长出的嫩枝发病后弯曲，生长点变黑后干枯。有时为害茎基部或笋，严重时可致地上部枯死	在幼笋抽生期喷施50%农利灵水分散粒剂1500倍液、50%扑海因可湿性粉剂1000倍液、50%速克灵可湿性粉剂1500倍液、50%凯泽水分散粒剂1000倍、40%施佳乐悬浮剂1000倍液等，隔7～10天1次。棚室还可使用15%腐霉利烟雾剂或45%百菌清粉尘剂等。注意轮换用药

6. 炭疽病

(1) 瓜类炭疽病（图5-11，彩图）

【分布】全国各地均有分布。

【危害】发病时常造成幼苗猝倒，成株茎、叶枯死，瓜果腐烂，西瓜和甜瓜易感病，黄瓜、冬瓜、瓠瓜、苦瓜次之，南瓜、西葫芦、丝瓜较抗病。

【危害症状】此病在瓜类各生长期都可发生，而以生长中、后期发病较严重。在不同寄主上，症状的表现有所差异，如黄瓜和甜

图 5-11　黄瓜炭疽病

瓜叶部受害后，在叶片上初出现水渍状小斑点，逐渐扩大成为近圆形病斑，红褐色，外围有一圈黄纹。病斑多时互相愈合成不规则的大斑块，其上并长出许多小黑点，即分生孢子盘，潮湿时溢出粉红色的黏质物，即分生孢子。天气干燥时病斑中部开裂或脱落，穿孔，以至于叶片干枯死亡。在茎或叶柄上，病斑长圆形，稍凹陷，初呈水渍状，淡黄色，后变为深褐色或灰色。病部如环绕蔓或叶柄一周，则蔓、叶枯死。黄瓜未成熟的果实不易感病，如感病则瓜果多变弯曲。接近成熟的果实被害时，初出现淡绿色水渍状斑点，很快变为黑褐色，并逐渐扩大，凹陷，中部颜色较深，上长有许多小黑点。发病果实常弯曲、变形。甜瓜成熟果上的病斑较大，显著凹陷和开裂。

【病原】瓜类炭疽菌，为半知菌。

【发病条件】湿度是诱发此病的主导因素。持续 87%～95%的高湿度下，潜育期只需 3 天，湿度愈低，则潜育期愈长，病害发生也较慢。如果湿度降低至 54%以下，此病就不能发生。温度对此病的影响较小，此病在 10～30℃的范围内都会发生，但以 24℃为最适。因此，湿度在 95%以上，温度在 24℃左右时，发病最烈。温度高达 28℃以上的夏季，则很少发病。瓜果在储藏和运输中的发病，随着果实的成熟度而增加，瓜愈老熟，愈易感病。偏施氮肥、排水不良、通风不佳、寄主生长衰弱或连作使土壤中病菌积累等因素，均有利于发病。

【药剂防治】发病初期全面清除病叶，并喷药保护，隔 7～10 天喷 1 次，连喷 3～4 次。药剂有 25%施保功、75%达克宁、70%霉奇洁、60%拓福、80%普诺、50%福美双、70%甲基硫菌灵、50%多福合剂、80%炭疽福镁、80%大生 M-45、4%抗霉菌素、80%山德生等。还可用 45%百菌清烟剂，3.75～4.5 千克/公顷，或喷洒 5%百菌清粉尘剂或 65%甲霉灵和克炭疽等粉尘剂，15 千克/公顷等。

（2）辣椒炭疽病（图 5-12，彩图） 英文名：Pepper anthracnose。

图 5-12 辣椒炭疽病

【分布】全国各地均有发生。

【危害】辣椒炭疽病是辣椒、甜椒上的一种重要病害。主要为害果实，使之腐烂，通常病果率为 10%左右，严重时病果率达 30%～40%，也为害叶片，引起落叶，对辣椒的品质和产量均有影响。

【为害症状】辣椒炭疽病主要为害果实，叶片、果梗也可受害。叶部发病，叶片初为褐绿色水渍状褐斑，扩大后呈不规则病斑，边缘红褐色，后期中间淡灰色，其上有突起的轮生黑色小点。果实染病，初为圆形或不规则形病斑，病斑中间淡黄褐色、下陷、有隆起的轮纹线，线上密生橙红色或黑色小点。如在潮湿环境下，有红色黏液。被害果内部组织半软腐，易干缩，病斑呈膜状，似皮纸，易破裂。果梗发病，有时被害，生褐色凹陷斑，病斑不规则，干燥时往往开裂。

【病原】根据病害症状可分为红色炭疽病菌、黑色炭疽病菌和黑点炭疽病菌。

① 黑色炭疽病：果及叶均受害，特别是成熟的果实及老叶易被侵害。果实病斑为褐色、水渍状、长圆形或不规则形、凹陷、有稍隆起的同心环纹，其上密生黑色小点，周缘有湿润性的变色圈，干燥时病斑常干缩似羊皮纸易破裂。叶片上病斑初呈褪绿色水渍状斑点，逐渐变成褐色，稍呈圆形斑而中间为灰白色，上面轮生黑色小点。茎及果梗上产生褐色病斑，稍凹陷，不规则形，干燥时容易裂开。

② 黑点炭疽病：主要对成熟果实为害严重，病斑很像黑色炭疽病，但病斑上的小黑点较大，颜色更深，潮湿条件下小黑点处能溢出黏质物。

③ 红色炭疽病：成熟果及幼果均能受害。病斑圆形、黄褐色、水渍状、凹陷，病斑上密生橙红色小点，呈同心环状排列，潮湿条件下整个病斑表面溢出淡红色黏质物。

我国辣椒炭疽病的病原物分为 3 个不同的属：黑色炭疽病病原菌为黑色炭疽菌、红色炭疽病病原菌为胶孢炭疽菌、黑点炭疽病病原菌为辣椒炭疽菌。

【发病条件】

① 环境：辣椒炭疽病是一种高温高湿病害，温度范围为 25～33℃，空气相对湿度大于 95%时适宜病菌侵染和发病。但是当空气湿度在 70%以下时，病菌发育受到抑制，发病较轻。一般温暖多雨的年份和地区有利于病害的发生和发展，条件适宜时，病害潜育期一般仅为 3～5 天。

② 栽培：重茬种植、排水不良、种植密度大、长势衰弱、施肥不当或者施氮肥偏重、通风状况不好都会加重炭疽病害的发生和流行。

【防治方法】

① 种子处理：用50%多菌灵1000倍液浸种2小时，或用1000毫克/千克的70%代森锰锌药液浸泡2小时，捞出冷却、晾干后即可进行催芽播种。

② 药剂防治：发病初期，可选用58%甲霜灵锰锌500倍液，或70%甲基托布津可湿性粉剂600～800倍液，80%乙磷铝可湿性粉剂800倍液，75%的百菌清可湿性粉剂600倍液，50%炭疽福美300～400倍液，55%代森锌可湿性粉剂500倍液，77%可杀得800～1000倍液，50%咪鲜胺可湿性粉剂1000～2000倍液，或50%咪鲜胺锰盐可湿性粉剂1000～1200倍液，或10%苯醚甲环唑水分散粒剂1500倍液，隔7～10天喷1次，连喷2～3次。喷药时要注意使整株受药均匀，幼苗用药量要酌减。可视病情发展态势，增加施药次数。建议几种药剂轮换施用，以延缓辣椒炭疽病菌产生抗药性。

③ 大棚熏蒸：大棚内可按每667米^{2}用45%百菌清烟剂200克，分放5～6处，傍晚时闭棚，在棚内由里向外逐次点燃熏蒸，次日早晨打开棚的两头，视病情每5～10天熏烟1次。

(3) 菜豆炭疽病（图5-13，彩图） 英文名：Bean Fusarium root rot。

图5-13 菜豆炭疽病

【分布】全国各地均有发生。

【危害】我国是世界上菜豆主产国之一，菜豆炭疽病在全国各地均有发生，部分地区发病率较高。炭疽病不但危害菜豆的叶和茎，也危害豆荚及种子。被侵染豆荚产生大量红褐色凹陷病斑，危害籽粒导致干瘪皱缩并失色，影响菜豆的产量，一般减产20%～30%，重者绝产。尤其是在菜豆受害后，严重影响其品质，使其失去应有的商品价值。

【为害症状】幼苗期即开始发病，全生育期都能发生。危害菜豆叶片、荚、茎。子叶发病，出现红褐色到深褐色病斑，近圆形，以后病斑凹陷腐烂，使幼苗茎折断或死亡。叶片发病，病斑多发生在叶背的叶脉上，沿叶脉先发生近圆形病斑，以后扩展成多角形小条斑，由红褐色变黑褐色斑，扩大至全叶后，叶片萎蔫。茎发病，病斑红褐色，稍凹陷，呈圆形或椭圆形，外缘有黑色轮纹，龟裂。荚发病，在未成熟的荚上病斑初为褐色小点，长圆形，多个病斑常合成大斑，豆荚易腐烂，成熟后病斑中部凹陷，边缘隆起，并穿过豆荚而扩展到种子上。种子发病，受害种子有明显的溃疡病斑，大小不一，形状不规则，呈黄褐色，斑点常发生在种子表面，严重侵染子叶内、胚内。

【病原】无性态属真菌界半知菌亚门、刺盘孢属。有性态为菜豆小丛壳菌，属于真菌子囊菌亚门小丛壳属。

【发病条件】

① 环境：一般认为，气温17℃、相对湿度100%利于发病。温度高于27℃，相对湿度低于92%，则很少发病；低于13℃病情停止发展。

② 栽培：多年重茬、地势低洼、高湿、密植、底肥不足、窝风、土壤黏重的地块发病重。

【防治方法】

① 种子处理：用种子重量0.4%的50%多菌灵或福美双可湿性粉剂拌种；用40%多·硫悬浮剂或60%防霉宝超微粉600倍液浸种30分钟，洗净晾干后播种。

② 药剂防治：在发病初期及时摘除病叶病荚，用75%百菌清可湿性粉剂600倍液，或70%甲基硫菌灵可湿性粉剂500倍液，或80%炭疽福美可湿性粉剂500倍液，或10%苯醚甲环唑2000～2500倍液防治；每隔7～8天用药1次，连续防治2～3次，喷药时叶背叶面都要喷到，喷药后遇雨及时补喷。

（4）茼蒿炭疽病　英文名：Crowndaisy chrysanthemum anthracnose。

【分布】全国各地均有发生。

【危害】茼蒿炭疽病是茼蒿重要的真菌性病害之一，分布极为广泛，在保护地中发病重。

【为害症状】茼蒿炭疽病主要为害叶片和茎。

① 叶片发病症状：初生白色至黄褐色小斑点，后扩展为不定形或圆形褐斑，边缘稍隆起，大小2～5毫米。

② 茎发病症状：初生黄褐色小斑，后扩展为长条形或椭圆形稍凹陷的褐斑，病斑绕茎一周后，病茎褐变收缩，致病部以上或全株死亡。湿度大时，病部溢出红褐色液体，即病原菌的分泌物。

【病原】病原为菊刺盘孢，半知菌亚门真菌。

【发病条件】

① 环境：病菌喜高温、高湿环境，发病最适宜气候条件为温度25～30℃，相对湿度85%以上。通常温暖多湿的天气及生态环境，有利该病发生流行。

② 栽培：植地低湿、排水不良，或过度密植，或偏施过施氮肥的地块和植株较易发病。

【药剂防治】50%多菌灵可湿性粉剂500倍液、70%甲基托布津可湿性粉剂1000～1200倍液、75%百菌清可湿性粉剂1000倍液或70%代森锰锌可湿性粉剂500倍液、36%甲基硫菌灵悬浮剂500倍液、50%苯菌灵可湿性粉剂1500倍液交替喷雾，每667米^{2}喷兑好的药液55升，隔7～10天1次，连续防治2～3次。采收前7

天停止用药。

（5）其他蔬菜炭疽病 见表5-7。

表 5-7 其他蔬菜炭疽病

病害	症状	药剂防治
十字花科蔬菜炭疽病	可为害叶片、叶柄、花梗及种荚等部位。叶正面染病出现淡白色或湿润状小斑，逐渐扩大为近圆形灰褐色病斑，直径约1～3毫米，病斑中间稍凹陷，色浅似白纸状，常干裂穿孔；边缘褐色稍突起。叶背面染病，主要为害叶脉，形成长短不一稍下陷的暗褐色条状病斑。叶柄、花梗、种荚染病，形成不规则形或近梭形、稍凹陷的暗褐色病斑。湿度大时病斑上可见到褚红色的黏质状物	发病初期可喷布40%多硫悬浮剂300～350倍液；70%甲基托布津可湿性粉剂800～1000倍液；80%炭疽福美可湿性粉剂800倍液；50%多菌灵可湿性粉剂500～600倍液，隔7天喷1次，连续喷2～3次
大葱、洋葱炭疽病	主要为害叶、花茎和鳞茎。叶初生近纺锤形不规则淡灰褐色至褐色病斑，上生许多小黑点，严重的上部叶片枯死；鳞茎染病，外层鳞片生出圆形暗绿色或黑色斑纹，扩大后连片，病斑上散生黑色小粒点，即病菌分生孢子盘	发病初期喷洒40%多·硫悬浮剂600～800倍液，或80%炭疽福美可湿性粉剂800倍液、50%甲基硫菌灵可湿性粉剂500倍液、70%甲基硫菌灵1000倍液加75%百菌清可湿性粉剂1000倍液，隔10天左右1次，防治1次或2次。也用15%胜炭微乳剂1000～2000倍液，或15%诺田微乳剂2000～3000倍液，或25%盛唐微乳剂1000～2000倍液，每5～7天1次，连续喷洒2～3次
菠菜炭疽病	主要为害其叶片和茎部，受害叶片初期产生淡黄色的污点，后逐渐扩大成灰褐色的圆形病斑，受害的采种株茎部，产生菱形病斑	发病初期可用80%炭疽福美可湿性粉剂600～800倍液，或40%多丰农可湿性粉剂400～500倍液、50%拌种双可湿性粉剂400～500倍液、2%农抗120水剂200倍液，隔6～7天喷1次，连喷2～3次。也可用8%克炭灵粉剂，隔7天喷1次，连喷2～3次

7. 菌核病

（1）菜豆菌核病（图 5-14，彩图） 英文名：Bean Sclerotinia blight。

图 5-14 菜豆菌核病

【分布】全国各地均有发生。

【危害】菜豆菌核病在世界许多国家均有发生。现已成为保护地菜豆生产中危害最严重的病害之一，有些地区年平均产量损失30%，个别地块高达 90%，该病菌主要危害果实和茎蔓，因此发病后对菜豆产量和品质影响极大。

【为害症状】该病菌主要危害果实和茎蔓。

① 苗期发病症状：子叶和茎基部出现水浸状褐色斑，不久茎秆缢缩，其上密生白色绵毛状霉。

② 成株期发病症状：开花后发病，先在将要谢的花瓣上产生水浸状病斑及白色菌丝，并向嫩荚上发展，病花落在叶片或茎上引起发病，豆荚病斑呈浅褐色腐烂；茎基部发病，初为水浸状，后变灰白色、腐烂，不久整株枯萎死亡。

本病特征为初期水浸状，嫩组织易腐烂，潮湿时密生棉絮状白霉，后期病部内外形成鼠粪状黑色菌核。

【病原】病原为核盘菌，属子囊菌亚门真菌。

【发病条件】

① 环境：该病发生需要严格的湿度要求，对温度要求较宽松。发病适温为5～20℃，最适温度在15℃左右。病菌对湿度的要求较高，相对湿度85%以上，利于病菌生长，因此在凉湿的条件下，往往容易发病。

② 栽培：植株密度过大、撒播过晚、偏施氮肥、长势过旺、光照不足、田间荫蔽的地块容易发病。

【防治方法】

① 土壤处理：育苗床如用老病土，播前应进行土壤处理，即在播种前3周用40%福尔马林25～30毫升/米^2，加水2～4升处理土壤，用塑料膜覆盖4～5天，晾2周后再播种。

② 药剂防治：成株期在花后开始喷药，常用农药有50%农利灵可湿性粉剂1000倍液，50%异菌脲（扑海因）可湿性粉剂1000～1500倍液，50%速克灵可湿性粉剂1500～2000倍液，50%多菌灵可湿性粉剂600～800倍或70%甲基托布津可湿性粉剂800～1000倍，每隔10～15天喷施1次，连续防治3～4次。重点喷淋花器和花叶。

(2) 十字花科蔬菜菌核病　英文名：Crucifers Sclerotinia Rot。

【分布】全国各地均有发生。

【危害】十字花科蔬菜菌核病，又称菌核性软腐病，在南方沿海地区及长江流域各省发生普遍，危害严重。近年来，北方地区有所发生，并逐渐蔓延。在十字花科蔬菜中，甘蓝和大白菜受害最重。菌核病菌的寄主范围很广，除危害十字花科蔬菜以外，还能侵害豆科、茄科、葫芦科等19科的71种植物。

【为害症状】从苗期到成熟期均可发病，生长后期及留种株上发生较重。主要危害茎部、叶片、叶球及种荚。幼苗受害，茎基部出现水渍状病斑，逐渐软腐，造成猝倒。甘蓝、大白菜等成株受害，一般在靠近地表的茎、叶柄或叶片边缘开始发病，最初出现水渍状、淡褐色的病斑，逐渐导致茎基部或叶球软腐，发病部位产生白色或灰白色棉絮状霉层，以后散生黑色鼠粪状菌核，无异味。采种株多在终花期后发病，储存带病的留种株，发病尤为严重，受害株往往尚未开花就干枯死亡。白菜、萝卜等采种株发病，病斑浅褐色，呈水渍状，在多雨，较湿条件下，病部长出白絮状菌丝，并蔓延到茎部。茎部病斑，稍凹陷，水渍状，浅褐色变。在适宜条件下，病斑扩展迅速，可蔓延到全茎，后期组织腐朽呈纤维状，茎内中空，内有黑色菌核，重者全株枯死，轻者果荚小，籽粒不饱满。种荚受害，病斑白色，不规则形。荚内生有黑色鼠粪状的菌核。

【病原】核盘菌，属子囊菌亚门核盘菌属。

【发病条件】温度20℃左右，相对湿度85%以上，有利于病菌发育，发病重；相对湿度在70%以下，发病较轻。因此，多雨的早春和晚秋易引起菌核病流行。此外，排水不良、偏施氮肥、田间通透性差等，往往发病重。十字花科、豆科、茄科等蔬菜连作利于病害发生。

【药剂防治】采用行间撒施药土或喷洒药液的办法进行防治。药剂有5%氯硝铵、50%氯硝铵、20%甲基立枯磷、40%多·硫悬浮剂、70%甲基硫菌灵、50%扑海因、50%速克灵、50%菌核净等，隔10天喷1次，连续2～3次。喷药注意喷老叶、茎基部和地面上。

(3) 黄瓜菌核病（图5-15，彩图） 英文名：cucumber timberrot。

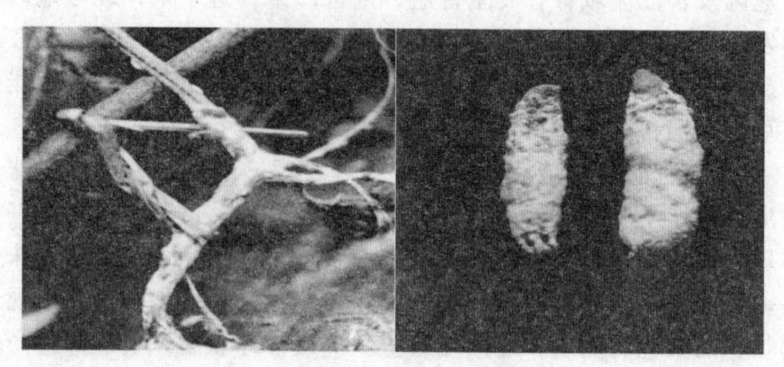

图5-15 黄瓜菌核病

【分布】在我国东北地区辽宁、吉林、黑龙江，华北地区河北、山东、北京、山西，西北地区新疆、甘肃、陕西等地普遍都有黄瓜菌核病的发生。

【危害】寄主范围广泛，可寄生在60个科的350多种草本植物上，该菌寄主范围有进一步扩大的趋势。

【为害症状】黄瓜茎部染病后，前期上部叶片在正午前后表现萎蔫，早晚能恢复，发病后期不能恢复。发病部位软腐，上面长出密集的白色菌丝，有时会伴随流胶现象，最后整株枯死。叶片发病前期在叶片上形成不受叶脉限制的不规则形病斑，病斑黄褐色；一步扩展后，在中央形成穿孔，病斑正面呈黄褐色，边缘黑褐色，背面变浅灰色，后期在叶片中央形成大型不规则穿孔，整个叶片似水烫状，湿度大时叶片上产生密集的白色菌丝，菌丝两面生，以叶背为主，有时可在叶片边缘形成“V”字形病斑。果实发病后产生密集的白色菌丝，有时在果实顶部残花处产生大量胶状物，后期菌丝在果实表面纠结成黑色菌核。

【病原】核盘菌，属子囊菌亚门真菌。

【发病条件】病菌对水分要求较高，相对湿度高于85%，温度在15～20℃利于菌核萌发和菌丝生长、侵入及子囊盘产生。因此，低温、高湿或多雨早春或晚秋有利于该病发生和流行。连年种植葫芦科、茄科及十字花科蔬菜的田块，排水不良的低洼地，或偏施氮肥，或霜害、冻害条件下发病重。

【防治方法】

① 育苗前进行种子消毒，用10%～15%的盐水或硫酸铵水溶液漂洗种子后，再用55℃的温水浸种10～15分钟，然后催芽播种，可以有效地降低种子带菌率。用哈茨木霉或芽孢杆菌进行种子包衣也能明显降低植株的发病率。

② 应深翻畦土将菌核埋入土层深处，使其不能产生子囊盘或子囊盘不能出土，然后灌水并覆盖地膜，经高温水泡，菌核失去萌发能力，覆膜也可减少子囊孢子弹射，降低初侵染率。

③ 用无菌土育苗，种苗移栽时检查种苗发病情况，可在定植前用50%腐霉利可湿性粉剂1000倍液喷淋黄瓜植株，杜绝带菌苗

定植。

④ 菌核病感染茎部时前期不易发现，可在叶部发病后，利用中午高温光线强时，到棚中查找表现出萎蔫状的植株，便是感染了菌核病。采用茎部涂抹防治。当菌核病感染茎部时可以用小刀将白色菌丝和腐烂组织刮掉，露出新组织，然后用多菌灵原药或异菌脲原药直接涂抹上去，当天控制病情发展，第2天便可治愈，只要病斑还未绕茎一周，用此法就可治好。

⑤ 在发病初期，可选用50%多霉威可湿性粉剂1000倍液或50%咪鲜胺可湿性粉剂1500倍液喷施植株茎基部、老叶和地面，能有效防止初侵染。黄瓜生长中后期可用50%腐霉利可湿性粉剂1000倍液进行喷雾，每隔1天喷施1次；也可用50%乙烯菌核利干悬浮剂1000倍液进行喷雾，每隔4天喷1次，连续喷2～3次。还可以选择的药剂有50%福·异菌可湿性粉剂500～1000倍液、50%多·腐可湿性粉剂1000倍液、50%百·菌核可湿性粉剂750倍液。药剂喷施部位主要是瓜条顶部残花以及茎部、叶片和叶柄。

（4）其他蔬菜菌核病　见表5-8。

表5-8　其他蔬菜菌核病

病害	症状	药剂防治
莴苣菌核病	发病莴苣茎、叶均可被害，主要在基部。发病部位初期呈水渍状，后变褐色至腐烂，湿度大时，在病部表面密生棉絮状白色菌丝，最后形成黑色颗粒状菌核，造成整株植株凋萎，直至死亡	发病初期对莴苣菌核病及时进行药剂预防和防治，较好的药剂：50%扑海因可湿性粉剂1000倍；50%速克灵1000倍；50%农利灵可湿性粉剂800倍；40%菌核净可湿性粉剂800倍，每隔7～10天喷药1次，连喷2～3次。也可用20%百菌清、腐霉利FU、10%腐霉利FU，每667米^{2}150～200克进行熏棚（棚高在1米左右的拱棚条件下）。间隔5～10天防治1次，应连续防治3～4次。防治时应注意混合用药和轮换用药，喷药时应注意喷到茎基部及其周围土壤表面

续表

病害	症状	药剂防治
胡萝卜菌核病	在田间和储藏期均可发生，主要为害肉质根，在田间发病，植株地上部根茎处腐烂，地下肉质根软化，组织腐朽呈纤维状、中空，病部外生白色棉絮状菌丝和黑色鼠粪状菌核。储藏期肉质根染病，症状类似	发病初期喷洒15千克/公顷硫黄，附加150～225千克石灰，可用50%速克灵可湿性粉剂1000倍液，或50%腐霉利可湿性粉剂1000倍液，或50%乙烯菌核利（农利灵）可湿性粉剂1000倍液，或50%异菌脲可湿性粉剂1000倍液，或40%菌核净可湿性粉剂800倍液，或50%氯硝铵可湿性粉剂1000倍液等药剂喷雾，每7天喷药1次，连续防治2～3次。储藏期间可喷洒50%异菌脲可湿性粉剂1000液或50%腐霉利可湿性粉剂1500倍液，或是每100米^{3}噻菌灵烟剂50克熏烟
芹菜菌核病	主要为害芹菜靠近地面的叶柄基部和根颈部，受害部分初呈褐色水浸状，湿度大时形成软腐，表面生出白色菌丝，后形成鼠粒状黑色菌核	发病初期开始喷洒50%农得灵可湿性粉剂1000倍液，或70%甲基托布津可湿性粉剂600倍液，或50%多菌灵可湿性粉剂500倍液，或65%甲霉灵可湿性粉剂1000倍液，每7天喷药1次，连续防治2～3次。也可用50%异菌脲WP或SC，50%菌核净WP。棚室可用10%速克灵烟剂熏烟。也可喷10%灭克粉尘剂，或6.5%甲霉灵粉尘剂，1千克/667米^2
香菜菌核病	主要为害茎基部，其次是叶片。开始时，出现褪色水渍状病斑，后来变成淡褐色，迅速扩大，绕茎一圈，湿度大时，病部生有白色棉絮状菌丝，呈软腐状，后期在白霉层下面菌丝结成黑色菌核，严重时，病苗枯死。潮湿时，病部表面长有白色棉絮状霉层，后期在茎表面形成菌核，或剥开茎部可看到呈黑色的菌核	扣棚后喷施1000倍“菌核净”1次，10天后再喷1次，立春前后喷第3次，以后每7～9天喷1次。发病前用3.3%特克多烟剂，每667米^{2}每次250克，分放4～5个点，傍晚进行，密闭烟熏，隔7天熏1次，连续熏5～6次。发病初期，也可喷42%特克多悬浮剂1000倍液，隔7天喷1次，连喷3～4次

续表

病害	症状	药剂防治
番茄菌核病	主要侵害茎部和果实。茎部染病,呈水渍状暗绿色至灰白色软腐,在病部产生絮状白霉,后期转变成鼠粪状菌核,病茎变空,亦可在髓部产生黑色菌核,随病害发展植株萎蔫枯死。果实染病,呈暗绿色水渍状软腐,在病部长出浓密絮状菌丝团,后期转变成黑色菌核,随病情发展,病果腐烂并脱落	烟雾法或粉尘法防治:于发病初期,10%速克灵烟剂250～300克/667米^{2}熏1夜,也可于傍晚喷洒5%百菌清粉尘剂,每667米^{2}每次1千克,隔7～9天1次 喷雾防治:发病初期可选用40%菌核净可湿性粉剂500倍液,或50%速克灵可湿性粉剂1500倍液,或50%扑海因可湿性粉剂1500倍液。植株茎的基部和地面上应喷洒药液,隔7～8天1次,连续防治3～4次
茄子菌核病	苗期发病始于茎基部,病部初期呈浅褐色水浸状,湿度大时,长出白色棉絮状菌丝,呈软腐状,无臭味,干燥后呈灰白色,菌丝集结为菌核,病部缢缩,茄苗枯死。成株期各部位均可发病,先从主茎基部或侧枝5～20厘米处开始,初期呈淡褐色水浸状病斑,稍凹陷,渐变灰白色,湿度大时也长出白色絮状菌丝,皮层霉烂,在病茎表面及髓部形成黑色菌核,干燥后髓空,病部表皮易破裂,纤维呈麻状外露,致植株枯死。叶片受害,先呈水浸状,后变为褐色圆斑,有时具轮纹,病部长出白色菌丝,干燥后斑面易破。花蕾及花受害,表现为水浸状湿腐,最终脱落。果柄受害致果实脱落。果实受害端部或向阳面开始表现为水浸状斑,后变褐腐,稍凹陷,斑面长出白色菌丝体,后形成菌核	土壤消毒:每亩用50%多菌灵可湿性粉剂4～5千克,与干土适量充分混匀撒于畦面,然后耙入土中,可减少初侵染源 药剂防治:棚室或露地出现子囊盘时,采用烟雾或喷雾法防治。熏烟法,用10%腐霉利烟剂,或45%百菌清烟剂,每667米^{2}每次250克,熏1夜,每8～10天1次,连续或与其他方法交替防治3～4次。粉尘法,喷散5%百菌清粉尘剂,每667米^{2}每次1千克。喷雾法,用25%咪鲜胺乳油1000～1500倍液,或35%菌核光悬浮剂700倍液,或50%菜菌克(腐霉利·多菌灵)可湿性粉剂1000倍液,或50%腐霉利可湿性粉剂1500倍液,或25%菌威1500～2000倍液,或50%异菌脲可湿性粉剂1000倍液,或60%多菌灵盐酸盐(防霉宝)可溶性粉剂600倍液,或50%乙烯菌核利可湿性粉剂1000倍液,或70%甲基硫菌灵可湿性粉剂800倍液,于盛花期喷雾,每667米^{2}喷兑好的药液60升,每8～9天1次,连续防治3～4次,病情严重时除正常喷雾外,还可把上述杀菌剂兑成50倍液,涂抹茎蔓病部,不仅控制扩展,还有治疗作用。使用腐霉利药剂时,应在采收前5天停止用药

8. 苗期病害

(1) 猝倒病（图 5-16，彩图）　英文名：Damping off。俗称：“倒苗”“霉根”“小脚瘟”“绵腐病”“卡脖子”等。

图 5-16　苗期猝倒病

【分布】全国各地均有分布。

【危害】温室蔬菜幼苗猝倒病，可危害黄瓜、番茄、辣椒、茄子、甘蓝、芹菜、洋葱等。除幼苗被害外，还可引起茄子、辣椒、黄瓜等果实腐烂，是棚室蔬菜栽培中常见的一种病害。

【为害症状】始发时，仅少数幼苗发病，如不及时防治，可引起苗床成片倒苗。发病后幼苗地上部分无明显病症，幼苗突然倒地随后青枯死亡，挖取植株可看到茎基部呈水渍状，变软发黄。猝倒病会在连阴暴晴、猛揭去覆盖物时突然大面积发生，如不及时防治，可引起苗床成片倒苗。幼苗感病后，茎基部出现水渍状病斑，很快变成黄褐色，同时病部缢缩呈线状，幼苗折倒，病情迅速发展，故称猝倒病。有的幼苗折倒后子叶并未萎蔫。发生严重时，苗还未出土就烂芽。开始时个别苗发病，形成发病中心，并向临近的植株蔓延，引起成片幼苗猝倒。在高温、高湿条件下，病残体表面及附近土壤表层长出一层白色絮状物，即病菌菌丝体。番茄等蔬菜果实受害，多发生在下部果实贴近地面的脐部或受伤部位。其症状也是先产生水渍状病斑，然后迅速变黄、变褐，最后全果腐烂，其表面也密布白色的絮状霉层。

【病原】该病由腐霉属真菌引起。

【发病条件】保护地育苗的地区，该病一年四季均可发生。主要通过病残体、土壤、雨水、灌溉、农具、浇水和未腐熟农家肥等传播。苗床土壤湿度大，温度在 15～18℃，幼苗生长弱，春季寒冷天气多时，该病发生多且重，重茬苗床、旧苗床、旧床土育苗，会加重发病，高温、高湿和忽冷忽热的天气最有利于发病，播种量过大、留苗过密、幼苗徒长、通风透光差和幼苗缺乏炼苗等情况，也都会促发和加重病害发生。

【防治方法】

① 床土消毒：育苗床土选无病土，若为田园土，应进行苗床土壤消毒。苗床用甲霜灵 9 克/米^2 或代森锰锌 8 克/米^2 和同等量的土拌匀。施药前先将苗床培养土准备好，取出三分之二的药土和培养土混合均匀，填好床土并浇水，待水下渗后播种，再将剩余的三分之一药土均匀撒施在苗床畦面上。

② 种子消毒：播前用 55℃温水浸种 15 分钟。或先将种子用水浸泡 2～3 小时，然后用 1%高锰酸钾，或 10%磷酸三钠、1%硫酸铜、福尔马林 100 倍液等浸种 5～10 分钟，取出种子并用清水洗净。药液用量为种子的 2 倍。还可用种子干重 0.2%～0.3%的 70%敌克松可湿性粉剂、50%多菌灵可湿性粉剂、50%福美双可湿性粉剂和 65%代森锌可湿性粉剂等任意一种拌浸过的种子。用 40%福尔马林 100 倍液浸种 20～30 分钟，或 1%硫酸铜浸种 5 分钟，或 50%代森铵水剂 500 倍液浸种 15～30 分钟，或 401 抗菌剂 500 倍液浸种 15～30 分钟等，然后捞起并用清水冲洗 1～2 次。

③ 药粉拌种：用种子重量 0.4%的五氯硝基苯，或敌克松、多菌灵、克菌丹、拌种双等药粉拌干种子播种。

④ 蔬菜幼苗发病后采取的措施。当苗床出现少量病苗时，立即拔除病株。若床土潮湿，应撒施少量细干土或草木灰以降低湿度。若床土较干，可喷洒 75%百菌清可湿性粉剂 800 倍液或 50%福美双可湿性粉剂 500 倍液，喷雾处理。

（2）立枯病（图 5-17，彩图） 俗称："死苗"。

图 5-17　立枯病

【分布】全国各地均有分布。

【危害】寄主范围广，除茄科、瓜类蔬菜外，一些豆科、十字花科等蔬菜也能被害，已知有 160 多种植物可被侵染。

【为害症状】多于幼苗 3～4 片真叶，也就是育苗的中、后期。主要危害幼苗茎基部或地下根部，初期茎基部产生椭圆形暗褐色病斑，病苗白天萎蔫，夜间恢复正常。病部逐渐凹陷、缢缩，有的渐变为黑褐色，当病斑扩大绕茎一周时，最后干枯死亡，但不倒伏。轻病株仅见褐色凹陷病斑而不枯死。苗床湿度大时，病部可见不甚明显的淡褐色蛛丝状霉。

【病原】半知菌亚门丝核菌属立枯丝核菌。

【发病条件】发病适宜温度为 17～28℃，苗床温度较高，幼苗徒长时发病重。土壤湿度偏高、土质黏重以及排水不良的低洼地、重茬发病重。光照不足，光合作用差，植株抗病能力弱，也易发病。刚出土的幼苗及大苗均能受害，一般多在育苗中、后期发生。播种过密、间苗不及时、温度过高易诱发病。

【药剂防治】

① 种子处理：

a. 药剂拌种。用药量为干种子重的 0.2%～0.3%。常用农药有拌种双、敌克松、苗病净、利克菌等拌种剂。

b. 种衣剂处理。种衣剂与瓜种之比为 1∶25 或按说明使用。

② 喷雾处理。发病初期可喷洒 38%噁霜嘧铜菌酯 800 倍液，

或41%聚矽·嘧霉胺600倍液，或20%甲基立枯磷乳油1200倍液，或72.2%普力克水剂800倍液，隔7～10天喷1次。或将大将军＋门神按600倍液稀释，每平方米3升在播种前或播种后及栽前苗床浇灌。在定植时或定植后和预期病害常发期前，将本产品按600倍液稀释，进行灌根，每7天用药1次，用药次数视病情而定。

（3）菜豆根腐病（图5-18，彩图） 英文名：Bean Fusarium root-rot。

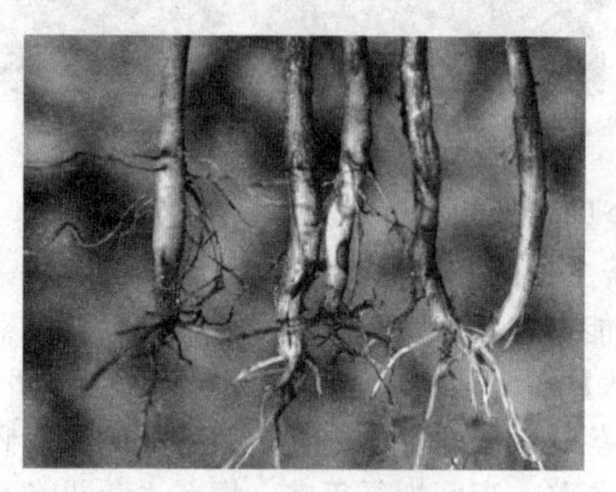

图5-18 菜豆根腐病

【分布】全国各地均有发生。

【危害】根腐病是菜豆生产中的常见病、高发病，特别是近几年随着菜豆种植面积的不断扩大，该病有加重蔓延的势头，轻者造成缺垄断行减产减收，重者造成大面积减产甚至绝收。

【为害症状】菜豆根腐病从幼苗到采收期均可发生，感病初期症状不明显，开花结荚期症状逐渐明显，菜豆根腐病主要为害茎基部和根部。

一般从复叶出现后开始发病，病株表现明显矮小，下部叶片变黄，从叶片周围开始枯黄，但不脱落，病株容易拔出。在主根和茎基部受害处，初见红褐色斑痕，后变黑褐色至黑色，无规则形，病部稍凹陷，有时病斑开裂，并深入皮层，侧根很少或腐烂。主根全部染病后，地上部茎叶萎蔫或枯死。潮湿时，病部表面常产生粉红色霉状物，即病菌的分生孢子。

【病原】病原为半知菌亚门真菌菜豆腐皮镰刀菌。

【发病条件】

① 环境：高温高湿的环境条件最易诱发病害。病菌10～35℃均能生长，但最适合的温度是24℃左右。要求相对湿度80%以上。当土层含水量大时，不利于根系生长和根茎部伤口愈合，而又利于病菌传播和侵入。

② 栽培：地势低洼、排水不良和土质黏重、疏水性差的菜地、连作地通常发病重。黏土地发病重、冷害、施用未腐熟的粪肥、根部有伤口等都可引起发病。

【防治方法】

① 土壤消毒：育苗的床土是3年以上没有种过豆科作物的地块，每立方米床土加50%多菌灵可湿性粉剂或70%敌克松可湿性粉剂80～100克充分混匀。大棚、温室等保护地，利用空闲时间采用高温闷棚方式消毒杀菌，定植前结合翻地每667米^{2}撒施药土50千克（药土比例为1∶20），选用的药剂为70%敌克松或70%甲基托布津可湿性粉剂，药土一定要撒匀。

② 种子处理：播种前将种子进行拌药，比例为1∶3000，药剂为50%多菌灵WP，要现播现拌。

③ 药剂防治：在定植前的1～2天用1000倍的甲基托布津喷洒苗床中的植株，定植缓苗后再用同样的药剂灌根1次，每穴用药液0.25千克左右。发现病株要立即进行灌根或将喷雾器的头拿下直接喷洒，药剂可选用50%多菌灵可湿性粉剂500倍、70%甲基托布津500倍、75%百菌清可湿性粉剂600倍或用硫酸铜随浇水冲施，每667米^{2}用硫酸铜1～1.5千克，后期如果发现较重病株则应拔掉，同时用药剂将病株周围土壤消毒。

（4）豇豆根腐病　英文名：Cowpea Fusarium root-rot；俗称“烂根”“死藤”。

【分布】全国各地均有发生。

【危害】豇豆根腐病是豇豆的一种典型的土传病害，随豇豆种植年数的增加、面积的扩大、品种的变化等，已成为豇豆上发病最重、危害最大、防治最困难的病害。一般发病率为30%～40%，严重的达60%以上，严重影响了豇豆产品的质量和种植的经济效益。

【为害症状】豇豆根腐病主要危害根部和茎基部。生长早期症状不明显，仅表现为幼苗生长缓慢。到了开花结荚期，病株下部叶片从叶缘开始变黄，病株很容易拔出。拔出病株可观察到主根颜色变成褐色，病部凹陷，有时开裂。剖开主根或茎基部，维管束也已变褐，侧根少并且多腐烂死亡。当主根腐烂后，植株萎蔫继而枯死。土壤湿度大时，常在病株茎基部产生粉红色霉状物。

【病原】病原为半知菌亚门真菌菜豆腐皮镰刀菌。

【发病条件】见菜豆根腐病。

【防治方法】

① 种子处理：用种子量0.5%的50%多菌灵可湿性粉剂拌种。

② 土壤消毒：每667米^{2}可用70%甲基托布津可湿性粉剂或50%多菌灵可湿性粉剂1.5千克拌细土25～40千克配成药土，直播地在翻耕地时全田撒施，穴播将药土施入穴内覆土播种。

③ 药剂防治：根腐病是土传病害，一定要提前灌药预防，在发病后用药，效果较差。药剂可用40%多菌灵·五氯硝基苯可湿性粉剂800倍液，或15%恶霉灵水剂450倍液，或45%敌磺钠可湿性粉剂500倍液，或20%五氯硝基苯粉剂800倍液，或2.5%咯菌腈1000倍液浇淋植株基部或灌根。在出苗后7～10天或定植缓苗后，开始第1次施药，每株250毫升，每7天1次，连续3次，可有效预防根腐病的发生。

9. 采后病害

（1）马铃薯干腐病（图5-19，彩图） 英文名：Potato dry rot。

【分布】在全国马铃薯主产区范围内广泛存在。

【危害】主要为害马铃薯。

【为害症状】最初症状会在收获后几周内显现出来，也有些干腐病症状出现的相对要晚些。发病初期仅局部出现褐色凹陷病斑，扩大后病部出现很多皱褶，呈同心轮纹状，其上有时长出灰白色的绒状颗粒，即病菌子实体。开始时薯块表皮局部颜色发暗、变褐色，以后发病部略微凹陷，逐渐形成褶叠，呈同心环状皱缩；后期

图 5-19　马铃薯干腐病

薯块内部变褐色，常呈空心，空腔内长满菌丝；最后薯肉变为灰褐色或深褐色、僵缩、干腐、变轻、变硬。剖开病薯可见空心，空腔内长满菌丝，薯内则变为深褐色或灰褐色。终致整个块茎僵缩或干腐，无法食用。如果干腐病大面积发生，则收获的块茎不能用作种薯或储藏食用。以防种薯田间萌发时发生腐烂，造成缺苗断垄。另外，干腐病在储藏期间容易发展成湿腐病，这些病薯的分泌物接触相邻健康的种薯，导致一窝烂薯。干腐病和坏疽病的发病症状非常相似，二者的区别在于坏疽病形成的腐烂颜色较淡。在病害侵染部位和健康部位之间有渐变和过渡，界线不明显。在种薯内部空洞处形成灰白色逐渐转成蓝色的菌丝，在潮湿条件下，还会在受害部位表皮形成灰白色孢子垫，随着病害的发展，孢子垫颜色转为深蓝色。

【病原】茄病镰孢等 9 种干腐病致病镰刀菌。

【发病条件】侵染的最佳温度在 10～20℃，根部受害的最适发展条件是温度 15～20℃。而且要有较高的相对湿度，在≤2℃条件下不发病。另一个影响病害发展至关重要的条件是块茎伤口愈合时间的长短，温度在 18～22℃，并且相对湿度较高、通风状况良好的条件下，伤口愈合时间需要 3～4 天；温度在低于 15℃或高于 24℃时，或者相对湿度较低的条件下，由于伤口的愈合速度太慢，就会导致病菌侵入。块茎储存的时间越长，受感染的机会越大，切割块茎造成大量伤口而导致感染病菌的机会大大增加。

【药剂防治】生产中常采用有机汞化合物作为消毒剂防治马铃薯块茎干腐病，用苯来特或特克多浸泡、喷雾、喷粉或熏烟处理也可降低储藏期间干腐病的发病率。也可在储藏前用硫黄粉、高锰酸钾加甲醛或百菌清等烟剂熏蒸法进行消毒处理，或是用多菌灵、甲霜灵锰锌等药剂处理块茎来预防窖藏时期干腐病，但成本相对较高。针对镰刀菌目前使用的生防微生物有木霉属真菌、丛枝菌根真菌、非致病尖孢镰刀菌和芽胞杆菌。

(2) 其他采后病害　见表 5-9。

表 5-9　其他采后病害

病害	症状	药剂防治
大蒜黑曲霉病	主要为害鳞茎，初 1 个或几个蒜瓣发病，湿度大时病部长出白色菌丝体，后病蒜瓣完全充满黑粉，即病原菌的分生孢子。症状与黑粉病近似	用 75%百菌清可湿性粉剂或 50%多菌灵可湿性粉剂、50%甲基硫菌灵可湿性粉剂 1 千克。对细干土 50 千克，充分混匀后撒在秧的基部。发病初期喷洒上述杀菌剂可湿性粉剂 500～600 倍液，视病情防治 1 次或 2 次。采收前 3 天停止用药。使用百菌清时，采前 7 天停止用药

10. 其他病害

(1) 茄子褐纹病（图 5-20，彩图）　英文名：Eggplant Phomopsis rot；俗称：褐腐病、干腐病。

【分布】全国各地均有发生。

【危害】茄子褐纹病是一种世界性病害，为茄子三大病害之一，茄子从苗期到成株期均可受害，主要危害茄子果实，影响果实的商品价值，果腐率一般在 20%～30%，严重地块高达 80%。其中，以大棚栽培的茄子发病较重，果腐率高达 50%以上。尤其严重的是，茄子采种田因褐纹病的大发生而导致种子严重减产，甚至绝收。

【为害症状】该病在茄子的整个生育期均能发生，可引起苗期

图 5-20　茄子褐纹病

猝倒，成株期叶斑、枝枯、茎枯以及果腐，其中果腐造成损失最大。

① 苗期发病症状：发病初期幼茎基部形成水浸状、椭圆形或梭形病斑，病斑褐色至黑褐色，稍凹陷并收缩，条件适宜时病斑扩展迅速，可环绕茎部一周，后期病部萎缩，导致幼苗猝倒死亡。幼苗稍大时受害，则呈立枯症状，病部密生小黑点。幼苗定植后病斑逐渐扩大，造成茎部上粗下细，呈棒槌状，遇风易折断倒伏，后期亦生成小黑点。

② 叶片发病症状：发病初期，叶片着生灰白色至褐色病斑，圆形或近圆形，中央颜色较浅；后期病斑扩大成不规则形，颜色加深，具同心轮纹，中央易穿孔，并着生大量灰色或黑色小点。

③ 茎部发病症状：茎秆染病，病斑梭形，边缘深紫褐色，病斑上密生小黑点，剖开之后内部组织变褐。后期茎部呈干腐或纵裂，皮层脱落，露出木质部，遇风易折断。发病严重时，造成枝枯、茎枯或整株枯死。

④ 果实发病症状：果实染病，先出现浅褐色至暗褐色病斑，圆形、近圆形或不规则形病斑，病果果肉凹陷呈半腐烂状，具有明显的同心轮纹。田间湿度大时，病果落地腐烂，病部密生小黑点，或留在枝干上，呈干腐状僵果。病果种子灰白色或灰色，皱瘪无光泽，种脐变黑。

【病原】病原菌为褐纹拟茎点霉［*Phomopsis vexans*（Sacc. et Syd.）Harter］，属无性型真菌，腔孢纲，球壳孢目，球壳孢科，拟茎点霉属真菌。

【发病条件】

① 环境：该病害的发生及流行与环境的温、湿度关系密切。高温高湿、多雨结露等条件有利于病害发生和流行。28～30℃高温和80%以上的相对湿度发病重。持续时间较长或夏季多雨最适合该病的流行。

② 栽培：栽培管理连作地、苗床播种过密、偏施氮肥或脱肥使植株长势较弱、通风透光不良、定植田块低洼、土壤黏重、排水不良、播种过早、定植过晚、苗期受地下或地上害虫为害重等均可导致该病的发生或加重危害。

【防治方法】

① 种子处理：药剂浸种，10%的“401”抗菌剂1000倍液浸种30分钟，300倍福尔马林溶液浸种15分钟，1%高锰酸钾溶液浸种10分钟，0.1%硫酸铜溶液浸种5分钟，浸种后捞出，用清水反复冲洗后晾干备用；药剂拌种，用50%苯菌灵可湿性粉剂和50%福美双可湿性粉剂各一份与干细土三份混匀后，用种子重量的0.1%拌种。

② 床土消毒：苗床选取无病净土，床土消毒方法：每平方米用50%多菌灵可湿性粉剂或50%福美双可湿性粉剂10克拌细土2千克制成药土，播种时，取1/3药土撒在苗床上铺垫，2/3药土盖在种子上，即上覆下垫，使种子夹在药土中间。每667米^{2}大棚用50%多菌灵可湿性粉剂3千克，均匀地撒在地面上，中耕15厘米进行土壤消毒，每立方米空间用硫黄5克加80%敌敌畏0.1克和锯末20克混合后，点燃闭棚24小时。

③ 药剂防治

a. 苗期发病：用75%百菌清可湿性粉剂500倍液或58%甲霜灵·锰锌可湿性粉剂500倍液或64%杀毒矾可湿性粉剂600倍液，或50%克菌丹可湿性粉剂500倍液喷雾防治，每隔5～7天喷1次，交替使用上述不同药剂，共2～3次，可收到较好的防治效果。

b. 结果期发病：用75%百菌清可湿性粉剂600倍液、70%代森锌可湿性粉剂400～500倍液、72.2%普力克800倍液、72%克露700～800倍液、70%甲霜灵·锰锌或70%乙磷铝·锰锌500倍液等喷雾防治。

c. 熏烟法，在温室大棚内可采用10%百菌清烟剂或20%速克灵烟剂，或10%百菌清加20%速克灵混合烟剂，每667米^{2}用300～400克，每隔5～7天1次，共2～3次。

不管采用什么方法，用什么农药防治，喷药前都要先摘除病叶、病果，并掌握在初期用药，做到早发现早治疗。

（2）茄子黄萎病（图5-21，彩图） 英文名：Eggplant Verticillium wilt；俗称："半边疯""黑心病""凋萎病"。

图5-21 茄子黄萎病

【分布】全国各地均有发生。

【危害】茄子黄萎病是露地和保护地严重危害茄子的一种土传病害，是茄子生产上分布最广泛、破坏力最强的病害之一，已成为我国茄子生产上的三大病害之一。在国内外许多地方都严重发生。该病菌适生性强、寄主广、危害重、致病力分化明显、传播途径多、防治难度大，一旦发病，一般发病后期产量损失20%～30%，严重时损失达60%以上，有的地块近于绝收。

【为害症状】茄子黄萎病在茄子整个生长期均可发生，主要危害叶片，苗期发病很少，多在门茄座果后开始显症，进入盛果期急剧增加。

① 叶片发病症状：发病初期，先从叶脉间或叶缘出现失绿成黄色的不规则形斑块，病斑逐渐扩展呈大块黄斑，可布满两支脉之间或半张叶片，甚至整张叶片。发病早期，病叶晴天中午呈现凋萎，早晚尚能恢复。随着病情的发展，不再恢复。病株上的病叶由黄渐变成黄褐色向上卷曲，凋萎下垂以致脱落。重病株最终可形成光杆或仅剩几张心叶。植株可全株发病，或从一边发病，半边正常，故称“半边疯”。

② 果实发病症状：病株的果实小而少，质地坚硬且无光泽，果皮皱缩干瘪。剖检病株根、茎、分枝及叶柄等部，可见维管束变褐。纵切重病株上的成熟果实，维管束也呈淡褐色。挤压各剖切部位，未见混浊乳液渗出。

黄萎病菌在茄子上引起的黄萎病症状有 3 种。

a. 枯死型。植株矮化不严重，叶片皱缩、凋萎，枯死脱落。病情扩展快，常致整株死亡。

b. 黄斑型。植株稍矮化，叶片由下向上形成带状黄斑，仅下部叶片枯死，一般植株不死亡。

c. 黄色斑驳型。植株矮化不明显，仅少数叶片有黄色斑驳或叶尖、尖缘有枯斑，一般叶片不枯死。

【病原】茄子黄萎病病原为大丽轮枝菌，属半知菌类真菌。

【发病条件】

① 环境：温度与湿度是直接影响病害的重要因素。茄子黄萎病发病适温为 19～24℃。一般气温 20～25℃，土温 22～6℃和土壤潮湿或浇水次数过多的情况下发病重，久旱、高温发病轻。气温高于 30℃或低于 16℃时，症状受到抑制。一般气温低，定植时根部伤口愈合慢，利于病菌从伤口入侵，从茄子定植到花期，日均温低于 15℃，持续时间长，发病早而重。

② 栽培：连作地、土壤黏重、地势低洼、地温偏低（15℃以下）、冷空气频繁发生、重茬及偏施化肥造成土壤酸化的地块发病

重；施用未腐熟的有机肥，耕作粗放，灌水不当发病重；6～7月多雨的年份或久旱后直接浇灌井水或者大水漫灌发病也重；或养分失调导致茄子生长发育不良，抗病能力下降，有利于病菌侵染，加速了病害的发生和蔓延。

【防治方法】

① 种子处理，培育健苗：播种前用种子重量0.2%的50%多菌灵可湿性粉剂浸种1小时，后催芽播种；或用25%适乐时拌种，方法为每10毫升悬浮液加水200毫升左右，拌种10千克，阴干后播种。或按平方米育苗床面积，用50%多菌灵可湿性粉剂8～10克，拌适量细土制成药土，播种时用1/3药土下铺床面，播上种子后，用另2/3药土盖上进行育苗。

② 苗床或定植田土壤处理：整地时，用40%棉隆（必速灭）10～15克/米^{2}与15千克过筛细干土混合均匀，撒于畦面上，耙入15厘米土层，整平浇水，盖地膜，使其充分发挥熏蒸作用，10天以后再播种，否则会产生药害。或用55%百菌清可湿性粉剂8克/米^2，拌细土撒施，再播种。或用50%多菌灵3～5千克，耙入土中消毒。定植田用50%多菌灵1～1.5千克，配成药土施入定植穴中。

③ 药剂防治：定植后，可用70%敌克松可湿性粉剂500倍液，或50%苯菌灵可湿性粉剂1000倍液，或50%DT杀菌剂350倍液，或50%多菌灵可湿性粉剂800～1000倍液，喷洒根部和地面，或作灌根处理，连灌2次，每株灌250克，一般每10～14天施药1次。

在发病初期可用50%多菌灵可湿性粉剂500倍液作喷雾处理，或选用86.2%铜大师可湿性粉剂1500～2000倍液，50%百菌清600倍液灌根，每株150～200毫升，7～10天1次，连续2～3次。对发病田用50%多菌灵可湿性粉剂500倍液喷匀喷透，全株着药，隔10～15天1次，连喷2～3次；或浇灌50%苯菌灵可湿性粉剂1000倍液，每株灌药液0.5升；或用50%多菌灵可湿性粉剂500倍液，或50%甲基托布津可湿性粉剂400倍液，或50%多菌灵可湿性粉剂800倍液加50%甲基托布津可湿性粉剂500倍液混合液，每一病株灌药液0.3升，隔10天灌1次，连灌2～3次。为确保防效，可适当扩灌病株附近的健株，每隔7～10天喷（灌）1次，连续喷（灌）2～3次。

（3）黄瓜黑星病（图5-22，彩图） 英文名：Cucumber scab；别名；疮痂病。

图5-22 黄瓜黑星病

【分布】全国各地均有发生。

【危害】黄瓜黑星病是一种世界性病害，目前此病已成为我国北方保护地及露地栽培黄瓜的常发性病害，轻者叶片上的病斑和瓜条病疤累累，一般造成产量损失15%～20%，重者可造成幼苗死顶或植株枯死，结瓜少而小或畸形，失去经济价值，一般造成产量损失50%以上，甚至绝收。

【为害症状】黄瓜黑星病在黄瓜整个生育期均可侵染发病，危害部位有叶片、茎、卷须、瓜条及生长点等，以植株幼嫩部分如嫩叶、嫩茎和幼果受害最重，而老叶和老瓜对病菌不敏感。

① 幼苗：子叶上产生黄白色圆形斑点，子叶腐烂，严重时幼苗整株腐烂。稍大幼苗刚露出的真叶烂掉，形成双头苗、多头苗。

② 叶片：初在叶面呈现近圆形褪绿小斑点，进而扩大为2～5毫米淡黄色病斑，边缘呈星纹状，干枯后呈黄白色，后期形成边缘

有黄晕的星星状孔洞。

③ 茎：初为水渍状暗绿色菱形病斑，后变暗色，凹陷龟裂，湿度大时病斑长出灰黑色霉层。生长点染病时，心叶枯萎，形成秃桩。卷须染病，变褐腐烂。

④ 瓜条：初为圆形或椭圆形褪绿小斑，病斑处溢出透明的黄褐色胶状物，凝结成块。后病斑逐渐扩大、凹陷，胶状物增多，堆积在病斑附近，最后脱落。湿度大时，病部密生黑色霉层。接近收获期，病瓜暗绿色，有凹陷疮痂斑，后期变为暗褐色。空气干燥时龟裂，病瓜一般不腐烂。幼瓜受害，病斑处组织生长受抑制，引起瓜条弯曲、畸形。

【病原】瓜疮痂枝孢菌，属半知菌亚门枝孢属。

【发病条件】

① 环境：低温、弱光和高湿有利于黑星病的发生。棚室温度50～30℃均可发病，最适温度为20～22℃，当棚室温度处于15～25℃范围内低温、高湿交错的环境时，病害发生非常严重，棚室顶部、植株上有水滴的情况下发生也严重。

② 栽培：阴雨、光照少、种植密度大、通风不良、大水漫灌、重茬等地块发病较重。

【防治方法】

① 种子处理：用50%多菌灵可湿性粉剂500倍液浸种20分钟后，冲洗干净再催芽播种。也可用50%多菌灵拌种，用量为种子量的0.3%～0.4%，拌种时使药粉均匀黏附在种子表面，拌种后当天或第2天直接播种。

② 苗床消毒：苗床土每平方米用25%多菌灵可湿性粉剂16克，均匀撒在土里再播种。

③ 棚室消毒：棚室在定植育苗前翻地，每100米^{2}空间用硫黄粉0.25千克，锯末0.5千克混合，然后分成数堆，点燃熏蒸12小时。育苗土要使用新土或消毒过的土。

④ 药剂防治：定植后，用70%丙森锌600倍液喷雾，可保护和防治幼苗期此病的发生；发病初期，用50%多菌灵可湿性粉剂600倍液、43%戊唑醇水剂3000倍、40%氟硅唑乳油4000～6000

倍、10％苯醚甲环唑可分散粒剂6000倍液喷于茎叶，交替使用上述药剂之一，每隔6～7天喷1次，连续3～4次，能控制此病的发生。

⑤ 烟剂防治：施用45％百菌清烟剂，用药量为1～1.35千克/公顷，连续3～4次。

(4) 番茄叶霉病（图5-23，彩图） 英文名：Tomato leaf mold；别名：番茄黑霉病；俗称“黑毛病”。

图5-23 番茄叶霉病

【分布】全国各地均有发生。露地栽培也有发生。北方重于南方。

【危害】番茄棚室栽培的重要病害，一般田间病叶率高达90％以上，严重影响植株的养分积累，果实变小、褪绿；个别发生严重田病菌可侵染果实，在果蒂处形成僵硬的黑色斑块，影响食用。一般发生年因该病害产量损失20％～30％，重病年损失可达50％～80％。

【为害症状】主要为害叶片，严重时也为害茎、花、果实。从发病始期到盛发期为10～15天。

① 叶部发病症状：叶片发病先从中、下部叶片开始，逐渐向上部叶片扩展。发病时叶片正面出现椭圆或不规则形淡黄色褪绿斑，晚期病部生褐色霉层或坏死；叶背病部初生白色霉层，后变为紫灰色至黑色致密的绒状霉层。条件适宜时，病斑正面也可长出霉层；发病重时，叶片布满病斑或病斑连片，叶片逐渐卷曲、干枯。

② 茎部发病症状：嫩茎或果柄发病，症状与叶片类似。

③ 花果发病症状：引起花器凋萎或幼果脱落。果实病斑自蒂部向四面扩展，产生近圆形硬化的凹陷斑，上长灰紫色至黑褐色霉层。

【病原】黄孢霉 Cladosporium fulvum（Cooke）Cif. 属半知菌亚门。

【发病条件】

① 环境：高湿适温有利发病。气温 22℃左右，湿度 90%以上，发病重。晴天光照充足，室内短期增温至 30～36℃，对病菌有明显抑制作用。连阴雨天气、大棚通风不良、棚内湿度大或光照弱，叶霉病扩展迅速。

② 栽培：定植密度大，连茬种植以及管理不当易发病。

③ 寄主抗性：病菌的专化性较强，不同品种间对叶霉病的抗病性差异显著。

【药剂防治方法】

① 发病初期可每隔 7～10 天喷施 1 次以下药剂，连续 2～3 次，轮换使用：25%金力士乳油 4000 倍液；10%苯醚甲环唑水分散粒剂 1000 倍液；2%武夷菌素水剂 100～150 倍液；70%甲基硫菌灵可湿性粉剂 800～1000 倍液；60%多菌灵超微粉 600 倍液；47%～50%加瑞农可湿性粉剂 500 倍液；52%克菌宝可湿性粉剂；65%普德金可湿性粉剂；80%保加新可湿性粉剂 600～800 倍液；40%氟硅唑乳油 10000 倍液。

② 整地时用 50%多菌灵可湿性粉剂 120～150 克/公顷进行土壤处理。

③ 番茄定植前，对温室进行消毒。方法有两种：一是提前 15 天扣好薄膜，密封温室，使温度可上升至 50～70℃，维持 10 天左右，利用高温闷棚消毒；二是在番茄定植前，用硫黄粉 45 千克/公顷与锯末 90 千克混合，分设成 150 个左右小堆，密封温室，点燃熏蒸 24 小时，然后通风 1～2 天即可定植。

④ 棚室栽培，晴天喷雾可选用 50%异菌脲悬浮剂 1000 倍液，或 70%甲基硫菌灵可湿性粉剂 1000 倍液，或 75%百菌清可湿性粉

剂 600 倍，50%多菌灵可湿性粉剂 500 倍液。阴雨天喷 5%百菌清粉剂，或 7%叶霉净粉剂，或 6.5%甲硫·霉威粉剂，每次用药剂 15 千克/公顷。每隔 7～8 天防治 1 次。还可施放 5%百菌清烟雾剂 7.5 千克进行烟熏防治，傍晚施放，封密温室 1 夜进行烟熏处理。

(5) 十字花科根肿病（图 5-24，彩图） 别名：俗称“天冬根”。

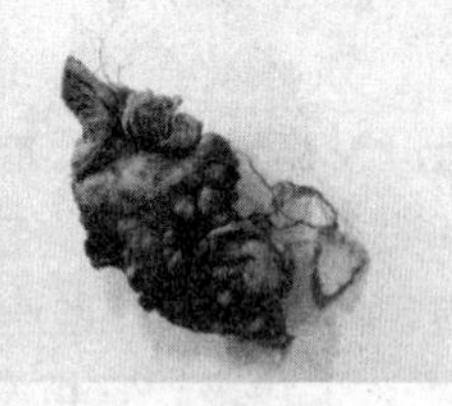

图 5-24 十字花科根肿病

【分布】分布广，全国各蔬菜种植区均有发生。

【寄主范围】除大白菜发病重外，青菜、花椰菜、结球甘蓝、莲花白、芥兰、萝卜、油菜、紫菜薹、芜菁、榨菜均可受害。

【为害症状】当作物幼苗根系被病菌侵染后，引起主根或侧根薄壁细胞膨大。发病初期，地上部症状不明显，以后生长逐渐迟缓，且叶色逐渐退黄，严重的引起全株死亡。根肿病发生于根部，根系受病菌刺激，细胞加速分裂。部分细胞膨大，以后形成结球状根瘤。根瘤一般呈纺锤形、不规则畸形，大的如鸡蛋，小的如粟粒。在主根上发病时，根瘤形状大而数量少，在侧根上发病时，根瘤形状小而数量多。根瘤初期表面光滑，后期常发生龟裂，且粗糙，其他杂菌侵入后可造成腐烂。由于根部发生根瘤，受病作物因整个根系的畸形发育，很快丧失水肥吸收能力，导致地上部茎叶生长不良，植株矮化、失水、萎蔫直至死亡。病组织也随之腐烂残留在土壤中，成为下茬同类作物的初侵染菌源。

【病原】鞭毛菌亚门芸薹根肿菌，真菌（最新分类为黏菌）。

【发病条件】根肿菌喜酸性，以 pH 值 5.4～6.5 的土壤最适宜，土壤温度 20～25℃、湿度 60%左右最适宜该病发生。在病害发生季节，雨水多或雨天移栽，有利于病害的发生、蔓延。一般低洼、偏酸性及水改旱的地块，发病重。根肿病的初侵染时期为种植出苗至五叶期，在五叶期前，病菌侵染主根形成主根根瘤，五叶期后再侵染主根形成侧根根瘤，侧根根瘤对作物产量影响不大。故该病的防治时期为播种至五叶期前。

【药剂防治】

① 可使用百菌清防治。在作物播种至五叶期（播种后 25～30 天）连续施药 3 次（毒土穴施 1 次，出苗至五叶期灌根 2 次），能有效控制病害的发生。

② 直播作物。在播种时，按 300～400 克药剂拌沙土 200 千克毒土穴施（先施药再播种），第 1 次施药在出苗后（播种 5～7 天），按每 667 米^2 用药 300～400 克兑水 400 升灌根。第 2 次施药在第 1 次施药后 7 天，以相同的方法灌根施药 1 次。第 3 次施药在第 2 次施药后 7 天进行。也可用 10％氰霜唑悬浮剂防治大白菜根肿病，直播大白菜在播种前，按每 667 米^2 用药 150 毫升拌毒土（沙）300 千克穴施 1 次（药后再播种），出苗后（第 1 次药后 8～10 天），按每 667 米^2 用药 150 毫升兑水 300 升灌根。育苗移栽的大白菜，则在苗床期播种前毒土撒施，出苗后用 1000 倍液灌根 3～4 次，在移栽时随浇定根水再灌根 1～2 次。该施药方法也适用于其他十字花科作物。

③ 育苗移栽作物。对于育苗移栽田块，因病原侵染时期集中在苗床期，在苗床播种前，按 300～400 克药剂拌沙土 20 千克毒土穴施。第 1 次施药在播种 3 天内，按每 667 米^2 用药 300～400 克兑水 400 升灌根。第 2 次施药在第 1 次施药后 7 天灌根（方法同第 1 次施药）。第 3 次施药在移栽时定根期灌根。无论直播或育苗移栽，都必须在出苗至 30 天前完成 3 次施药，否则达不到防治效果。

（6）十字花科白斑病（图 5-25，彩图） 英文名：Cabbage rot。

【分布】全国各地均有发生。

【寄主范围】白斑病仅危害十字花科蔬菜，主要侵染大白菜、甘蓝、油菜、芜菁、萝卜、芹菜和雪里蕻等。主要为害叶片，其中以大白菜、普通白菜及萝卜等受害较重。白斑病常与霜霉病并发，危害性加重。

图 5-25 十字花科白斑病

【为害症状】主要危害叶片。发病初期，叶面散生灰褐色的圆点，后扩大为圆形、近圆形的病斑，直径为 0.6～1.0 厘米。病斑中央变为灰白色，周围有淡黄色的晕圈。多数病斑连片且形成不规则的大病斑，引起叶片枯死。空气潮湿时，初期病斑背面出现淡灰色的霉状物，后期病斑呈白色，半透明，破裂穿孔，似火烤状。

【病原】属真菌半知菌亚门，丝孢目，小尾孢属，白斑小尾孢。

【侵染循环】病菌主要来自土壤中的病残体和带菌种子，借助风雨传播到菜叶上。

【发病条件】平均温度 10～20℃，低温多雨潮湿的天气利于发病。

【药剂防治】

① 种子消毒：带病种子可用 50℃温汤浸种 20 分钟，到时立即移入冷水中冷却，晾干播种；或用种子重量 0.4%的 40%福美双可湿性粉剂或 50%多菌灵拌种后播种。

② 喷雾处理：a. 25%多菌灵或 70%代森锌可湿性粉剂 400～500 倍液；b. 或 50%甲基托布津可湿性粉剂 500 倍液；c. 40%多菌灵胶悬剂或 50%多菌灵粉剂 800～1000 倍液；d. 每 667 米^2 喷药 45～60 升，间隔 15 天喷 1 次，连喷 2～4 次。

（7）十字花科蔬菜黑斑病（图 5-26，彩图） 英文名：

图 5-26 十字花科蔬菜黑斑病

Crucifers alternaria leaf spot。

【分布】全国各地分布广泛。

【寄主范围】该病在白菜、甘蓝及花椰菜上发生较多。

【为害症状】主要危害十字花科蔬菜植株的叶片、叶柄，有时也危害花梗和种荚。在不同种类的蔬菜上病斑大小有差异。叶片受害，多从外叶开始发病，初为近圆形褪绿斑，以后逐渐扩大，发展成灰褐色或暗褐色病斑，且有明显的同心轮纹，有的病斑周围有黄色晕圈，在高温高湿条件下病部穿孔。白菜上病斑比花椰菜和甘蓝上的病斑小，直径 2～6 毫米，甘蓝和花椰菜上的病斑 5～30 毫米。后期病斑上产生黑色霉状物（分生孢子梗及分生孢子）。发病严重时，多个病斑汇合成大斑，导致半叶或整叶变黄枯死，全株叶片自外向内干枯。叶柄和花梗上病斑长梭形，暗褐色，稍凹陷；种荚上的病斑近圆形，中央灰色，边缘褐色，外围淡褐色，有或无轮纹，潮湿时病部产生暗褐色霉层，区别于霜霉病。

【病原】芸苔链格孢和芸苔生链格孢，属半知菌亚门链格孢属。

【发病条件】多雨高湿有利于黑斑病发生。发病温度范围为 11～24℃，最适温度是 11.8～19.2℃。孢子萌发要有水滴存在，在昼夜温差大，湿度高时，病情发展迅速。因此，湿度高、易结露的条件下，病害发生普遍，危害严重。品种间抗病性有差异，但未见免疫品种。

【药剂防治】发病初期及时喷药。常用的药剂有：50%扑海因、50%菌核净、70%代森锰锌、75%百菌清、64%杀毒矾等，隔7～10天喷1次，连续喷3～4次。

(8) 十字花科白锈病（图5-27，彩图） 英文名：White rust of crucifers。

图5-27 十字花科白锈病

【分布】全国各地均有发生。

【寄主范围】此病除为害白菜类蔬菜外，还侵染芥菜类、根菜类等十字花科蔬菜。

【为害症状】大白菜、普通白菜白锈病主要为害叶片。发病初期在叶背面生稍隆起的白色近圆形至不规则形疱斑，即孢子堆。其表面略有光泽，有的一张叶片上疱斑多达几十个，成熟的疱斑表皮破裂，散出白色粉末状物，即病菌孢子囊。在叶正面则显现黄绿色边缘不明晰的不规则斑，有时交链孢菌在其上腐生，致病斑转呈黑色。种株的花梗和花器受害，致畸形弯曲肥大，其肉质茎也可现乳白色疱状斑，成为本病重要特征。

【病原】白锈菌，均属鞭毛菌亚门真菌。

【发病条件】白锈菌在0～25℃均可萌发，潜育期7～10天，故此病多在纬度或海拔高的低温地区和低温年份发病重。如低温多雨，昼夜温差大露水重，连作或偏施氮肥，植株过密，通风透光不良及地势低排水不良田块发病重。

【药剂防治】发病初期喷洒25%甲霜灵可湿性粉剂800倍液，或50%甲霜铜可湿性粉剂600倍液，或58%甲霜灵·锰锌可湿性粉剂500倍液，或64%杀毒矾可湿性粉剂500倍液，每667米^{2}喷药液50～60升，隔10～15天1次，防治1次或2次，防效优异。

(9) 芹菜斑枯病（图5-28，彩图） 英文名：Celery late blight；别名：俗称“火龙”。

图5-28 芹菜斑枯病

【分布】全国各地均有发生。

【危害】芹菜是保护地栽培的主要品种之一，芹菜斑枯病是保护地发生最严重的病害之一，严重地影响芹菜的产量和质量，一般可减产30%，严重的可减产50%以上，严重影响菜农的生产生活水平。

【为害症状】芹菜叶片、叶柄和茎均可染病。

① 叶片发病症状

a. 大斑型 病斑近圆形，较大，直径3～10毫米，有时受到叶脉限制而呈多角形，病斑中部灰褐色，边缘褐色，与周围健康部分分界明显。后期病斑两面散生褐色小粒点，即病原菌的分生孢子器。

b. 小斑型 病斑圆形、近圆形，较小，直径仅2～3毫米，灰褐色，后边灰白色，无明显边缘，有时病斑周围有绿色晕圈，病斑上密生黑色小粒点。病斑密度大时，多个病斑可汇合成为不规则形大斑，病叶迅速黄枯。

② 叶柄、花茎发病症状 病斑椭圆形、长圆形，褐色，稍凹陷，边缘明显，病斑上也产生黑色小粒点。严重发病时，病株叶片

相继枯死。

【病原】病原为芹菜生壳针孢，属半知菌亚门真菌壳针孢属。

【发病条件】

① 环境：冷凉多湿的气候条件有利于病害的发生和流行。在温度为20～25℃和多雨的条件下病害发生重。冬、春季棚室内昼夜温差大，结露时间长，得病重。

② 栽培：重茬地、低洼地发病重。浇水多、排水不良、田间积水、种植过密，或肥料缺、长势差、植株抗病力弱，发病也重。

【药剂防治】

① 拌种法：用50%福美双可湿性粉剂500倍液浸种24小时(30℃水温)，可以杀灭种子内、外的病菌。

② 喷雾法：发病初期开始喷药防治。70%代森锰锌可湿性粉剂800～1000倍液，或50%异菌脲（扑海因）可湿性粉剂1000倍液，或75%百菌清可湿性粉剂600～700倍液，或50%多菌灵可湿性粉剂800倍液，或40%氟硅唑（福星）乳油8000倍液，或50%敌菌灵可湿性粉剂500倍液，或45%噻菌灵（特克多）悬浮剂1000倍液，或43%戊唑醇（菌力克）悬浮剂8000倍液，或40%多·硫悬浮剂500倍液，或10%苯醚甲环唑（世高）水分散粒剂8000倍液，或70%丙森锌（安泰生）可湿性粉剂800倍液，或25%嘧菌酯悬浮剂2500倍液等喷雾防治，通常间隔7～10天喷1次，连续防治2～3次。

③ 烟熏或喷粉法：可喷撒5%百菌清粉尘剂（每次每公顷用药15千克）或6.5%甲霉灵粉尘剂，也可使用45%百菌清烟剂（每次每公顷3千克）。

(10) 大葱紫斑病（图5-29，彩图） 英文名：Welsh onion Alternaria leaf spot；俗称“黑斑病”。

【分布】全国各地均有发生。

【危害】紫斑病是大葱生产上的主要病害。近几年来，随着大葱种植面积的增加，重茬较多，土壤中菌量加大，使该病发生严重。据调查，一般年份发病率10%～20%，严重时达30%～50%，

图 5-29　大葱紫斑病

严重影响大葱的产量和质量。

【为害症状】紫斑病在田间主要危害叶片、花梗，也可为害鳞茎。

① 叶片和花梗发病症状：以叶片、花梗中部发生多见，后蔓延到下部。初期白色或黄绿色小斑点，稍凹陷，中央微紫色，扩大后病斑呈椭圆形或纺锤形，病斑紫褐色，较大，大小为 2～4 厘米或 1～3 厘米。湿度大时病部长满褐色至黑色粉霉状物，常排列成同心轮纹状。病斑常数个愈合成长条形大斑，病部组织死亡失水而使机械强度降低，致使叶片和花梗枯死。如果病斑绕叶片或花梗一周，则叶片或花梗多从病部软化倒折。

② 采种株花梗发病症状：常使种子皱缩不能充分成熟和种子带菌。

③ 鳞茎发病症状：呈半湿性腐烂，整个鳞茎体积收缩，组织变红色或黄色，逐渐变成暗褐色，并提前抽芽。

【病原】病原为 *Alternaria porri*（E11.）Ciferri. 属半知菌亚门，丝孢纲，丛梗孢目，暗色菌科，链格孢属。

【发病条件】

① 环境：温湿度对病害影响很大，病菌发育温限 11～35℃，最适宜 25～28℃。气温低于 10℃或高于 30℃，病情发展可受到限制；相对湿度高于 85％，利于病菌繁殖，发病重；相对湿度低于 80％，不利于分生孢子形成及病菌侵染和病斑扩展。高温高湿条件

下，该病从开始发病到流行成灾，一般需半个月左右。

② 栽培：连作地、连阴雨天、过于密植、通风不良、湿度大、肥水不足、管理粗放、植株生长较弱以及葱蓟马危害重的地块，发病重。

【药剂防治】于发病初期，喷洒65%代森锌WP500倍液、75%百菌清WP600倍液、40%氟硅唑乳油（福星）4000倍液、50%多菌灵500倍液、70%代森锰锌可湿性粉剂500倍液、64%杀毒矾可湿性粉剂500倍液、40%乙磷铝可湿性粉剂、50%扑海因可湿性粉剂1500倍液等。一般间隔7～10天再用药剂防治1次，视病情连续喷3～4次，提高药剂的防治效果。

（11）其他病害　见表5-10。

表5-10　其他病害

病害	症状	药剂防治
黄瓜蔓枯病	以叶片和茎受害为主，叶片被害时产生近圆形或不规则形的大病斑，有的病斑自叶缘向内发展呈“V”字形或半圆形，淡褐色，后期病斑易破碎，常龟裂，干枯后呈黄褐色至红褐色，病斑上密生黑色小点。病叶自下而上变黄，严重时仅顶部剩下1～2片叶，病叶不脱落。茎部发病多在基部或节间，最初病斑呈油浸状，近圆形或梭形，灰褐色至黄褐色，由茎基向上或由节间向茎节发展至相互连接。常溢出琥珀色胶状粒体。湿度大时茎节腐烂、变黑，甚至折断。干燥时病部表面龟裂，干枯后呈黄褐色至红褐色，密生小黑点。茎部蔓枯病与枯萎病的区分是枯萎病维管束变褐，而蔓枯病不变色	发病初期选喷75%百菌清可湿性粉剂600倍液，65%代森锌可湿性粉剂500倍液，50%甲基托布津可湿性粉剂500倍液，每6～7天喷1次，连喷2～3次；棚室防治用45%百菌清烟雾剂，每(亩)250～300克，每50克一个包装，分散5～6处，由里向外点燃后，密封棚室熏过夜即可，每6天左右熏1次，连熏2～3次。烟熏与喷雾交替使用效果更佳。此外，还可以用上述药剂的50～100倍涂抹黄瓜茎上的病斑

续表

病害	症状	药剂防治
菜豆褐斑病	该病主要危害叶片，斑块较明显，多呈圆形至不规则形，直径3～11毫米，颜色为绿褐色至黄褐色，边缘分明，病斑上生有明显轮纹，中央赤褐色至灰褐色，边缘色略深，湿度大时叶背病斑上产生灰色霉。即病菌分生孢子梗和分生孢子	发病前或发病初期喷洒50%多菌灵可湿性粉剂1000倍液或75%百菌清可湿性粉剂600倍液或75%百菌清1000倍液加70%甲基硫菌灵1000倍液混喷，也可用75%百菌清可湿性粉剂1000倍液加70%代森锰锌可湿性粉剂1000倍液，发病期可用70%安泰生800倍液或10%苯醚甲环唑1500倍液或50%苯菌灵可湿性粉剂1500倍液，40%多·硫悬浮剂500倍液，隔10天1次，连续防治2～3次效果较明显。棚室保护地也可选用百速烟剂，每667米^{2}用350克，熏1夜，翌晨放风，隔10天左右1次，连熏2次，防效较好
豇豆轮纹病	主要为害叶片正、反面。初期叶面呈现不规则淡黄色斑点，微突起，扩大后为圆形或近圆形红褐色病斑，边缘明显。斑面上有明显的同心轮纹。在叶脉上发生褐色或深褐色局部坏死斑。茎上被害发生不规则的深褐色条斑。严重时为害豆荚，豆荚病斑褐色，扩大后呈褐色轮纹斑。天气潮湿时，叶背面病斑上常产生灰色霉状物(分生孢子及分生孢子梗)，严重时大量落叶。病健部界限明显，外部有黄色晕圈。严重时病斑破碎穿孔，脱落	80%喷克可湿性粉剂600～800倍液；78%科博可湿性粉剂500～600倍液；50%托布津可湿性粉剂或50%多菌灵可湿性粉剂各1000倍液；65%代森锌可湿性粉剂500～600倍液，每10天喷药1次，共2～3次

续表

病害	症状	药剂防治
甘蓝黑胫病	形成灰白色圆形或椭圆形斑，上散生很多黑色小粒点，严重时造成死苗。轻病苗定植后，主侧根生紫黑色条形斑，或引起主、侧根腐朽，致地上部枯萎或死亡，该病有时侵染老叶，形成带有黑色粒点的病斑	苗床土壤处理，每平方米用40%拌种灵粉剂8克等量混合拌入40千克细土，将1/3药土撒在畦面上，播种后再把其余2/3药土覆在种子上 喷雾处理：发病初期喷施60%多·福可湿性粉剂600倍液或40%多·硫悬浮剂500～600倍液，70%百菌清可湿性粉剂600倍液，20%乙酸铜(土菌灵)1000～1500克/667米^2，32%酮·乙蒜乳油(克菌)75～95克/667米^2，70%恶霉灵(土菌消)可湿性液剂3000～4000倍液，95%敌磺钠可湿性液剂180～360克/667米^2，隔9天1次，防治1～2次
瓜类枯萎病	瓜类作物在整个生育期内均可受害，开花结瓜期发病最重。苗期发病，病株茎基部缢缩变褐色。子叶萎蔫下垂，植株倒伏、枯死。成株期发病，初期植株下部叶片褪绿，出现黄色网纹状、变黄，并逐渐向上发展；正午高温时病株叶片还会出现轻度萎蔫，早、晚较低温时或浇水后又可暂时恢复，但持续几天后便严重萎蔫，不能再恢复，最后植株萎蔫枯死。剖开病蔓，可见维管束组织变褐，有时植株根部还会表现溃疡病状。湿度大时病蔓表面可出现白色菌丝层和粉红色霉。从病株出现萎蔫到全株枯死一般只需7～10天	种子消毒：可用50%多菌灵500倍液或40%福尔马林150倍液浸种1小时，洗净后催芽播种 苗床消毒：使用多菌灵进行苗床消毒 土壤熏蒸：利用棉隆进行土壤熏蒸处理进行预防 灌根：在发病初期，用多菌灵或甲基托布津等药剂灌根 目前防治效果较好的药剂主要有多菌灵、代森锰锌、甲基托布津、特克多悬浮剂和萎锈灵等

三、细菌性病害

细菌性病害的表现主要是斑点、萎蔫和腐烂，感病部位开始多呈水渍状，有透光感，在潮湿条件下病部可见一层黄色或乳白色的脓状物，干燥后成为发亮的薄膜。细菌大多沿着维管束传导扩散，新鲜的病组织有明显的“喷菌现象”，枯萎组织的切口能分泌出白色浓稠的脓状物，腐烂组织多黏滑有恶臭。细菌性病害的扩散以灌溉水、雨水为主，昆虫和农事操作也能传播，经由植株的伤口或水孔侵入发病。

1. 十字花科软腐病（图5-30，彩图） 俗称“腐烂病”“脱帮”

图5-30　十字花科软腐病

【分布】全国各地均有发生。

【危害】白菜软腐病是白菜的主要病害之一。近年来随着温室反季节白菜种植面积的扩大，有逐年加重的趋势。白菜软腐病在白菜生长中后期及储藏阶段发生最严重，轻则减产，影响食用价值，重则使全田或全窖白菜发病腐烂，严重影响白菜的产量和品质，成为高产稳产的主要制约因素之一。

【为害症状】白菜类，包括大白菜、小白菜、油菜、菜心和菜薹等。

① 大白菜软腐病：从白菜莲座期到包心后均可发生。常见有三种类型。

a. 外叶呈萎蔫状，莲座期可见菜株于晴天中午萎蔫，但早晚恢复，持续几天后，病株外叶平贴地面，心部或叶球外露，叶柄茎或根茎处髓组织溃烂，流出灰褐色黏稠状物，轻碰病株即倒折溃烂。

b. 病菌由菜帮基部伤口侵入，形成水浸状浸润区，逐渐扩大后变为淡灰褐色，病组织呈黏滑软腐状。

c. 病菌由叶柄或外部叶片边缘，或叶球顶端伤口侵入，引起腐烂。

上述三类症状在干燥条件下，腐烂的病叶经日晒逐渐失水变干，呈薄纸状，紧贴叶球。病烂部均产生硫化氢恶臭味，成为本病重要特征，区别于黑腐病。软腐病在储藏期可继续扩展，造成烂窖。窖藏大白菜带菌种株，定植后也发病，导致采种株提前枯死。

② 青菜、油菜、菜心、菜薹等普通白菜软腐病主要危害叶片、柔嫩多汁组织及茎或根部，病斑初呈水浸状或水浸半透明，后变褐软化腐烂，有的从茎基部或肥厚叶柄处发病，致全株萎蔫；菜心多自切口处软腐，轻则不再抽出新菜薹，重的整株软化腐败，病部渗出鼻涕状黏液，散出臭味。

【病原】白菜类软腐病病原为胡萝卜软腐欧文菌胡萝卜软腐致病型，属细菌。

【发病条件】

① 环境：细菌适宜生存的温度、湿度范围较广。气温在25～30℃，阴雨多湿时易发病；当遇上15～20℃低温和多雨的天气，白菜软腐病也易发生。

② 栽培：前茬作物为软腐病菌的寄主植物，而且收获后未经翻耕暴晒，土壤中病原细菌积累多，白菜受感染机会多，发病也重。田间积水、肥水不足、播种过早、病虫害严重，均易诱发软腐病发生。储藏窖 CO_2 浓度过高，缺氧，温度高，湿度过大，均易引起烂窖。

【防治方法】

① 种子处理：采用农抗120，按种子量的1%～1.5%拌种。用50%琥胶肥酸铜（DT）可湿性粉剂按种子量的0.4%拌种。

② 药剂防治：病前或病初防治，以轻病株及其周围的植株为重点，又以叶柄及茎基部最重要。14%络氨铜300倍液或70%敌克松800倍液浇灌病株及周围菜株根部防治，每株灌药液150～250克，在生长期间可用20%噻菌铜SC 600倍液、3%克菌康WP 500倍液、1%新植霉素3000倍液、77%可杀得WP 500倍液、25%多菌灵500倍液喷雾。菜青虫、菜螟、潜叶蝇、黄曲条跳甲等害虫，可采用菊酯类农药或1.8%阿维菌素乳油3000～4000倍液喷雾，以减少传毒媒介，每7～10天喷1次，连喷2～3次。为提高防效，可适当轮换用药，以延缓病虫害抗药性。有些白菜品种对铜制剂和链霉素较敏感，一定要慎用。

2. 茄科植物细菌性青枯病

【分布】各大洲均有分布，主要分布在热带、亚热带地区。我国福建、广东、广西、四川、云南、湖南、江西、浙江、上海、江苏、安徽等地都有分布。

【危害】可危害50多科300多种植物。一般以番茄、马铃薯、茄子、芝麻、花生、大豆、萝卜、辣椒等茄科蔬菜以及烟草、桑、香蕉等经济作物受害较重。

【为害症状】苗期及成株期均可感病，但苗期一般不表现症状。感病后叶片先显症，初有少量叶片出现如缺水状的萎蔫下垂，一早一晚可恢复正常，3～5天后病株不再恢复正常而死亡，叶片色泽稍淡，但仍为青绿色。在土壤、环境含水较多或阴雨的条件下，病株可持续1周左右才死去。病茎下端往往表皮粗糙不平，纵剖近地面茎部，可见剖面内部为褐色，挤压有乳白色菌脓渗出。

【病原】茄科拉尔菌，同义名茄假单胞菌，简称青枯菌。

【发病条件】影响发病的因素，主要是温度、湿度和栽培水平，主导因素是高温、高湿。在高温、高湿的环境中，青枯病发病率高。因此，在我国南方比北方重，北方的棚室栽培和越夏栽培比其他方式栽培重。环境湿度包括空气湿度和土壤湿度，土壤湿度更为重要。此外栽培管理技术的粗放，土黏地洼，田间积水，钙、磷缺乏，土壤偏酸，氮素偏多再加上重茬连作，发病则明显加重。

【药剂防治】

① 调节土壤酸度：青枯病适宜在微酸性土壤中生长，可结合整地撒施适量的石灰，使土壤呈现微碱性，以抑制病菌生长，减少发病。

② 田间发现病株应立即拔除烧毁。地下害虫的危害，也会在根部造成大量的伤口，从而加重青枯病的危害。国外广泛采用杀线虫剂或多用途熏蒸剂处理土壤，可杀死线虫和多种病原菌，以减少根部伤口和病菌的侵染机会。可用 50%DT 杀菌剂 200～400 倍液和叶枯净 300 倍液灌根。也可使用 90%的乙霜青可湿性粉剂。在发病初期喷洒 100～500 毫克/千克的农用链霉素，每隔 7～10 天喷 1 次，连续喷 3～4 次。病穴可灌注 2%福尔马林液或 20%石灰水消毒，也可于病穴撒施石灰粉。生防菌在防治中亦有较好的效果。

3. 黄瓜细菌性角斑病（图 5-31、图 5-32，彩图） 英文名：Cucumber augular leaf spot。

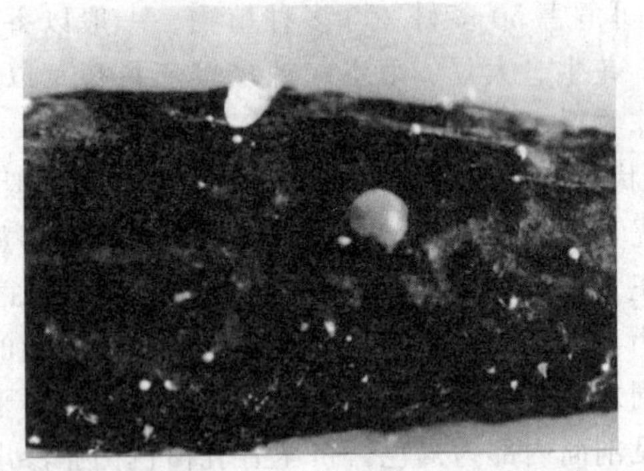

图 5-31 黄瓜细菌性角斑病（果）

【分布】全国各地均有发生。

【危害】黄瓜细菌性角斑病是世界范围内黄瓜生产中的重要病害之一，一旦发生危害，可造成黄瓜叶片上产生水浸状的斑点，直

图 5-32　黄瓜角斑病

接影响叶片的光合面积，当病害危害严重时，可造成整片叶片枯死，产量损失达 50%～60%，甚至绝收。

【为害症状】黄瓜细菌性角斑病在苗期和成株期均可发病，以成株期叶片受害为主。苗期主要为害子叶，成株期主要为害叶片、叶柄、卷须，还可侵染茎蔓和果实。

① 子叶：初期在子叶上产生水浸状近圆形斑，略呈黄褐色，后逐渐干枯，最终导致幼苗干枯死亡。

② 叶片：初期呈水浸状小斑点，病斑褪绿变黄，逐渐发展成为近圆形或不规则病斑，病斑淡黄色，边缘褪绿，湿度大时叶背会形成白色黏液状物质，后期随着病情扩展病斑形成受叶脉限制的多角形病斑、灰白色，湿度大时叶背溢出乳白色菌脓，干燥后呈白色粉末状，后期干燥时易造成病斑穿孔。

③ 茎、叶柄、卷须：初呈水浸状，湿度大时可见菌脓溢出，干燥后表层有白痕，后逐渐沿茎沟纵向扩展，严重时纵向开裂腐烂，干燥后茎干枯变褐。茎部被感染时水分和营养物质运输受阻，植株逐渐萎蔫，最终整株枯萎死亡。

④ 瓜条：侵染点出现水浸状病斑，扩展后病斑连成片且不规则，呈黄褐色，湿度大时有菌脓严重溢出，最终导致果实完全腐烂。

【病原】病原菌为丁香假单胞菌黄瓜角斑病致病变种，属假单胞菌。

【发病条件】

① 环境：黄瓜细菌性角斑病的发生与温、湿度有密切关系。病害发生的最适温度为15～25℃，适宜的相对湿度为75%以上。当湿度在90%以上时利于病害爆发和流行。在湿度比较适宜的条件下，但当温度低于15℃或高于35℃时，不利于病害发生。

② 栽培：种子不经消毒而播种、病残株没清除、种植密度大、通风不良、地势低洼、排水不良、通风不够、连阴多雨、重茬、钾肥不足的地块病害发生重。昼夜温差大、降雨多、湿度大或结露重且持续时间长发病常重，农事操作时叶片摩擦造成伤口也易发病。

【防治方法】

① 种子处理：40%福尔马林150倍液浸种90分钟，清水充分洗净后催芽播种；新植霉素200毫克/千克浸种1小时，然后再用清水浸种3小时后催芽播种；用种子重量0.4%的50%福美双可湿性粉剂拌种；45%代森铵水剂300倍液浸种15～20分钟；72%农用链霉素1000倍液浸种2小时，洗净晾干后播种。

② 药剂防治：发病初期，药剂可选用72%霜脲氰·代森锰锌可湿性粉剂600～750倍、农用链霉素250毫克/千克、新植霉素200毫克/千克、14%络氨铜水剂300倍液、50%甲霜铜可湿性粉剂600倍、77%可杀得可湿性粉剂400倍液、60%琥·乙膦铝（DTM）可湿性粉剂500倍液、47%春雷氧氯铜（加瑞农）可湿性粉剂700倍液等喷雾，施药间隔7～10天，视病情决定施药次数，并尽可能均匀喷到叶片的正、背面。铜制剂使用过多时易引起药害，一般不超过3次。

4. 十字花科黑腐病（图5-33，彩图） 英文名：Cabbage black rot；俗称“黑霉”

【分布】全国各地均有发生。

【危害】黑腐病是甘蓝类蔬菜主要的病害之一。在甘蓝等叶菜类上一般引起外叶枯死，叶球变小，严重的可使产量下降70%，严重影响其产量和品质，造成很大的经济损失。

【为害症状】甘蓝类蔬菜包括甘蓝、花椰菜、绿菜花、抱子甘

图 5-33　十字花科黑腐病

蓝、芥蓝、苤蓝、羽衣甘蓝等蔬菜作物。黑腐病主要危害叶片、叶球或球茎，各生育期均可发生。

① 苗期发病症状：子叶感病，病原菌从叶缘侵入引起发病，初呈黄色萎蔫状，之后逐渐枯死。发病严重时，可导致幼苗萎蔫、枯死或迅速蔓延至真叶。真叶感病，形成黄褐色坏死斑，病斑具明显的黄绿色晕边，病健界线不明显，且病斑由叶缘逐渐向内部扩展，呈“V”字形，部分叶片发病后向一边扭曲。

② 成株期发病症状：病原菌以多种形式侵染植株，主要为害叶片，被害叶片呈现不同发病症状。病原菌多从叶缘处的水孔侵入引起发病，形成“V”字形的黄褐色病斑，病斑周围具黄色晕圈，病健界线不明显。病原菌还可沿叶脉向内扩展，形成黄褐色大斑并且叶脉变黑呈网状。病原菌还可通过害虫取食或机械操作造成伤口侵染，形成不规则形的黄褐色病斑。此外，病原菌沿侧脉、主脉、叶柄进入茎维管束，并沿维管束向下蔓延，在晴天时可导致植株萎蔫，傍晚和阴天时恢复。在田间，病害发生严重时，外部叶片可多处被侵染。球茎受害时维管束变为黑色或腐烂，但无臭味，干燥时呈干腐状。种株发病，病原菌从果柄维管束进入角果，或从种脐侵入种子内部，造成种子带菌。花梗和种荚上病斑椭圆形，暗褐色至黑色，与霜霉病的症状相似，但在湿度大时产生黑褐色霉层，有别于霜霉病。留种株发病严重时叶片枯死，茎上密布病斑，种荚瘦

小，种子干瘪。

【病原】病原为野油菜黄单胞杆菌野油菜致病变种，属细菌。

【发病条件】

① 环境：细菌性黑腐病在温暖、潮湿的环境中易爆发流行。在温室条件下，幼苗感病后温度长时间低于15℃，则不会表现出发病症状。若此感病植株被移栽到田间或者温室温度升高到25～35℃，且相对湿度达80%～100%时，幼苗就会发育不良，在子叶上形成坏死斑并最终枯萎死亡。

② 栽培：低洼易积水或灌水过多、播种偏早、与十字花科蔬菜连作、施用未腐熟的有机肥、偏施氮肥、植株徒长或早衰及害虫（黄条跳甲、小菜蛾等）防治不及时的田块病害往往发生较重。

【药剂防治】

① 种子处理：用20%喹菌酮可湿性粉剂1000倍液，或77%可杀得可湿性微粒粉剂800～1000倍液，或45%代森铵水剂300倍液浸种20分钟，取出后充分用清水将种子洗净。或用种子量0.3%的47%春雷氧氯铜可湿性粉剂或种子量0.4%的50%琥胶肥酸铜可湿性粉剂进行拌种。

② 喷雾处理：目前，对细菌性黑腐病防效较好的药剂种类较少，常用防治药剂及方法如下。成株发病初期开始喷药。药剂可用47%春雷氧氯铜可湿性粉剂700～800倍液，或58.3%可杀得2000干悬浮剂800倍液，或72%农用硫酸链霉素可溶性粉剂4000倍液，或50%琥胶肥酸铜可湿性粉剂700倍液，或77%可杀得可湿性微粒粉剂500倍液，或14%络氨铜水剂350倍液，或20%噻菌铜悬浮剂500倍液，或25%噻枯唑可湿性粉剂800倍液，或60%琥·乙膦铝可湿性粉剂600倍液，或20%喹菌酮可湿性粉剂1000倍液等进行喷雾，施药间隔10天左右，连续防治2～3次。重病田应视病情发展，必要时适当增加喷施次数。

5. 胡萝卜细菌性软腐病（图5-34，彩图） 英文名：Carrot bacterial slft rot；俗称“烂根病”“臭萝卜病”

【分布】全国各地均有发生。

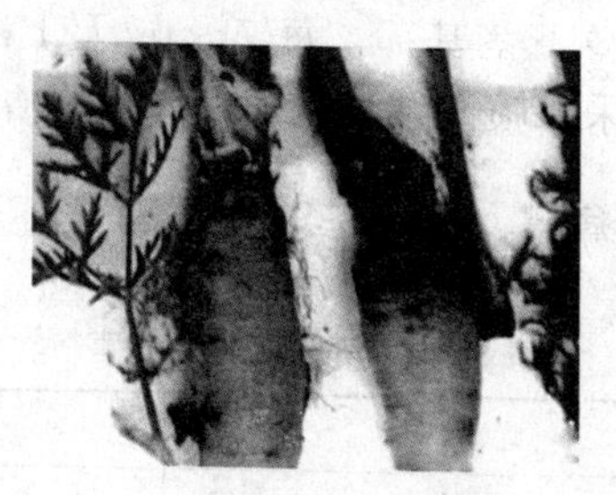

图 5-34　胡萝卜细菌性软腐病

【危害】胡萝卜软腐病是一种细菌性病害。软腐病遍及全世界胡萝卜产区，在我国各个胡萝卜产地每年均有不同程度的发生，一般年份减产 3%～5%，严重时可达 30%～50%，对胡萝卜的产量与经济效益影响很大。

【为害症状】胡萝卜软腐病主要为害肉质根，其次为害茎叶。通常近地表肉质根冠部先发病，逐渐蔓延。初期呈水渍状、湿腐，病斑凹陷、形状不定、褐色。在温暖潮湿的条件下，病斑扩展快；受害组织呈灰褐色，心髓组织逐渐腐烂，外溢黏液，具有恶臭味。在胡萝卜储藏期可继续发病，严重时造成烂窖。

【病原】胡萝卜软腐病由不同类型胡萝卜软腐欧文杆菌的致病变种（或亚种）单独或混合侵染，主要是胡萝卜软腐欧文杆菌胡萝卜致病变种和胡萝卜软腐欧文杆菌马铃薯黑胫病亚种。

【发病条件】

① 环境：最适生长温度为 25～30℃，喜湿，不耐光。

② 栽培：高温、多雨、缺氧、低洼排水不良地块发病重；土壤长期干旱后突灌大水，易造成伤口，加重发病。此外，地下害虫多的地块发病也重。在储藏期，通风不良，易使肉质根处于缺氧状态，有利于病害的发展。

【药剂防治】发病初期，72%农用链霉素可溶性粉剂 4000 液、77%氢氧化铜（可杀得）可湿性粉剂 800 倍液、50%琥胶肥酸铜可湿性粉剂 500 倍液、12%绿乳铜乳油 500 倍液、14%络氨铜水剂 300 倍液、45%代森铵水剂 1000 倍液、20%喹菌铜可湿性粉剂 1000 倍液、45%代森铵水剂 900～1000 倍液等喷雾处理，轮换使用药剂，喷施到胡萝卜茎基部，每7～10天1次，连续2～3次。胡萝卜生长后期，采取喷灌结合施药、病虫兼治、综合防治。

6. 其他细菌性病害 见表5-11

表5-11 其他细菌性病害

病害	症状	药剂防治
番茄溃疡病	典型的维管束病害，幼苗、叶片、茎秆、果实等均可发病。幼苗发病时，先从叶片边缘部位开始，由下而上逐渐萎蔫，严重时，植株矮化或枯死。叶片受害，叶缘卷曲，后扩展到整个叶片，表现皱缩，干枯，凋萎，似失水状。果实受害，病菌由果柄进入，幼果表现皱缩、畸形。果面上形成圆形的病斑，呈白色，有时隆起，单个病斑较多，且大小一致，中间为褐色，形似"鸟眼"称为鸟眼斑，有时病斑会连在一起。茎秆受害时，茎内维管束变褐，向上向下发展，由一节发生导致多节危害，后期茎秆变空、下陷或沿着茎或果柄、叶柄处开裂，有臭味，最后植株枯死。横切叶柄、果柄、茎秆时，均可见到中间是褐色腐烂状，湿度大时，茎中会溢出白色菌脓	涂抹：细截100毫升＋大蒜油7毫升，兑水5千克，对病部进行涂抹，2～3天1次，连涂2次 喷雾：全田喷洒77%可杀得可湿性粉剂、50%琥胶肥酸铜可湿性粉剂、60%DTM、硫酸链霉素及72%农用硫酸链霉素可溶性粉剂。还可选用甲基托布津可湿性粉剂加农用链霉素可湿性粉剂
马铃薯环腐病	细菌性维管束病害，可引起地上部分茎叶萎蔫，地下块茎发生环状腐烂。从薯皮外观不易区分病、健薯，病薯仅脐部皱缩凹陷变褐色，在薯块横切面上可看到维管束环变黄褐色，有时轻度腐烂，用手挤压，有黄色菌脓溢出，无气味	切片消毒与药剂浸种。切块播种时，切刀先用75%酒精消毒。播种前每100千克种薯用75%敌克松可溶性粉剂280克加适量干细土拌种，或用36%甲基托布津悬浮剂800倍液浸种薯，或用50%托布津可湿性粉剂500倍液浸种薯

四、病毒性病害

几乎所有蔬菜都能被病毒侵染，病毒性病害多为系统侵染形成的全株性症状，如花叶、枯斑、黄化、矮缩、畸形等最常见。一般上部嫩叶表现更明显。病毒性病害有病状无病征，有些病毒病还与蚜虫、叶蝉、粉虱的发生关系密切。病毒无自我传播能力，依靠病健株之间的枝叶摩擦，种苗嫁接、昆虫传播。因此，切断其传播途径是防治病毒性病害的重要措施。

1. 白菜类病毒病（图 5-35，彩图） 英文名：Chinese cabbage virus disease；俗称“孤丁病”“抽疯病”

图 5-35 白菜类病毒病

【分布】全国各地均有发生。

【危害】此病是大白菜三大病害中发生最早的一种，是影响我国北方大白菜高产稳产的重要病害之一。主要发生在大白菜幼苗期，一般发病率 10%～15%，严重田块可达到 70%，病情指数为 5～8，一般损失 5%～10%，重者损失 80%以上。

【为害症状】小白菜、油菜、青菜、菜心、菜薹等病毒病，因白菜的种类和品种不同，症状略有变化。

① 苗期发病：受害多呈花叶型，从幼苗心叶脉基部开始，沿脉呈半透明状或叶片褪绿呈花叶状，重病株心叶畸形或老叶枯黄或全株矮化僵死。

② 成株期发病：多引起皱缩花叶。采种株发病，轻的可抽薹，但花茎缩短，荚果弯曲变形，或结实不良，严重者抽薹前即枯死。

【病原】病原为病毒，主要有芜菁花叶病毒、黄瓜花叶病毒、烟草花叶病毒三种。

【发病条件】

① 环境：一般高温干旱有利于病毒病的发生。病毒通过蚜虫吸食或摩擦接触造成的微伤侵入后，高温环境下，光照率60%以上，可缩短潜育期。气温28℃左右，潜育期最短，一般为8～14天。气温越低，潜育期越长。10℃时潜育期在25～30天以上。苗期遇高温干旱，有利于蚜虫的繁殖和迁飞，传毒频繁，温度高病害的潜育期也短，有利于病害的早发、重发。

② 栽培：移栽菜比原地菜发病重，秋季播期过早、耕作管理粗放、缺有机基肥、缺水、氮肥施用过多的田块发病重。

【防治方法】

① 种子消毒：可用10%磷酸三钠浸种20分钟，捞出用清水冲洗干净，晾干后播种。

② 药剂治蚜：可用10%吡虫啉可湿性粉剂，或3%啶虫脒乳油，或50%辟蚜雾可湿性粉剂，或2.5%功夫乳油，或0.9%～1.8%阿维菌素乳油等药剂喷雾防治。

③ 药剂防治：可用病毒A可湿性粉剂500倍液，或0.5%抗毒剂1号水剂300倍液，或20%病毒净500倍液，或20%病毒A 500倍液，或20%病毒克星500倍液，或5%菌毒清水剂500液，或20%病毒宁500倍液，或抗病毒可湿性粉剂400～600倍液，或1.5%的植病灵乳剂1000倍液等药剂喷雾，每隔5～7天喷1次，连续2～3次。

2. 瓜类病毒病 以南瓜病毒病（图 5-36，彩图）为例。英文名：Pumpkin mosaic。

图 5-36 南瓜病毒病

【分布】全国各地均有发生。

【危害】南瓜是世界性主要食用蔬菜种类之一。病毒病作为南瓜的主要病害之一，发病面积大，发病率高，常年发生率为 1%～100%，严重时致使植株萎蔫枯死，严重影响南瓜的品质和产量，给南瓜种植户造成了巨大的经济损失。

【为害症状】主要有花叶型、皱缩型、黄化型和坏死型、复合侵染混合型等。早期在新生叶片上出现明脉，随着病情的发展和植株生长发育，病毒不断繁殖并随同化物运输扩展至其他部位，叶片颜色不均，同一叶片有些部位颜色同健康叶，有些则褪绿，形成斑驳和花叶，也有的呈疣状突起；病情再发展或遇较高气温和干旱时，易出现蔽叶，叶片细小狭长，严重畸形，植株矮化。

① 花叶型：植株生长发育弱，首先在植株顶端叶片产生深、浅绿色相间的花叶斑驳，叶片变小卷缩、畸形，严重时，叶面凹凸不平，病株顶叶与茎蔓扭曲，果面有褪绿病斑。

② 皱缩型：叶片皱缩，呈泡斑，严重时伴有蕨叶、小叶和鸡爪叶等畸形。

③ 叶脉坏死型和混合型：叶片上沿叶脉产生淡褐色坏死，叶

柄和瓜蔓上则产生铁锈色坏死斑驳，常使叶片焦枯，蔓扭曲，蔓节间缩短，植株矮化。果实受害后变小、畸形，引起田间植株早衰死亡，甚至绝收。

果实是否出现症状，与不同瓜类和植株个体有关，在小西葫芦、南瓜上最容易出现，果实表面出现疤状突起、花斑，瓜畸形，狭长，植株矮化。

【病原】危害南瓜的病毒主要有五种：黄瓜花叶病毒（CMV）、西瓜花叶病毒 2 号（WMV-2）、番木瓜环斑病毒（PaRSV）、南瓜花叶病毒（SqMV）、小西葫芦黄化花叶病毒（ZYMV）。

【发病条件】

① 环境：高温、干燥、强光照有利于病毒病的发生，天气干旱，蚜虫发生严重时，病毒病发生重。温室白粉虱发生多，病毒病也重。

② 栽培：土地瘠薄、植株缺肥、生长期田间管理粗放、植株生长势弱、瓜田杂草丛生、缺水或与瓜类作物邻作，或遇持续高温，发病严重。

【药剂防治】

① 种子处理：首先把选好的种子放在 55℃的水中浸种消毒，边倒水边用酒精温度计搅拌，待水温降到 30℃时，用 10%的磷酸三钠浸种 20 分钟或用 0.1%高锰酸钾（$KMnSO_4$）溶液浸种 30 分钟，捞出用清水冲洗 3～4 次，用温清水浸种 3～4 小时，并搓掉种子表面的黏液，洗净捞出后用湿布包好放于发芽器皿中催芽，并上下铺盖吸湿布保湿。

② 田间防虫：在蚜虫飞迁前，可选用 10%吡虫啉可湿性粉剂 1000 倍液、2.5%功夫乳油 3000～4000 倍液、2.5%溴氰菊酯 3000 倍液、20%灭扫利乳油 2000 倍液、25%阿克泰水分散粒剂 6000 倍液喷雾防治。喷雾时一定要注意喷叶的背面，因为蚜虫常常在叶背。

③ 病害防治：发病初期可用 20%盐酸吗啉胍-铜（病毒 A）可湿性粉剂 500 倍液或 15%植病灵乳剂 800～1000 倍液喷雾防治，隔 7～10 天喷 1 次，连喷 2～3 次，具有较好的防治效果。

3. 辣椒病毒病（图 5-37，彩图）　英文名：Pepper mosaic virus。

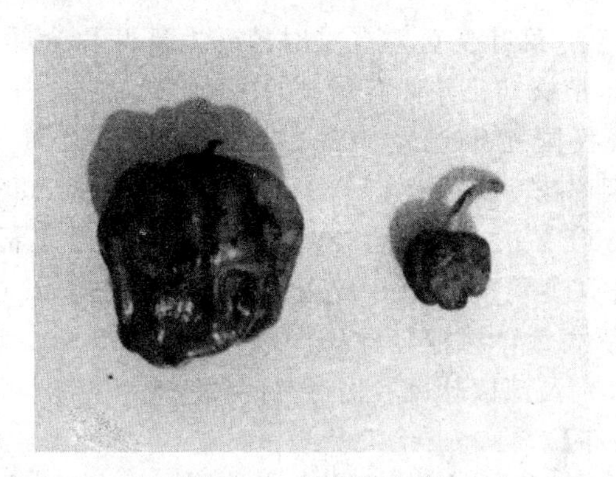

图 5-37　辣椒病毒病

【分布】全国各地均有发生。

【危害】辣椒病毒病是我国辣椒生产中的首要病害。近年来，全国各地病毒病发生日益严重，对辣椒生产影响很大，通常造成辣椒易落叶、落花、落果，使辣椒减产 20%～70%，并使品质变劣，失去商品价值，重者甚至绝收，极大地影响辣椒的生产。

【为害症状】辣椒病毒病的症状因品种不同而差异很大，主要有四种不同类型。

① 坏死型：主要在现蕾初期发病，植株嫩头小叶脱落，有时伴有大量落叶、落花、落果现象，造成植株光杆；有时则需用手摇晃植株，叶、花、果随之脱落，茎秆上有坏死的褐色条斑，果实病斑内陷，着色不均匀，植株矮小，严重时整株出现坏死性条斑，全株枯死。

② 花叶型：典型症状是病叶、病果出现不规则退绿、浓绿与淡绿相间的斑驳，植株生长无明显异常，但严重时病部除斑驳外，病叶和病果畸形皱缩，叶明脉，植株生长缓慢或矮化，结小果，果实难以转红或只局部转红。

③ 畸形型：表现为病叶增厚、变小或呈蕨叶状，叶面皱缩；植株节间缩短，矮化，枝叶呈丛簇状；病果呈现深绿与浅

绿相间的花斑，或黄绿相间的花斑，畸形，果面凸凹不平，病果易脱落。

④ 黄化型：病叶变黄，严重时植株上部叶片全部变黄色，形成上黄下绿，植株矮化并伴有明显的落叶。

【病原】我国已报道侵染辣椒的病毒毒原有黄瓜花叶病毒（CMV）和烟草花叶病毒（TMV）、马铃薯Y病毒（PVY）、烟草蚀纹病毒（TEV）、马铃薯X病毒（PVX）、苜蓿花叶病毒（AMV）、蚕豆萎蔫病毒（BBWV）、烟草脆裂病毒（TRV）等，及3种辣椒新病毒，辣椒轻微斑驳病毒（PMMoV）、辣椒斑驳病毒（PepMoV）及辣椒脉斑驳病毒（PVMV）。

【发病条件】

① 环境：辣椒病毒病发病与气候条件、蚜虫发生密度有关，在高温、干旱、日照强度过强的气候条件下，辣椒抗病的能力减弱，同时促进了蚜虫的发生、繁殖，导致辣椒病毒病严重发生。

② 栽培：在辣椒定植偏晚或栽植在地势低洼、土壤瘠薄的地块上发病也比较严重；与茄科蔬菜连作，发病也严重；辣椒品种间的抗病性也不相同，一般尖辣椒发病率较低，甜椒发生率较高。

【防治方法】

① 种子处理：用10%磷酸三钠溶液浸种20～30分钟，然后捞出，反复冲洗数次，能较好清除种子上携带的病毒。

② 苗床消毒：选择新茬地块，起出苗床土，1米^{3}土加50%多菌灵100克拌匀过筛后填于苗床内，再用50%多菌灵和50%乙膦铝锰锌，按各10克/米^{2}加细干土拌匀，撒入畦面锄入土中。

③ 药剂防治：发病初期，可用20%病毒AWP 500倍液喷雾，每隔7天喷1次，连续2～3次。在蚜虫发生期间，可用10%吡虫啉WP 1500倍液、3%啶虫脒乳油1500倍、20%吡虫啉可湿性粉剂2500倍液、扑虱蚜1500倍液、40%克蚜星乳油800倍液或功夫乳油4000倍液等药剂交替喷杀。防治茶黄螨：可用15%哒螨酮乳油800倍液、1.8%阿维菌素乳油3000倍液喷雾。

4. 其他病毒性病害

具体见表 5-12。

表 5-12 其他病毒性病害

病害	症状	药剂防治
菜豆花叶病	菜豆植株在幼苗至成株期均可感染花叶病。因种植的菜豆品种、受侵染植株的生长情况、侵染的病毒种类、环境条件等的不同，花叶病在田间表现出不同的受害症状。症状首先出现在幼叶，表现为叶脉退绿、叶片不均匀退绿、叶面凹凸不平、叶皱缩、叶片边缘向下弯曲等，严重时叶片扭曲畸形、植株矮缩、生长点坏死、开花迟缓、落花严重，受病害感染的植株结荚少且荚果小，病荚有时覆盖深绿色的斑点，成熟期比健荚推迟	种子处理：播种前用 10%磷酸三钠溶液浸种 20 分钟，药剂消毒后要用清水冲净种子，晾干后播种 防治传毒蚜虫：一般在高温干旱年份或季节，蚜虫极易发生。药剂防治蚜虫最好在发生初期几种农药轮换使用，防止蚜虫因产生抗药性而影响防治效果。常用的有效药剂有 50%抗蚜威、5%吡虫啉乳油、1.3%鱼藤氰乳剂 1000 倍液、2.5%功夫 4000 倍液、2.5%溴氰菊酯、50%马拉硫磷 1000 倍液等，每隔 5～7 天喷 1 次药，连喷 2～3 次 药剂防治：一般在苗期就应该进行，可结合苗期根外追肥用药，加强植物自身的新陈代谢，提高植株抗病力。在生产中，常用的防治药剂主要有病毒 A、高脂膜、NS-83 增抗剂、植病灵、菌毒清等，每 10 天左右喷 1 次，连续防治 3～4 次。植株感病后，最好将抗病毒剂与磷、钾肥等结合施用，可提高植株的抗病力
葱类萎缩病	病初发期生出的新叶嫩薄，叶色变浅，心叶上出现淡黄色斑，叶面凹凸不平，呈螺旋状扭曲，有的叶片向一侧扭曲，植株萎缩	苗期用 40%的乐果和 80%敌敌畏混合液 1000 倍，加少量洗衣粉或废豆浆，增加黏着能力(下用药均同)，防治蓟马和蚜虫。栽葱前重施底肥，拔苗分级，用乐果 1000 倍药水蘸根，壮苗定植。使用萘乙酸胺液剂，1 支加水 20 千克，栽葱前喷洒 2 次，7～10 天 1 次，栽后喷洒 3 次，防病壮棵；若仍有少量病株出现，可用 0.5%的抗病素 1 号 300～400 倍或 25%的抗病毒 1 号可湿性粉剂 300 倍，或 1.5%的植病灵 400 倍防治。上述药剂混加丰收一号 500 倍液，效果更佳

五、线虫性病害

蔬菜中的病害以根结线虫为主，线虫病的危害比较隐蔽，多数表现生长不良，植株矮小，叶片发黄、萎蔫，根部出现大小不一的虫瘿（根结）。线虫多生活在20厘米以上土层中，自我扩展能力有限，在田间最初小块发生，可随种苗、灌溉水、土壤、农事操作传播扩散。

以根结线虫病（图5-38，彩图）为例。英文名：root knot nematode。

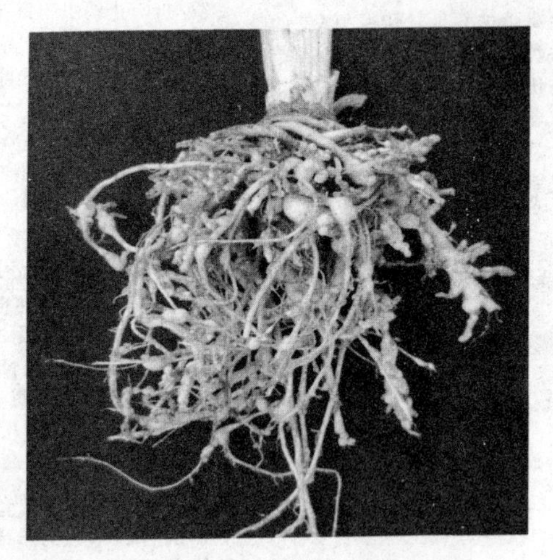

图5-38　根结线虫病

【分布】全国各地普遍分布。

【危害】线虫寄主范围广泛，常为害瓜类、茄果类、豆类及萝卜、胡萝卜、莴苣、白菜等30多种蔬菜，还能传播一些真菌和细菌性病害。

【为害症状】该病是由根结线虫引起的一种根部病害。地上部表现植株矮小，发育不良。在土壤干旱和水分不足时，中午可出现萎蔫症状。线虫主要发生在须根或侧根上。主要症状是根部形成根结（根瘤），一般在根结上可生出细弱新根，解剖根结有很小的乳白色线虫埋于其内。番茄的根结常在根上形成一串大小似小米或绿豆的珠状瘤。黄瓜根结则在侧根上形成大小不等的根瘤或根肿大，或呈须根团，一般为白色，质地柔软，轻者地上症状不明显，重者生长缓慢植株较矮小，发育不良，结瓜小而且少。如根部无结之类症状，则可将烂根部分直接在镜下检查，若查到大量线虫，或分离土壤也得到了大量线虫，并结合地上部症状特点，就可以初步认为是线虫病害。

【病原】垫刃目根结线虫属的多种。

【发病条件】根结线虫靠自行迁移而传播的能力有限，1 年内最大的移动范围 1 米左右。因此，初侵染源主要是病土、病苗及灌溉水。远距离移动和传播，主要借助流水、风、病土和农机具沾带的病残体、带病的种子或其他营养材料以及人类活动。根结线虫生活最适温度为 25～30℃，高于 40℃或低于 5℃都很少活动，55℃经 10 分钟致死。田间土壤湿度是影响孵化和繁殖的重要条件，雨季有利于线虫的孵化和侵染，但干燥或过湿土壤，可使其活动受到抑制。适宜土壤 pH 值为 4～8，地势高燥、土壤质地疏松、盐分低的条件适宜线虫活动，有利发病，沙土常较黏土发病重，连作地发病重。

【药剂防治】用敌敌畏熏蒸剂（每 667 米^2 用 80%敌敌畏乳油 0.25～0.5 千克，兑水 50～100 千克），然后铺地膜，闷棚 15 天左右，可杀死耕作层大部分线虫。

在定植前 10～15 天沟施或穴施 3%的甲基异硫颗粒剂 2～3 千克/667 米^2。在生长期间也可用 40%甲基异硫磷乳剂 200～300 倍液灌根，或用 50%的辛硫磷乳油 1500 倍液灌根。每株 0.25～0.5 千克药液，连续灌 2 次，效果较好。也可在播种和定植时穴施 10%力库满颗剂，每 667 米^2 5 千克。

第六章 除草剂

农田杂草是在与作物长期竞争中，经过长期的自然选择和适应环境的结果。杂草是限制农作物产量和农业生产力的一个重要因素，实践已经证明，化学除草具有省工、省力、省时、经济、高效等特点。但由于棚室栽培的特殊性，目前在除草剂的使用中出现了这样或那样的问题（技术不当导致大面积药害；长期大量使用造成土壤中残留超标并引发环境污染；长期单一使用造成杂草群落不断更替，多年生杂草和某些杂草危害加剧；杂草产生抗药性和抗药性速度加快导致的药效下降和对下茬敏感作物产生药害等问题）。因此，了解除草剂的分类与剂型；掌握杂草对除草剂的吸收与传导，明确除草剂的选择性和除草原理；正确使用除草剂，全面掌握温室除草的基本知识就显得十分重要。

第一节　除草剂的类别与作用机制

一、除草剂的分类与剂型

目前国内外市场上流通应用的除草剂品种已超过 150 种，加工剂型也日益增多。不同类型的除草剂理化性质、生物活性等都有较大的差异，且防除对象、适用作物、使用方法也不相同，只有全面熟悉并掌握它们的特性，才能正确与安全地使用，才能收到良好的除草效果。

（一）除草剂的分类

1. 按作用方式分类

（1）选择性除草剂　选择性除草剂是在一定用量、作物与环境范围内使用，能够有效地杀死杂草，而不伤害作物的除草剂。但其选择性也有一定程度，如果用量过大或使用时期不当，亦可对作物造成药害，这样就失去了选择性。

（2）非选择性除草剂　非选择性除草剂也称为灭生性除草剂。这类除草剂对作物与杂草没有选择能力或选择能力很差，不分作物与杂草均有杀伤作用。因此，这些除草剂不能直接喷洒在作物上，而是要喷洒到杂草的茎叶上。当然，使用时常通过一定的使用方式使之人为地获得选择性。例如，将喷嘴上安装防护罩，通过定向喷洒，做到只杀杂草不伤作物。

2. 按除草剂在植物体内的传导分类

（1）输导型除草剂　这类除草剂被植物茎叶或根部吸收后，能够在植物体内转移并输送到作用点，从而杀死杂草。

（2）触杀性除草剂　这类除草剂的输导能力很弱，药液接触到植物后不能在体内转移，只在接触部位发生作用。

3. 按除草剂的使用方法分类

（1）茎叶处理剂　在作物与杂草出苗后喷洒，用于杀死杂草的幼苗。其优点是见草施药，缺点是不具备抑制杂草种子萌发的能力。

（2）土壤处理剂　在作物播前或播后苗前将除草剂施于土壤。主要通过杂草的根、芽鞘或下胚轴等部位吸收而产生药害作用，但对已出土的杂草防效差或无效。

4. 根据化学结构分类

除草剂分为有机除草剂、无机除草剂和微生物除草剂。有机除草剂品种繁多，结构复杂，目前广泛应用的绝大多数是有机除草剂。

（1）苯氧羧酸类　该类除草剂由苯氧基和各种羧酸类及其盐类或酯类组成，并且苯环上的其他一些成分被取代。常用品种有2,4-滴丁酯等。

（2）苯甲酸类　该类除草剂由苯环和羧基组成。在苯环上其他成分被取代而形成各品种。常用品种有麦草畏、豆科威等。

（3）酰胺类　该类结构：一是羧基上的羟基（—OH）被氨基（$—NH_2$）所取代的酸衍生物；二是$—NH_2$中的一个氢原子被苯基取代而转变成酰苯胺；三是骨架上的碳原子与甲基结合而转变成乙酰替苯胺。常用的品种有敌稗、乙草胺、丁草胺、甲草胺、都尔等。

（4）氨基甲酸酯类　氨基甲酸酯类除草剂根据氨基中两个氢原子的取代基不同（苯基或烷基）以及羧基上的氧原子被硫原子取代的情况，可分为苯基氨基甲酸酯类及硫代氨基甲酸酯类两大类。常用品种有灭草灵、燕麦灵、杀草丹、禾大壮、优克稗等。

（5）取代脲类　该类除草剂有芳基、脂环基或杂环，通常为环状结构，尤以苯环为多；另有低烷基及烷氧基。由于取代基不同，形成各种类型品种。常用的有利谷隆、绿麦隆、莎扑隆等。

（6）磺酰脲类　这类除草剂分子结构包括芳基、脲桥及杂环三部分。主要品种有氯磺隆、甲磺隆、农得时、草克星等。

（7）二硝基苯胺类　组成这类除草剂的母体是苯，苯胺苯环上的2,6位置被硝基取代而形成二硝基苯胺类的基本结构。主要品种有氟乐灵、地乐胺、二甲戊乐灵等。

（8）二苯醚类　分子结构为醚键上连接两个苯核的化合物。主要品种有虎威、果尔、克阔乐。

（9）三氮苯类　在具有杂环结构的化合物中，环中含有两个以上氮原子者称为连氮化合物。其中在环中含有三个氮原子者称为三氮苯类化合物。环中包括三个氮原子和三个碳原子的排列为对称者叫作均三氮苯类，而排列不对称者叫作非均三氮苯类。主要品种有莠去津、西玛津、西草净、扑草净等。

(10) 有机杂环类　包括噁二嗪类，如恶草灵；嘧啶类，如苯达松；吡唑类，如吡唑特；哒嗪类，如杀草敏；联吡啶类，如百草枯；其他有机杂环类，如快杀稗。

(11) 有机磷类　主要有草甘膦、哌草磷。

(12) 脂肪酸类　如茅草枯。

(13) 其他类　如拿扑净、溴苯腈、氟草定、千金、韩乐天等。

目前棚室蔬菜常用的除草剂有二甲戊乐灵、氟乐灵、地乐胺、乙氧氟草醚、敌草胺等。

(二) 除草剂的加工剂型

常用除草剂多数为有机化合物，通常难溶于水，不能直接使用，需要把它们与适当的溶剂、乳化剂及各种助剂进行适当的加工后，才能在生产中应用。经过加工的除草剂称为除草剂制剂，制剂的形态称为剂型。除草剂的加工剂型主要有以下几种。

1. 可湿性粉剂 (WP)

将除草剂原药与表面活性剂及填充物质混合，机械粉碎到一定细度而成。例如，农得时。

2. 乳油 (EC)

根据其理化性质，选择适宜的溶剂及乳化剂与原药相互混合而成。例如，丁草胺、乙草胺等。

3. 胶悬剂 (FC)

这类除草剂在有机溶剂中溶解度较低，不能制成乳油。为了便于使用，将这类除草剂的原粉、分散剂及树脂等悬浮剂、抗冻剂以及水溶性表面活性剂混合，通过磨制法制成分散性能良好的可流动的黏稠胶悬剂。例如，莠去津胶悬剂。

4. 水溶剂 (AS)

直接溶于水的除草剂称为水溶剂。这类除草剂不需要特殊加工过程就可以直接加水溶解或按用量拌成毒土使用。例如，百草枯等。

5. 粉剂（DP）

由除草剂原粉和陶土、滑石粉、干磁土或其他惰性粉加工而成细土，95%通过200目，直接喷粉使用，也可以拌成毒土撒施。例如，乙草胺粉剂。

6. 粒剂（MG）

除草剂的粒剂是将除草剂原药渗入惰性载体等以制成均匀、具有一定细度的粒状物，按其粒度大小分为大粒剂、微粒剂、颗粒剂等。例如，杀草丹颗粒剂。

7. 缓释剂（BR）

是国际上正在发展中的新剂型。它是利用物理、化学等方法，使药剂储存于塑料薄膜中，使药剂有控制的释放出来，从而杀死杂草。例如，扑草净地膜。

此外，还有液剂（C）、可溶性粉剂（SP）、干燥悬浮剂（DF）、水分散粒剂（WG）、悬浮剂（SC）、泡腾粒剂（EA）等。

二、除草剂的选择性

喷施除草剂能杀死田间杂草而不伤害作物的特性称为除草剂的选择性。所谓除草剂的选择性是指植物体对除草剂的敏感性之差异。这种差异表现在作物与杂草之间，作物与作物之间，杂草和杂草之间，甚至品种与品种之间都会存在。除草剂的选择性可分为以下几种。

（一）形态结构选择性

植物外部形态千差万别，不同形态对除草剂的吸收能力有差异，双子叶植物叶片相对较大，叶片平展，叶面角质层较薄，药液较易黏附和渗入；禾本科植物叶片狭长而直立，而且叶面有较厚的角质层和蜡质层，药液不易渗入而易脱落。由于植物器官的生长位置不同也存在着选择性，禾本科植物的顶芽为叶鞘所包被，触杀性除草剂不易杀伤其分生组织；双子叶植物的幼芽裸露在外，很容易受到杀伤。输导组织的差异也影响除草剂的选择性，双子叶植物韧皮部的形成层呈环状排列，薄壁细胞多，药液进入韧皮部时，可使薄壁细胞迅速繁殖，形成突起，堵塞筛管，阻断物质输送而导致组织死亡；而禾本科植物的维管束呈散状排列，形成层不发达，不会因薄壁细胞的更新分裂，阻塞输导组织而死亡。

（二）生理生化选择性

不同植物对除草剂的吸收和传导有很大差异，这种吸收和传导的能力是因植物生理上的差异而不同。植物吸收除草剂并在体内输导能力的差异所产生的选择性称为生理选择性。一般情况下，如果植物体对除草剂的吸收与输导能力强，则对除草剂敏感，也易被杀死。如双子叶植物能很快地吸收苯氧羧酸类除草剂并传导到全株各部位而导致中毒死亡；而禾本科植物对此类除草剂很少吸收与传导。不同植物对同一除草剂的生化反应也不一样，除草剂进入植物体内后可能发生不同的生化反应，有的除草剂利用作物与杂草之间的生化反应的差异而产生选择性。生理反应包括解毒作用和活化作用，某些作物能将除草剂分解成无毒物质而不受害，而有些杂草缺乏解毒能力而中毒死亡。例如，敌稗喷洒到水稻和稗草叶片上后，由于水稻体内含有芳基酰胺水解酶，水稻可将敌稗水解为无毒化合物，而稗草没有具备这种分解能力的水解酶便中毒死亡。玉米根系中有一种玉米酮能使阿特拉津产生脱氯反应而解毒。某些除草剂对植物并无毒害，但在进入植物体后，经过代谢而发生活化反应，变成了有毒物质而产生杀伤作用，而没有这种能力的植物就不会中毒。例如，新燕灵进入野燕麦体内后可被分解为一种有毒的物质，故野燕麦中毒死亡。

（三）时差选择性

对作物有较强毒性的除草剂，可选择时差。残效（留）期短的除草剂，利用不同时间内施药方法来达到安全用药的目的。例如，采取播种前或移栽前施药，经过一段时间，由于除草剂的降解和钝化，然后再播种或移栽作物，达到除草剂不伤害禾苗的目的。

（四）位差选择性

利用作物种子和杂草种子及作物和杂草根系分布深浅的差异，将除草剂施在易被杂草吸收的土壤表层或浅层内，因杂草种子的萌发深度较浅，其幼芽和幼根直接接触到药剂处理层，从而杀死杂草；而作物种子播种较深，根系向下不会吸收药剂，虽然幼芽出土时，有时或子叶也会受到轻微灼伤，但因种子比较大，有一定的抗性和恢复能力，所以可以安全出苗。

（五）其他选择性

作物的不同发育期对除草剂的抗性有差异，在抗药性较强的时期施药，可减轻或不影响作物产量。在作物比杂草高的地里，通过定向喷雾进行选择，起到既防草又保护作物的作用。通过加工除草剂的剂型，如将除草剂加工成颗粒剂在水稻叶片无露珠时施用，颗粒剂碰到叶片快速脱落下来可避免药害的发生。

三、除草剂的作用机制

（一）除草剂的杀草原理

除草剂通过茎叶或土壤处理经过杂草吸收与输导，达到作用点是一个比较复杂的过程。除草剂的杀草原理也叫作用机制，它的含义是从生物化学角度来解释除草剂如何达到能杀死杂草的作用点的道理。

1. 抑制光合作用

光合作用是绿色植物获得生长发育所需营养物质的重要过程。植物以二氧化碳与水为原料，在光能的作用下产生碳水化合物和其他有机物质，有些除草剂能抑制光合作用，导致植物因“饥饿”而死亡。如取代脲类、三氮苯类、氨基甲酸酯类、酰胺类，这些除草剂杀死杂草需要光照，而且光照越强除草效果越好。抑制光合作用的除草剂一般不影响种子的萌发和出苗，其受害症状是从叶尖或叶缘开始失绿，逐渐扩展到整个叶片，造成干枯，最后全株死亡。

2. 破坏呼吸作用

呼吸作用是植物将可合成的碳水化合物等物质的氧化过程，分为糖酵解、三羧酸循环、氧化磷酸化及电子传递四个阶段。其中糖酵解在细胞质内，而三羧酸循环、氧化磷酸化及电子传递均发生在线粒体内，破坏植物呼吸作用的大部分除草剂都影响线粒体的机能，使植物体内生理生化无法进行而致死。

3. 干扰核酸、蛋白质与脂肪酶的合成

核酸、蛋白质、脂类是植物的基础物质，当除草剂进入植物体内，核酸代谢、蛋白质的合成受到干扰，脂肪的合成受到抑制，酶的合成受阻，细胞不能正常分裂，导致植物体生长发育的异常变化，生长停滞，植株畸形，甚至死亡。

4. 干扰植物激素的作用

植物体内含有多种植物激素，对于协调植物生长、发育、开花、结果起着重要作用。激素在植物体内不同组织中的含量与比例都有严格的标准。激素类除草剂进入植物体内，打破了原有植物体内激素的平衡，因而严重影响了植物的生长发育，甚至死亡。激素类除草剂的作用特点是低浓度对植物有刺激作用，高浓度则产生抑制作用。由于植物不同器官对除草剂的敏感性及积累数量上的差异，药害常表现刺激或抑制两种症状。

（二）除草剂的吸收与传导

由于除草剂品种与类型及使用方法不同，杂草对其吸收与运转途径也有所不同，杂草对除草剂吸收量的多少直接影响除草效果。

1. 杂草对除草剂的吸收

茎叶除草剂通过叶片、茎与芽吸收并在韧皮部及木质部运转；而土壤处理剂则经根、幼芽或胚芽鞘、下胚轴吸收，在木质部与蒸腾流一起向上运转；一些触杀性除草剂被吸收后，不能扩散，只停在苗局部组织而不运转。

2. 杂草对除草剂的传导

触杀性除草剂喷洒在杂草叶片上，能迅速杀伤杂草细胞，很少向周围移动。因而不能防除具有地下繁殖能力的多年生杂草，只能在药液接触的部位起到触杀作用或抑制作用。所以，喷雾力求均匀周到，才能收到理想的除草效果。内吸传导型除草剂依据吸收部位不同而有不同的传导途径。质外体系的传导是由根部吸收经过导管进入木质部，随水分向上传导；共质体系的传导是由叶部吸收，通过筛管，进入顶芽、幼叶、根尖，不仅能杀死地上部位的杂草，对根茎繁殖类的杂草也有一定的杀伤作用。

第二节　除草剂的使用方法及施用技术

每种除草剂都有特定的使用方法和相关的使用技术，在使用时应考虑以下几个方面：要根据作物种类、杂草群落、除草剂的特性，选择对应的除草剂品种；要根据作物与杂草生育期、气候条件和土壤特性，确定单位面积最佳用药量；要选好和调整好喷雾器具，保持各喷嘴流量一致，达到喷洒均匀，不重喷，不漏喷；使用中注意安全保护，严防人畜中毒，注意保护环境，对有益生物杀伤和对环境污染减少到最低程度。生产中选择使用方法，首先应该考虑对作物安全性好，除草效果理想，其次要求使用方法简单易行。

一、除草剂的使用方法

1. 土壤处理法

土壤处理就是将除草剂用喷雾、喷洒、泼浇、甩施、喷粉或毒土等方法施到土壤中，形成一定厚度的药土层，接触杂草种子、幼芽、芽鞘及其他部分，通过吸收与传导杀死杂草。当前对土壤处理主要采用喷雾法，大型机引喷雾器喷液量每公顷300～500升，人工背负式喷雾器喷液量每667米^{2}30～50升。土壤处理法根据处理时期不同又分为以下几类。

（1）播前处理法　作物播前或移栽前用除草剂处理土壤，对易挥发与光解的除草剂应进行土壤混土处理。施药后，立即用圆盘耙或旋转锄交叉耙地，将药剂混拌于土壤中，然后耢平、镇压、播种，混土深度4～6厘米。

（2）播后苗前处理法　作物播种后尚未出苗时用除草剂处理土表，称为播后苗前处理法，是当前最常用的方法。有的年份，喷药后，如过干旱，可进行浅混土以促进药效的发挥，但耙地深度不能超过播种深度，严防伤芽或将种子耙出。

（3）苗后土壤处理法　在作物苗期用除草剂处理地表，常用于水稻田。水稻播种后，杂草未出土前，将一定量的除草剂与细沙土拌撒施或采用颗粒剂型除草剂扬撒，每667米^{2}施用药土量为20～40千克。

北方地区土壤处理按处理方式又可分为全田施药和苗带施药两种。全田施药是将除草剂均匀喷洒于全部土地上；苗带施药是把除草剂只施于作物的播幅上，行间不施药，适于中耕松土作物，一般可减少药量一半，这样既降低了成本，又减少了污染，实现了机械中耕与化学除草有机的结合。

2. 茎叶处理法

杂草出苗后将除草剂直接喷洒在杂草的叶和茎上的方法，称为茎叶处理法。茎叶处理法不受土壤类型、有机质含量影响，可见草施药，针对性强，药效受环境条件影响较小，即使是较旱年份也能取得较好地防效，茎叶处理能够较好地避免土壤处理的许多缺点。特别是近年来开发研制出了超高效、高选择性茎叶处理剂，此法应用越来越广泛。但是，茎叶处理不像土壤处理那样，在土壤中有一定持效期，所以只能杀死已出土的杂草。施药过早，大部分杂草尚未出土，难以收到较好的防除效果。施药过晚，作物与杂草长到一定高度，互相遮蔽，不仅杂草抗药性增强，而且还会阻碍药液雾滴均匀黏着于杂草上，使防除效果下降。施药过晚，有些除草剂常对作物造成伤害。只有杂草出苗较集中，萌发高峰以后，杂草3～5叶期用药才能收到较好的效果。因此，施药时期是一个关键点，必须掌握好施药的时机。茎叶处理法，按喷液量可分为大容量喷雾、低容量喷雾和超低容量喷雾。

（1）大容量喷雾　通常用手动喷雾器操作，适于触杀性除草剂，因为这类除草剂要求彻底湿润杂草的茎叶部分才能获得良好的杀草效果。每667米^{2}喷药液量30升以上，雾滴直径在200～400微米。大容量喷雾要求药液具有很好的湿润性能，在药液中常加入湿润剂、展着剂或增效剂，以利药液在叶片上的黏着性能及被叶片吸收，从而提高药效。

（2）超低容量喷雾　超低容量喷雾适于水溶性好的内吸传导性除草剂。这类药剂不要求在植物表面形成药膜，只要求达到一定的雾滴密度。每667米^2 0.3升以上，用原药加入少量水喷雾，雾滴直径50～100微米。由于雾滴细小而稠密，有利于沉积在叶片的正面，还可粘在叶背面，增大了药液与叶片的接触面，有利于叶片的吸收与传导。超低容量用药浓度虽大，但用量少，比常规喷雾省药，且提高工效10倍以上，在干旱缺水的地区使用更为适宜。应避免大风、顺风、高温天气作业，注意邻近敏感作物和人员的安全。

（3）低容量喷雾　低容量每667米^{2}喷药液量在20～25升，雾滴直径100～200微米。低容量喷雾适用于绝大多数茎叶处理剂，作业时防止飘失，同时要求药液具有良好的展布性。

北方地区采用茎叶处理方法，常采用苗带喷雾，作业时需调整好喷嘴及喷头的位置，使喷嘴对准苗带进行喷雾，此法适用于中耕作物或间套种作物。用于选择性较差或非选择性除草剂，只对杂草喷药，确保作物不沾药，也常采用定向喷雾。作业时调整喷头角度和位置或在喷头上加防护罩，确保作物安全。

二、除草剂的使用技术

化学除草的目的是有效地防除杂草且对作物安全无药害，做到这一点，必须掌握以下几项技术。

1. 选择对应的除草剂品种

要根据作物、杂草的种类、杂草群落、土壤质地、除草剂特性，选择最佳除草剂品种。

2. 掌握施药适期

茎叶处理法，通常在杂草多数出土且3～5叶期喷药，此时杂草幼嫩，抗药性小，对除草剂容易吸收，所以杀草效果好。同时必须是在作物抗药性最强时期施药，禾本科作物应在4叶期以后拔节前施药，拔节后尤其是雌雄蕊分化期至花粉母细胞减速分裂期最为敏感，易产生药害，切勿此时施药。土壤处理，通常是在作物播种后出苗前，一般播后2～5天，杂草处于萌芽状态。此时施用除草剂，除草效果好。一旦杂草出土则防效降低，掌握施药适期，是提高防除效果的关键。

3. 控制施用剂量

每一种除草剂都有一定的用药量范围，不能随意增减单位面积上的用药量。用药量是保证除草效果及作物安全的重要因素。不同的除草剂品种由于它们的化学结构不同，造成生物活性差异很大，因而单位面积用药量显著不同，有的多，有的少；同一种杂草在幼苗期对药剂比较敏感，相反高大植株抗药性增强。所以，只有针对草情，按照实际用药面积，准确计算单位面积的用药量，才能收到良好的除草效果。在实际操作中常选用狭缝式喷头，使雾流呈扁形喷出，均匀周到，不重喷，不漏喷。做到这一点，才能保证药量准确，不至于因此加大用药量而导致杀伤作物。

4. 提高整地质量

整地质量与土壤处理剂药效的发挥关系密切。因整地质量直接影响药剂在水壤中的分布，要求整平，土块整细，清除秸秆。施用易光解、挥发的土壤处理剂应及时混土处理，施药后遇干旱可进行浅混土，亦可提高防效。

5. 根据土壤质地和有机质含量掌握用药量

土壤质地和有机质含量可影响土壤对除草剂的吸附，黏性土壤和有机质含量较高的土壤吸附除草剂比较多，因而施用低剂量除草效量不好，需要在推荐剂量范围内采用高剂量，才能达到理想的防除效果；沙性土壤和有机质含量较低的土壤吸附能力差，吸附量少，且易淋溶到土壤下层，施用高剂量往往发生药害，因此在推荐范围内应采用低剂量，既保证除草效果，又避免对作物造成药害。

6. 水层和土壤湿度对除草效果的影响

土壤处理剂，一般要求有较高的土壤湿度，才能很好发挥药效。但是，土壤湿度也不是越大越好，当湿度饱和甚至积水时，许多除草剂会淋溶到土壤下层作物的根部，引起药害。因此田间须有良好的灌排系统，既可在干旱时进行灌水，又可在水分过多时能及时排涝降渍。

7. 避免在不良的气象条件下施药

气温、日照、空气温度、降雨、风力都是影响除草剂吸收与传导的因素，因而影响除草效果。一般情况下，日照强，气温高，植物的生理代谢旺盛，进入作物体内的除草剂降解较快，杂草因缺乏降解能力或除解能力较弱而被杀伤。不同除草剂对温度的要求不同，绝大多数除草剂，低温时除草效果不好，只有在高温时才能充分发挥药效，但有的除草剂品种在高温时施用易产生药害。不同的除草剂对日照的反应也不同，光活化性除草剂只有在阳光条件下才能发挥药效，连日阴雨时效果很差。但遇光易分解的除草剂，施用后必须在15～20小时混土处理，才能保证药效。喷洒茎叶处理剂，在空气湿度大时，杂草叶片表面气孔张开，有利于药剂的进入和吸收，因此，除草效果好。但天气干旱，空气干燥的情况下，由于杂草叶片表面气孔闭合，细胞壁增厚，光合作用降低，杂草吸收除草剂的能力差，因而很难取得理想的防除效果。

8. 科学合理进行除草剂混用

多年来的实践证明，在一个地方长期使用一种或同一类除草剂，不仅杂草单一，又可诱发和增强杂草的抗药性，还可使农田杂草群体发生变化，某些杂草受到抑制，而另一些杂草可能由原来的非主要地位上升为优势种或恶性杂草，因此科学合理地实行除草剂混用，应引起高度重视。除草剂混用，其优点是提高药效；扩大杀草范围；提高对作物的安全性；延缓杂草对除草剂的抗药性；防止杂草群落出现偏向演替；增强了对土壤和气候条件的适应性；降低了用药成本。在生产实践中，往往采用两种或两种以上除草剂现混现用，但也存在一些问题：一是盲目混用，混用后没有进行联合毒力测定，混用结果不是增强或加成作用，往往是效果不良；二是不了解除草剂的理化性质和物理化学相容性，往往混用后，出现分层、沉淀、凝结等现象，还可对作物产生抑制和药害；三是混配配比不合理，混用量超过同一作物的单用量，达不到经济、安全、有效的目的；除草剂与杀虫剂、杀菌剂、化肥等混合使用虽有很多好处，但也并非所有药剂都可任意混用，在实际应用中也发生过除草剂与杀虫剂混用后由于扰乱作物的生理生化作用，而导致药害。除草剂混用必须掌握以下几项原则：一是杀草不同类型的除草剂相配合，可增加作用部位，扩大杀草范围，提高综合防除效果；二是速效性和缓效性、触杀性与内吸型、残效期长的和残效期短的、在土壤中扩散性大的和小的、作物吸收部位不同相结合；三是除草剂混用后，应实现延长施药适期，降低单剂用药量，降低在土壤中残留量，对下茬敏感作物安全。

第三节　棚室常见杂草

一、禾本科

1. 马唐（图 6-1，彩图）

图 6-1　马唐

【形态特征】幼苗暗绿色、全株被毛。第一叶长 6～8 毫米，宽 2～3 毫米；第二叶渐长，叶鞘松弛，叶舌膜质，无叶耳；秆直立或下部倾斜，膝曲上升，高 10～80 厘米，直径 2～3 毫米，无毛或节生柔毛。叶鞘短于节间，无毛或散生疣基柔毛；叶舌长 1～3 毫米；叶片线状披针形，长 5～15 厘米，宽 4～12 毫米，基部圆形，边缘较厚，微粗糙，具柔毛或无毛。总状花序长 5～18 厘米，4～12 枚成指状着生于长 1～2 厘米的主轴上；穗轴直伸或开展，两侧具宽翼，边缘粗糙；小穗椭圆状披针形，长 3～3.5 毫米；第一颖小，短三角形，无脉；第二颖具 3 脉，披针形，长为小穗的 1/2 左右，脉间及边缘大多具柔毛；第一外稃等长于小穗，具 7 脉，中脉平滑，两侧的脉间距离较宽，无毛，边脉上具小刺状粗糙，脉间及边缘生柔毛；第二外稃近革质，灰绿色，顶端渐尖，等长于第一外稃；花药长约 1 毫米。

2. 旱稗（图 6-2，彩图）

图 6-2 旱稗

【形态特征】秆高 40～90 厘米。叶鞘平滑无毛；叶舌缺；叶片扁平，线形，长 10～30 厘米，宽 6～12 毫米。圆锥花序狭窄，长 5～15 厘米，宽 1～1.5 厘米，分枝上不具小枝，有时中部轮生；小穗卵状椭圆形，长 4～6 毫米；第一颖三角形，长为小穗的1/2～2/3，基部包卷小穗；第二颖与小穗等长，具小尖头，有 5 脉，脉上具刚毛或有时具疣基毛，芒长 0.5～1.5 厘米；第一小花通常中性，外稃草质，具 7 脉，内稃薄膜质，第二外稃革质，坚硬，边缘包卷同质的内稃。花果期 7～10 月。

3. 牛筋草（图 6-3，彩图）

【形态特征】一年生草本。根系极发达。秆丛生，基部倾斜，高 10～90 厘米。叶鞘两侧压扁而具脊，松弛，无毛或疏生疣毛；叶舌长约 1 毫米；叶片平展，线形，长 10～15 厘米，宽 3～5 毫米，无毛或上面被疣基柔毛。穗状花序 2～7 个指状着生于秆顶，很少单生，长 3～10 厘米，宽 3～5 毫米；小穗长 4～7 毫米，宽 2～3 毫米，含 3～6 小花；颖披针形，具脊，脊粗糙；第一颖长 1.5～2 毫米；第二颖长 2～3 毫米；第一外稃长 3～4 毫米，卵形，

图 6-3 牛筋草

膜质，具脊，脊上有狭翼，内稃短于外稃，具 2 脊，脊上具狭翼。囊果卵形，长约 1.5 毫米，基部下凹，具明显的波状皱纹。鳞被 2，折叠，具 5 脉。

4. 看麦娘（又名褐蕊看麦娘，如图 6-4，彩图）

图 6-4 看麦娘

【形态特征】秆少数丛生，细弱，光滑无毛，直立或基部膝曲，高 15～40 厘米。叶鞘无毛，常短于节间，鞘内常具分枝；叶舌膜质，长 2～5 毫米；叶片扁平，长 4～9 厘米，宽 3～8 毫米。圆锥花序细圆柱形，长 2～8 厘米，宽 3～5 毫米；小穗长 2～3 毫米；颖膜质，长 2～3 毫米，具 3 脉，基部连合，脊上具纤毛，侧脉上具短毛；外稃膜质，与颖等长或稍长，下部边缘连合，顶端顿，芒生于外稃的下部，长 2～3 毫米，不露出或稍露出颖外。花药长

0.5～1毫米，橙黄色。颖果长约1毫米。花果期6～9月。

二、莎草科

碎米莎草（图6-5，彩图）

图6-5 碎米莎草

【形态特征】植株丛生，高20～60厘米。茎秆三棱状，光滑，直径1～2.5毫米；根为须根，淡黄红色。叶条状披针形或条形，数目较多，均短于秆，宽3～6毫米，顶部边缘有些粗糙；叶鞘膜质，包围茎秆基部。长侧枝聚伞花序具5～8个不等长的辐射枝，长可达12厘米，基部具3～5枚叶状总苞，下部总苞比花序长；小穗长5～13毫米，宽1.5～2毫米，黄色，直伸，较密，含6～24花；柱头3枚，鳞片宽倒卵形，长1～1.5毫米，顶端微缺，具极短的小尖，小尖不超出鳞片。小坚果倒卵状椭圆形，具三棱，褐色。种子繁殖，较大植株可产4千～5千粒种子。

三、藜科

1. 藜（图6-6，彩图）

【形态特征】一年生草本植物，茎直立，有棱，并有灰色或紫

图 6-6 藜

红色细条纹，分枝多。单叶互生，有长柄，叶形变异大，下部为卵形、菱形或三角形。上部叶全缘，型狭，浅绿色而稍带紫，背面具白粉。花极小，组成短穗状花絮，萼片有棱，包围着极小的胞果。

2. 灰绿藜（图 6-7，彩图）

图 6-7 灰绿藜

别名：小灰菜、黄瓜菜、山芥菜、山菘菠、山根龙等。

【形态特征】一年生草本，高 10～45 厘米。茎通常由基部分枝，斜上或平卧，有沟槽与条纹。叶片厚，长 2～4 厘米，宽 5～20 毫米，顶端急尖或钝，边缘有波状齿，基部渐狭，表面绿色，背面灰白色、密被粉粒，中脉明显；叶柄短。花簇短穗状，腋生或顶生；花被裂片 3～4，少为 5。胞果伸出花被片，果皮薄，黄白色；种子扁圆，暗褐色。

3. 小藜（图 6-8，彩图）

图 6-8 小藜

【形态特征】高 20～55 厘米。茎直立，具条棱，稍有白粉，后渐光滑。单一或分多枝，叶互生，具叶柄。叶片卵状矩圆形，长 2.5～5 厘米，宽 1～3.5 厘米，通常三浅裂；中裂片两边近平行，先端钝或急尖并具短尖头，边缘具深波状锯齿；侧裂片位于中部以下，通常各具 2 浅裂齿。花两性，数个团集，排列于上部的枝上形成较开展的顶生圆锥状花序；花被近球形，5 深裂，裂片宽卵形，不开展，背面具微纵隆脊并有密粉；雄蕊 5，开花时外伸；柱头 2，丝形。胞果包在花被内，果皮与种子贴生。种子双凸镜状，黑色，有光泽，直径约 1 毫米，边缘微钝，表面具六角形细洼；胚环形。

四、苋科

1. 凹头苋（图 6-9，彩图）

【形态特征】高 10～30 厘米，全体无毛；茎伏卧而上升，从基部分枝，淡绿色或紫红色。叶片卵形或菱状卵形，花成腋生花簇，直至下部叶的腋部，生在茎端和枝端者成直立穗状花序或圆锥花序；苞片及小苞片矩圆形，果熟时脱落。胞果扁卵形，不裂，微皱缩而近平滑，超出宿存花被片。种子环形，黑色至黑褐色，边缘具

图 6-9　凹头苋

环状边。

2. 反枝苋（图 6-10，彩图）

图 6-10　反枝苋

【形态特征】一年生草本，高 20～80 厘米，有时达 1 米多；茎直立，粗壮，单一或分枝，淡绿色，有时具带紫色条纹，稍具钝棱，密生短柔毛。叶片菱状卵形或椭圆状卵形，顶端锐尖或尖凹，有小凸尖，基部楔形，全缘或波状缘，两面及边缘有柔毛，下面毛较密；淡绿色，有时淡紫色，有柔毛。圆锥花序顶生及腋生，直立。胞果扁卵形，环状横裂，薄膜质，淡绿色，包裹在宿存花被片内。种子近球形，棕色或黑色，边缘钝。

五、锦葵科

苘麻（图 6-11，彩图）

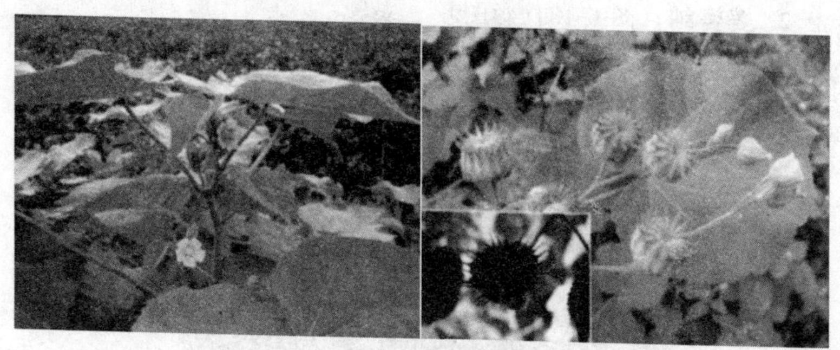

图 6-11 苘麻

【形态特征】高达 1～2 米，茎枝被柔毛。蒴果半球形，种子肾形，褐色，被星状柔毛。

六、玄参科

1. 通泉草（图 6-12，彩图）

图 6-12 通泉草

【形态特征】高3～30厘米，无毛或疏生短柔毛。总状花序生于茎、枝顶端，常在近基部即生花，伸长或上部成束状，通常3～20朵，花疏稀；花萼钟状；花冠白色、紫色或蓝色。蒴果球形；种子小而多数。

2. 婆婆纳（图6-13，彩图）

图6-13 婆婆纳

【形态特征】婆婆纳是铺散多分枝草本植物，高10～25厘米。叶仅2～4对（腋间有花的为苞片），具3～6毫米长的短柄，叶片心形至卵形，长5～10毫米，宽6～7毫米，每边有2～4个深刻的钝齿，两面被白色长柔毛。总状花序很长；苞片叶状，下部的对生或全部互生；花梗比苞片略短；花萼裂片卵形，顶端急尖，果期稍增大，三出脉，疏被短硬毛；花冠淡紫色、蓝色、粉色或白色，直径4～5毫米，裂片圆形至卵形；雄蕊比花冠短。蒴果近于肾形，密被腺毛，略短于花萼，宽4～5毫米，凹口约为90度角，裂片顶端圆，脉不明显，宿存的花柱与凹口齐或略过之。种子背面具横纹，长约1.5毫米。

七、旋花科

田旋花（图6-14，彩图）

【形态特征】多年生草质藤本，近无毛。根状茎横走。茎平卧

图 6-14 田旋花

或缠绕，有棱。叶柄长 1～2 厘米；叶片戟形或箭形，长 2.5～6 厘米，宽 1～3.5 厘米，全缘或 3 裂，先端近圆或微尖，有小突尖头；中裂片卵状椭圆形、狭三角形、披针状椭圆形或线形；侧裂片开展或呈耳形。花 1～3 朵腋生；花梗细弱；苞片线形，与萼远离；萼片倒卵状圆形，无毛或被疏毛；内萼片边缘膜质；花冠漏斗形，粉红色、白色，长约 2 厘米，外面有柔毛，褶上无毛，有不明显的 5 浅裂；雄蕊的花丝基部肿大，有小鳞毛；子房 2 室，有毛，柱头 2，狭长。蒴果球形或圆锥状，无毛；种子椭圆形，无毛。

八、茄科

龙葵（图 6-15，彩图）

图 6-15 龙葵

【形态特征】一年生草本植物，全草高30～120厘米；茎直立，多分枝；卵形或心形叶子互生，近全缘；夏季开白色小花，4～10朵成聚伞花序；球形浆果，成熟后为黑紫色。浆果和叶子均可食用。

九、马齿苋科

马齿苋（图6-16，彩图）

图6-16 马齿苋

【形态特征】全株无毛。茎平卧或斜倚，伏地铺散，多分枝，圆柱形，长10～15厘米，淡绿色或带暗红色。叶互生，有时近对生，叶片扁平，肥厚，倒卵形，似马齿状，长1～3厘米，宽0.6～1.5厘米，顶端圆钝或平截，有时微凹，基部楔形，全缘，上面暗绿色，下面淡绿色或带暗红色，中脉微隆起；叶柄粗短。花无梗，直径4～5毫米，常3～5朵簇生枝端，午时盛开；苞片2～6，叶状，膜质，近轮生；萼片2，对生，绿色，盔形，左右压扁，长约4毫米，顶端急尖，背部具龙骨状凸起，基部合生；花瓣5，稀4，黄色，倒卵形，长3～5毫米，顶端微凹，基部合生；雄蕊通常8，或更多，长约12毫米，花药黄色；子房无毛，花柱比雄蕊稍长，柱头4～6裂，线形。蒴果卵球形，长约5毫米，盖裂；种子细小，多数偏斜球形，黑褐色，有光泽，直径不及1毫米，具小疣状凸起。

十、十字花科

碎米荠（图 6-17，彩图）

图 6-17 碎米荠

【形态特征】一年生小草本，高 15～35 厘米。茎直立或斜升，分枝或不分枝，下部有时淡紫色，被较密柔毛，上部毛渐少，基生。叶具叶柄，有小叶 2～5 对，顶生小叶肾形或肾圆形，长 4～10 毫米，宽 5～13 毫米，边缘有 3～5 圆齿，小叶柄明显，侧生小叶卵形或圆形，较顶生的形小，基部楔形而两侧稍歪斜，边缘有 2～3 圆齿，有或无小叶柄；茎生叶具短柄，有小叶 3～6 对，生于茎下部的与基生叶相似，生于茎上部的顶生小叶菱状长卵形，顶端 3 齿裂，侧生小叶长卵形至线形，多数全缘；全部小叶两面稍有毛。总状花序生于枝顶，花小，直径约 3 毫米，花梗纤细，长 2.5～4 毫米；萼片绿色或淡紫色，长椭圆形，长约 2 毫米，边缘膜质，外面有疏毛；花瓣白色，倒卵形，长 3～5 毫米，顶端钝，向基部渐狭；花丝稍扩大；雌蕊柱状，花柱极短，柱头扁球形。长角果线形，稍扁，无毛，长达 30 毫米；果梗纤细，直立开展，长 4～12 毫米。种子椭圆形，宽约 1 毫米，顶端有的具明显的翅。

十一、菊科

1. 苣荬菜（图 6-18，彩图）

图 6-18 苣荬菜

【形态特征】茎直立，高 30～80 厘米。地下根状茎匍匐，多数须根着生。地上茎少分支，直立，平滑。多数叶互生，披针形或长圆状披针形。长 8～20 厘米，宽 2～5 厘米，先端钝，基部耳状抱茎，边缘有疏缺刻或浅裂，缺刻及裂片都具尖齿；基生叶具短柄，茎生叶无柄。头状花序顶生，单一或呈伞房状，直径 2～4 厘米，总苞钟形；花全为舌状花，鲜黄色；雄蕊 5 枚，花药合生；雌蕊 1，子房下位，花柱纤细，柱头 2 裂，花柱与柱头都有白色腺毛。瘦果，有棱，侧扁，具纵肋，先端具多层白色冠毛。冠毛细软。

2. 小飞蓬

【形态特征】幼苗除子叶外全体被粗糙毛。子叶卵圆形。初生叶椭圆形，基部楔形，全缘。成株高40～120 厘米，茎直立，上部多分枝，全体被粗糙毛。叶互生，条状披针形或矩圆形，基部狭，顶端尖，全缘或微锯齿。边缘有长睫毛。头状花序，密集成圆锥状或伞房状。花梗较短，边缘为白色的舌状花，中部为黄色的筒状花。瘦果扁平，矩圆形，具斜生毛，冠毛 1 层，白色刚毛状，易飞散。

3. 泥胡菜（图 6-19，彩图）

图 6-19 泥胡菜

【形态特征】全草长 30～80 厘米。茎具纵棱，光滑或略被绵毛。叶互生，多卷曲皱缩，完整叶片呈倒披针状卵圆形或倒披针形，羽状深裂。常有头状花序或球形总苞。瘦果圆柱形，长 2.5 毫米，具纵棱及白色冠毛。气微，味微苦。

十二、蓼科

1. 西伯利亚蓼（图 6-20，彩图）

图 6-20 西伯利亚蓼

【形态特征】高10～25厘米。根状茎细长。茎外倾或近直立。叶片长椭圆形或披针形，无毛，长5～13厘米，宽0.5～1.5厘米，顶端急尖或钝，基部戟形或楔形，边缘全缘，叶柄长8～15毫米；托叶鞘筒状，膜质，上部偏斜，开裂、无毛，易破裂。花序圆锥状，顶生，花排列稀疏，通常间断：苞片漏斗状，无毛，通常每1苞片内具4～6朵花；花梗短、中上部具关节；花被5深裂，黄绿色，花被片长圆形，长约3毫米；雄蕊7～8，稍短于花被，花丝基部较宽，花柱3，较短，柱头头状。瘦果卵形，具3棱，黑色，有光泽，包于宿存的花被内或凸出。

2. 柳叶蓼（图6-21，彩图）

图6-21　柳叶蓼

【形态特征】高0.5～2.5米。茎直立，多分枝，表面有多数紫红色小斑点，被绵毛，节稍膨大。叶互生，有短柄或近乎无柄；叶片披针形，先端渐尖，基部楔形，全缘或微波状，上面深绿色，被疏茸毛，下面密被灰白色茸毛；托鞘膜质，筒状。圆锥花序顶生或腋生，长2～6厘米；花小，绿白色或粉红色，密生；花被4～5裂，有脉，无腺点；雄蕊通常6枚；子房卵圆形，花柱2歧。瘦果卵圆形，扁平，两侧面中部微凹，褐黑色而光亮，包于宿存的花被内。花期初夏。

十三、毛茛科

刺果毛茛（图6-22，彩图）

【形态特征】幼苗全株光滑无毛。下胚轴较发达，上胚轴不发

图 6-22　刺果毛茛

育。子叶长椭圆形，长 7 毫米，宽 4.5 毫米，先端钝圆，叶基楔形，有明显的离基三出脉，具长柄；初生叶掌状 5 浅裂，叶脉明显，有长柄；后生叶掌状 7 浅裂，其余与初生叶相似。成株高10～30 厘米。须根扭转伸长。茎自基部多分枝，倾斜上升，几无毛。基生叶和茎生叶均有长柄，叶片近圆形，长及宽为 2～5 厘米，基部近截形，3 深裂或 5 浅裂，中裂片前缘有粗锯齿，侧裂片边缘多锯齿或浅裂，叶柄长 3～6 厘米，基部有宽膜质鞘；茎上部叶较小，叶柄较短。

花：花直径 1.4～1.8 厘米；花梗与叶对生，疏生柔毛；萼片长椭圆形，长 5～6 毫米；花瓣 5 片，狭倒卵形，长 5～10 毫米，先端圆，基部狭窄成爪，蜜腺上有小鳞片，花托疏生柔毛。

果：聚合果，球形，直径约 1.5 厘米；瘦果扁宽，椭圆形，长约 5 毫米，宽约 3 毫米，周围有宽约 0.4 毫米的棱翼，两面有一圈具疣基的弯刺，喙基部宽厚，顶端稍弯，长达 2 毫米。

十四、茜草科

猪殃殃（图 6-23，彩图）

【形态特征】多枝、蔓生或攀缘状草本，通常高 30～90 厘米；茎有 4 棱角；棱上、叶缘、叶脉上均有倒生的小刺毛。叶纸质或近

图 6-23　猪殃殃

膜质，6～8 片轮生，稀为 4～5 片，带状倒披针形或长圆状倒披针形，长 1～5.5 厘米，宽 1～7 毫米，顶端有针状凸花尖头，基部渐狭，两面常有紧贴的刺状毛，常萎软状，干时常卷缩，1 脉，近无柄。聚伞花序腋生或顶生，少至多花，花小，4 数，有纤细的花梗；花萼被钩毛，萼檐近截平；花冠黄绿色或白色，辐状，裂片长圆形，长不及 1 毫米，镊合状排列；子房被毛，花柱 2 裂至中部，柱头头状。果干燥，有 1 或 2 个近球状的分果爿，直径达 5.5 毫米，肿胀，密被钩毛，果柄直，长可达 2.5 厘米，较粗，每一爿有 1 颗平凸的种子。

十五、大戟科

1. 铁觅菜（铁苋菜、海蚌含珠、蚌壳草）（图 6-24，彩图）

【形态特征】植株高 0.2～0.5 米，小枝细长，全株被短毛。叶膜质，长卵形、近菱状卵形或阔披针形，长 3～9 厘米，宽 1～5 厘米，顶端短渐尖，基部楔形，稀圆钝，边缘具圆锯，上面无毛，下面沿中脉具柔毛；基出脉 3 条，侧脉 3 对；叶柄长 2～6 厘米，具短柔毛；托叶披针形，长 1.5～2 毫米，具短柔毛。雌雄花同序，

图 6-24 铁苋菜

花序腋生，稀顶生，长 1.5～5 厘米，花序梗长 0.5～3 厘米，花序轴具短毛，雌花苞片 1～2（～4）枚，卵状心形，花后增大，长 1.4～2.5 厘米，宽 1～2 厘米，边缘具三角形齿，外面沿掌状脉具疏柔毛，苞腋具雌花 1～3 朵；花梗无；雄花生于花序上部，排列呈穗状或头状，雄花苞片卵形，长约 0.5 毫米，苞腋具雄花 5～7 朵，簇生；花梗长 0.5 毫米。雄花，花蕾时近球形，无毛，花萼裂片 4 枚，卵形，长约 0.5 毫米；雄蕊 7～8 枚。雌花，萼片 3 枚，长卵形，长 0.5～1 毫米，具疏毛；子房具疏毛，花柱 3 枚，长约 2 毫米，撕裂 5～7 条。蒴果直径 4 毫米，具 3 个分果爿，果皮具疏生毛和毛基变厚的小瘤体。

2. 斑地锦（血筋草）（图 6-25，彩图）

【形态特征】茎柔细、弯曲，匍匐地上，高 10～30 厘米，含白色乳汁，根纤细；分枝较密，枝柔细，带淡紫色，有白色细柔毛。叶小，对生，成 2 列，长椭圆形，长 5～8 毫米，宽 2～3 毫米，先端具短尖头，基部偏斜，边缘中部以上疏生细齿，上面暗绿色，中央具暗紫色斑纹，下面被白色短柔毛；叶柄长仅 1 毫米或几无柄；托叶线形，通常 3 深裂，杯状聚伞花序，单生于枝腋和叶腋，呈暗红色；总苞钟状，4 裂；具腺体 4 枚，腺体横椭圆形，并有花瓣状附属物；总苞中包含由 1 枚雄蕊所成的雄花数朵，中间有雌花 1 朵，具小苞片，花柱 3，子房有柄，悬垂于总苞外。蒴果三棱状卵

图 6-25　斑地锦

球形，径约 2 毫米，表面被白色短柔毛，顶端残存花柱。种子卵形，具角棱，光滑。

第四节　棚室蔬菜杂草药剂防治方法

一、棚室茄科蔬菜田杂草防除技术

茄科蔬菜有茄子、辣椒、番茄和马铃薯等。栽培方式可分为露地栽培、地膜覆盖栽培与保护地（塑料大棚等）栽培。这几种蔬菜又多采用育苗移栽，主要在移栽后和直播田采用化学除草。

由于各地菜田土壤、气候和耕作方式等方面差异较大，因此田间杂草种类较多，主要有马唐、狗尾草、牛筋草、千金子、马齿苋、藜、小藜、反枝苋、铁苋菜等。近年来，薄膜覆盖、保护地栽培在全国茄果类蔬菜栽培中发展较快，杂草的发生情况也发生了很大的变化，生产中应因地制宜采用适宜的除草剂种类和施药方法。

1. 茄科蔬菜苗床覆膜直播田杂草防除

茄科蔬菜苗床或覆膜直播田一般墒情较好，有利于杂草的发生，如不及时进行防除，将严重影响蔬菜幼苗生长；同时，地膜覆盖后田间白天温度较高，昼夜温差较大，蔬菜苗瘦弱，对除草剂的耐药性较差，易发生药害。应注意选择除草剂品种和施药方法。

每667米^{2}用33%二甲戊乐灵乳油50～75毫升，或20%敌草胺乳油100～150毫升，或50%乙草胺乳油40～60毫升，或72%异丙甲草胺乳油50～75毫升，或72%异丙草胺乳油50～75毫升，兑水40升均匀喷施，可以有效防除多种一年生禾本科杂草和部分阔叶杂草。施药量过大、田间过湿，尤以遇到持续低温多雨时，菜苗可能会出现暂时的矮化，特别是番茄、茄子药害较重，但多数能恢复正常生长；但严重时，会出现畸形苗和死苗现象。

为了进一步提高除草效果和对作物的安全性，也可以每667米^{2}用33%二甲戊乐灵乳油40～50毫升，20%敌草胺乳油75～100毫升，50%乙草胺乳油30～50毫升，或72%异丙甲草胺乳油50～60毫升，或72%异丙草胺乳油50～60毫升，加上50%扑草净可湿性粉剂50～75克，兑水40升均匀喷施，可以有效防除多种一年生禾本科杂草和阔叶杂草。

2. 移栽田杂草防除

茄果类蔬菜多为育苗移栽，土壤封闭除草剂一次施药基本上可以保持整个生长季节没有杂草危害。一般于移栽前喷施土壤封闭除草剂，移栽时尽量不要翻动土层。因为移栽大田后的生育时期较长，同时，较大的茄果蔬菜菜苗对土壤封闭除草剂具有一定的耐药性，可以适当加大剂量以保证除草效果。施药时按每667米^{2}40升用水量配成药液均匀喷施土表。除草剂品种和施药方法如下：

① 每667米^{2}用33%二甲戊乐灵乳油150～200毫升，或20%敌草胺乳油300～400毫升，或50%乙草胺乳油150～200毫升，或72%异丙甲草胺乳油175～250毫升，或72%异丙草胺乳油175～250毫升，兑水40升均匀喷施。

② 对于墒情较差的或沙土地，可以每667米^{2}用48%氟乐灵乳油150～200毫升，或48%地乐胺乳油150～200毫升，施药后及时混土（深2～3厘米）。该药易挥发，混土不及时会降低药效。

③ 对于长期施用除草剂的茄科蔬菜田，铁苋菜、马齿苋等阔叶杂草较多，可以每667米^{2}用33%二甲戊乐灵乳油100～150毫

升，或20%敌草胺乳油200～250毫升，或50%乙草胺乳油100～150毫升，或72%异丙甲草胺乳油150～200毫升，或72%异丙草胺乳油150～200毫升，加上50%扑草净可湿性粉剂100～150克或24%乙氧氟草醚乳油20～30毫升，兑水40升均匀喷施，可以有效防除多种一年生禾本科杂草和阔叶杂草。生产中应均匀施药，不宜随便改动药剂配比，否则易发生药害。

二、棚室豆科蔬菜田杂草防除技术

豆科蔬菜有芸豆（菜豆）、豇豆、扁豆、豌豆、蚕豆、毛豆（大豆）等，大多是直播栽培。其中以芸豆种植最广。豆科蔬菜一般生育期较长，该类菜田适于杂草生长，所以杂草发生量大，危害严重。

1. 播后芽前

栽培多为大粒种子直播，并且播种较深，从播种到出苗一般5～7天，比较适宜施用芽前土壤封闭除草剂。可以选用的除草剂品种和施药方法如下。

① 每667米^{2}用33%二甲戊乐灵乳油100～150毫升，或50%乙草胺乳油100～200毫升，或72%异丙甲草胺乳油150～200毫升，或72%异丙草胺乳油150～200毫升，兑水40升均匀喷施，可以有效防除多种一年生禾本科杂草和部分阔叶杂草。对于覆膜田或低温高湿条件下应适当降低药量。药量过大、田间过湿，特别是遇到持续低温多雨时，菜苗可能会出现暂时的矮化，多数能恢复正常生长；但严重时，会出现真叶畸形卷缩和死苗现象。

② 为了进一步提高除草效果和对作物的安全性，特别是在防除铁苋菜、马齿苋等部分阔叶杂草时，也可以每667米^{2}用33%二甲戊乐灵乳油75～100毫升，或50%乙草胺乳油75～100毫升，或72%异丙甲草胺乳油100～150毫升，或72%异丙草胺乳油100～150毫升，加上50%扑草净可湿性粉剂50～75克或24%乙氧氟草醚乳油10～15毫升，或25%恶草灵乳油75～100毫升，兑

水40升均匀喷施，可以有效防除多种一年生禾本科杂草和阔叶杂草。

2. 生长期杂草防除

在禾本科杂草集中发生时，于杂草3～4叶期，每667米^{2}用5%精喹禾灵乳油50～75毫升，或15%精吡氟禾草灵乳油50～100毫升，或12.5%稀禾定乳油50～100毫升，或10.5%高效吡氟乙草灵乳油50毫升等，兑水30升均匀喷施。

在阔叶杂草2～4叶期，每667米^{2}用25%氟磺胺草醚水剂40～75毫升，或48%苯达松水剂100～150毫升，兑水30升均匀喷施，可以有效防除多种阔叶杂草和香附子的地上部分。

三、温室伞形科蔬菜田杂草防除技术

伞形科蔬菜主要有胡萝卜、芹菜、芫荽和茴香等。这类蔬菜苗期生长缓慢，很易受草害，防除稍不及时，就会造成损失。化学除草是伞科蔬菜栽培中的一项重要措施。

1. 播后芽前杂草防除

伞形科蔬菜多为田间撒播，密度较高，生产中主要采用芽前土壤处理。播种时应当深播、深混土。可以用的除草剂品种和施药方法如下。

在播前或播后苗前，每667米^{2}用33%二甲戊乐灵乳油100～120毫升，或50%乙草胺乳油100～150毫升，或72%异丙甲草胺乳油120～150毫升，或72%异丙草胺乳油120～150毫升，或50%扑草净可湿性粉剂100～120克，或24%乙氧氟草醚乳油20～30毫升，或25%恶草灵乳油120～150毫升，兑水40升均匀喷施，可以有效防除多种一年生禾本科杂草和部分阔叶杂草。药量过大、田间过湿，特别是遇到持续低温多雨时，会影响发芽出苗；严重时，可能会出现缺苗断垄现象。

为了进一步提高除草效果和对作物的安全性，特别是在防除铁苋菜、马齿苋等部分阔叶杂草时，也可以每667米^{2}用33%二甲戊乐灵乳油50～100毫升，或50%乙草胺乳油50～75毫升，或72%异丙甲草胺乳油75～100毫升，或72%异丙草胺乳油75～100毫升，加上50%扑草净可湿性粉剂50～75克或24%乙氧氟草醚乳油10～15毫升，或25%恶草灵乳油75～100毫升，兑水40升均匀喷施，可以有效防除多种一年生禾本科杂草和阔叶杂草。

2. 生长期杂草防除

对于前期未能采取化学除草的伞形花科蔬菜的棚室，在禾本科杂草集中发生时，于杂草3～4叶期，可以每667米^{2}用5%精喹禾灵乳油50～75毫升，或15%精吡氟禾草灵乳油50～100毫升，或12.5%稀禾定乳油50～100毫升，或10.5%高效吡氟乙草灵乳油50毫升，兑水30升喷施。

四、温室十字花科蔬菜田杂草防除技术

十字花科蔬菜主要有白菜、萝卜、菜薹（菜心）、芥菜、甘蓝（大头菜）、花椰菜（菜花）等。

1. 苗床和覆膜直播田杂草防除

十字花科蔬菜苗床或覆膜直播田墒情较好，土质肥沃，有利于杂草的发生，如不及时进行防除将严重影响蔬菜幼苗生长；同时，地膜覆盖后田间白天温度较高，昼夜温差较大，会增加除草剂药害的程度。应注意选择适宜的除草剂品种和施药方法。

在十字花科蔬菜播后芽前，每667米^{2}用33%二甲戊乐灵乳油75～120毫升，或20%敌草胺乳油120～150毫升，或50%乙草胺乳油75～100毫升，或72%异丙甲草胺乳油100～150毫升，或72%异丙草胺乳油100～150毫升，兑水40升均匀喷施，可以有效防除多种一年生禾本科杂草和部分阔叶杂草。药量过大、田间过湿，特别是遇到持续低温多雨时，会影响蔬菜发芽出苗；严重时，会出现缺苗断垄现象。

2. 移栽田杂草防除

十字花科蔬菜也可以育苗移栽，在移栽前施用土壤封闭除草剂基本上可以保持整个生长季节没有杂草危害。在移栽前喷施土壤封闭除草剂，移栽时尽量不要翻动土层。除草剂品种和施药方法如下。

① 每 667 米^2 用 33%二甲戊乐灵乳油 150～200 毫升，或 20%敌草胺乳油 300～400 毫升，或 50%乙草胺乳油 150～200 毫升，或 72%异丙甲草胺乳油 175～250 毫升，或 72%异丙草胺乳油 175～250 毫升，兑水 40 升均匀喷施。

② 对于墒情较差的或沙土地，可以每 667 米^2 用 48%氟乐灵乳油 150～200 毫升，或 48%地乐胺乳油 150～200 毫升，施药后及时混土（深 2～3 厘米）。氟乐灵易挥发，混土不及时会降低药效。

③ 对于一些老菜田，特别是长期施用除草剂的菜田，铁苋菜、马齿苋等阔叶杂草较多，可以每 667 米^2 用 33%二甲戊乐灵乳油 100～150 毫升，20%敌草胺乳油 200～250 毫升，或 50%乙草胺乳油 100～150 毫升，或 72%异丙甲草胺乳油 150～200 毫升，或 72%异丙草胺乳油 150～200 毫升，加上 50%扑草净可湿性粉剂 100～150 克或 24%乙氧氟草醚乳油 20～30 毫升，兑水 40 升均匀喷施，可以有效防除多种一年生禾本科杂草和阔叶杂草。生产中应均匀施药，不宜随便改动药剂配比，否则易发生药害。

3. 生长期杂草防除

对于前期未能采取化学除草或化学除草失败的十字花科蔬菜田应在田间杂草基本出齐苗且处于幼苗期时及时施药防除。防除一年生禾本科杂草，如稗、狗尾草、野燕麦、马唐、虎尾草、看麦娘、牛筋草等，应在杂草 3～5 叶期，每 667 米^2 用 5%精喹禾灵乳油 50～75 毫升，或 15%精吡氟禾草灵乳油 50～100 毫升，或 12.5%稀禾定乳油 50～100 毫升，或 10.5%高效吡氟乙草灵乳油 50 毫升，加水 25～30 升配成药液喷于茎叶。在气温较高、雨量较多的地区，杂草生长得幼嫩，可适当减少用药量；相反，在气候干旱、封较干的地区，杂草幼苗老化耐药，要适当增加用药量。防除一年生禾本科杂草时，用药量可稍减低；而防除多年生禾本科杂草时，用药量应适当增加。

五、温室大蒜田杂草防除技术

1. 温室大蒜田杂草发生特点

大蒜生育期长，叶片窄，杂草长期与大蒜争水、争光、争养分，极大地影响大蒜的产量和级别；特别是地膜覆盖蒜田，膜下温度和湿度适宜杂草的生长，杂草发生特别严重，常常顶破地膜而影响大蒜的正常生长，而且人工除草费工、费时，杂草的危害已经是制约大蒜生产的一个重要因素。

大蒜地杂草发生早，中秋杂草在大蒜尚未出苗就发生，从种植到收获杂草陆续发生，而且发生量大。在大蒜长达220天的生长期中杂草分为早秋杂草、晚秋杂草、早春杂草和晚春杂草4期危害。

大蒜田杂草种类繁多。据调查，大蒜田杂草约有50种，隶属20科，在不同地区杂草种类和杂草群落不同。蒜田杂草主要种类有牛繁缕、婆婆纳、猪殃殃、荠菜、播娘蒿、萹蓄、泽漆、刺苋、通泉草、苦荬菜、看麦娘、早熟禾等。在华东地区水稻与大蒜轮作田，杂草主要有看麦娘、牛繁缕、猪殃殃、荠菜、泥胡菜等；华北地区玉米与大蒜轮作田，杂草主要有牛繁缕、荠菜、婆婆纳、播娘蒿等。

2. 大蒜田杂草防除技术

（1）大蒜播种期杂草防除技术　大蒜多为覆膜直播，生产中主要采用芽前土壤处理，因为大蒜生育期较长，施药时应适当加大剂量以提高除草效果。可以用的除草剂品种和施药方法如下。

在播后苗前，每667米^{2}用33%二甲戊乐灵乳油150～250毫升，或50%乙草胺乳油250～300毫升，或72%异丙甲草胺乳油

250～350 毫升，或 72%异丙草胺乳油 250～350 毫升，兑水 40 升均匀喷施，可以有效防除多种一年生禾本科杂草和部分阔叶杂草。对于覆膜田、低温高湿条件下应适当降低药量。药量过大、田间过湿，特别是遇到持续低温多雨时，可能蒜苗会出现暂时的矮化，多数能恢复正常生长；但严重时，会出现叶片畸形卷缩和死苗现象。

也可以每 667 米^2 施用 24%乙氧氟草醚乳油 40～60 毫升，或 25%恶草灵乳油 200～300 毫升，兑水 40 升均匀喷施，可有效防除多种一年生禾本科杂草和部分阔叶杂草。施药后遇低湿和降雨，特别是催芽后的大蒜浅播后遇持续低温降雨，大蒜出苗后叶片会出现斑点性枯白，一般情况下随着生长不断发出新叶，对大蒜影响较小，但重者也会造成死苗。

为了进一步提高除草效果和对作物的安全性，特别是为了提高对阔叶杂草的防除效果，可以每 667 米^2 用 33%二甲戊乐灵乳油 120～150 毫升，或 50%乙草胺乳油 150～200 毫升，或 72%异丙甲草胺乳油 200～250 毫升，或 72%异丙草胺乳油 200～250 毫升，加上 50%扑草净可湿性粉剂 50～100 克或 24%乙氧氟草醚乳油 20～30 毫升，或 25%恶草灵乳油 75～100 毫升，兑水 40 升均匀喷施，可以有效防除多种一年生禾本科杂草和阔叶杂草。

（2）大蒜生长期杂草防除技术　对于禾本科杂草发生较重的地块，在杂草 3～4 叶期，可以每 667 米^2 用 5%精喹禾灵乳油 50～75 毫升，或 15%精吡氟禾草灵乳油 50～100 毫升，或 12.5%稀禾定乳油 50～100 毫升，或 10.5%高效吡氟乙草灵乳油 50 毫升，兑水 30 升喷施。对杂草发生量大、杂草较高的田块，用药量要适当加大；对于多年生禾本科杂草，用药量也要适当加大。

第七章 植物生长调节剂

植物生长调节剂是指通过化学合成和微生物发酵等方式研究并生产出的一些与天然植物激素有类似生理和生物学效应的化学物质。为便于区别，天然植物激素称为植物内源激素，植物生长调节剂则称为外源激素。两者在化学结构上可以相同，也可能有很大不同，不过其生理和生物学效应基本相同。有些植物生长调节剂本身就是植物激素，它能调节植物各种生理机能，控制作物生长发育。植物内存在的量虽然很小，但能起到非常大的作用。近几年来，植物生长调节剂在棚室生产中被广泛应用。

第一节 植物生长调节剂的种类

植物生长调节剂是农药中的一种类别，就植物生长调节剂来说，也有很多种。根据来源的不同，有天然和人工合成两种。根据植物生长调节剂的作用方式不同，可分为植物生长促进剂、植物生长抑制剂和植物生长延缓剂。从农业生产应用的情况看，我国目前常用的植物生长调节剂绝大部分为人工合成的。常用品种如下。一是促进剂。可促进植物生长，包括赤霉素、乙烯利、氯吡脲（吡效隆、调吡脲）、噻苯隆（脱叶灵）、环丙酰胺酸、三十烷醇、苄基腺嘌呤、4-氯苯氧乙酸（防落素、番茄灵）、吲哚乙酸、萘乙酸、胺鲜酯、调环酸、复硝酚钠、芸薹素内酯、油菜素内酯、壳聚糖等。二是抑制剂。可抑制植物生长，包括脱落酸、抑芽丹（青鲜素、马来酰肼）、三碘苯甲酸、增甘膦、整形素。三是延缓剂。调节延缓生长，包括甲哌翁（调节胺、助壮素）、矮壮素、氯化胆碱、多效唑、烯效唑、抑芽唑、抗倒胺、抗倒酯、氟节胺、噻节因、丁酰肼、调节膦、吡啶醇等。

目前植物生长调节剂的种类仅在园艺作物上应用的就达 40 种以上。如植物生长促进剂类有复硝酚钠、DA-6（胺鲜酯）、赤霉素、萘乙酸、吲哚乙酸、吲哚丁酸、2,4-D、防落素、6-苄基胺基嘌呤、激动素、乙烯利、油菜素内酯、三十烷醇、ABT 增产灵、西维因等；植物生长抑制剂类有脱落酸、青鲜素、三碘苯甲酸等；植物生长延缓剂类有多效唑、矮壮素、烯效唑等。

第二节　常用植物生长调节剂的应用

由于植物生长调节剂的种类繁多，性能各异，在其应用过程中经常出现种类选择不正确、使用方法不当等问题，甚至导致减产或绝收，造成很大的经济损失，因此了解和正确的选择、使用植物生长调节剂是十分重要的。

一、赤霉素类植物生长调节剂

【应用】赤霉素（图 7-1，彩图）类植物生长调节剂是我国目前园艺上应用最广泛的一类植物生长调节剂。

【生理作用】改变某些作物雌、雄花比例，诱导单性结实，加

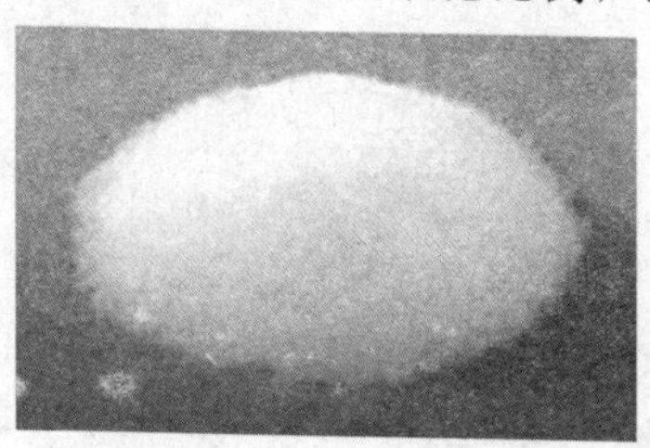

图 7-1　赤霉素

速果实生长，促进座果；打破种子休眠，提早种子发芽，加快茎的伸长及有些作物的抽苔；扩大叶面积，加快幼枝生长，有利于代谢产物在韧皮部内积累，活化形成层；抑制成熟和衰老，控制侧芽休眠及块茎的形成。赤霉素能够减少豆类蔬菜的落花落荚，控制花期。

【使用方法】

① 马铃薯块用0.5～1毫克的赤霉素液浸泡10～15分钟，捞出阴干，在湿沙中催芽或用10～20毫克/升的赤霉素药液喷施块茎均能促进薯块发芽。

② 莴笋种子用100毫克/升的赤霉素液浸种2～4小时可提高发芽率。

③ 可以促进豇豆萌发新芽，用20毫克/千克的溶液喷洒种株。一般5天喷1次，喷2次即可，同时增施肥料，可提高产量。

④ 能够促进叶菜类蔬菜的茎叶生长。芹菜在收获前15～30天采用30～45毫克/千克的赤霉素溶液喷洒2次，可以有效提高产量。芹菜、菠菜、韭菜、白菜等叶菜类蔬菜用赤霉素处理后，可显著促进其营养生长，增加产量。

⑤ 防止落花落果，诱导无籽果实　西红柿在花蕾期用10～50毫克/千克赤霉素喷洒花簇，可增加座果率；黄瓜在苗期4～5片真叶时，用50～100毫克/千克的赤霉素溶液喷雾，则可诱导雄花的发生，使全雌型黄瓜品种产生雄花，促进繁育。豆类作物在结荚后用10～20毫克/千克赤霉素喷洒豆荚，可以保荚增产。对于需通过低温春化才能够抽薹开花的二年生蔬菜，用50～500毫克/千克的赤霉素喷洒植株，可以代替低温处理，促使其在冬季开花。

二、2,4-D

【应用】2,4-D（图7-2，彩图）主要用于防止落花、落果。

【用法】辣椒在开花前或开花后1～2天时最易落花，用15～20毫克/千克的2,4-D溶液蘸花可以有效防止落花。2,4-D的浓度

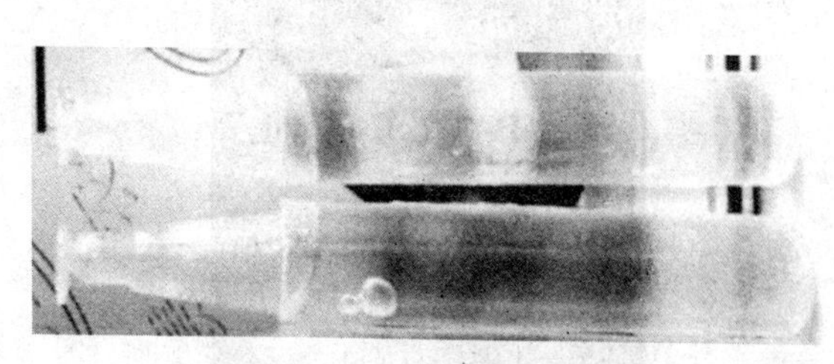

图 7-2 2,4-D 钠水剂

为 10～20 毫克/千克时，可以防止番茄落花落果。茄子用 2.5 毫克/千克涂抹花簇，西葫芦用 10～20 毫克/千克涂花柄，均可防止落花，并可提高产量。使用 2,4-D 时要注意，处理的花只能是刚开或半开的花，没开花的不能做蘸花处理，开败的花即使处理后亦无效果。大白菜、甘蓝在采收前，用 25～30 毫克/千克的 2,4-D 溶液喷洒外叶，可防止储藏过程中脱帮掉叶。

2,4-D 在不同浓度下，对植物所产生的效果也不同。5～20 毫克/千克的 2,4-D 溶液蘸花可以有落花，而 1000～2000 毫克/千克时，则可以作为除草剂杀死许多双子叶植物。因此，在使用 2,4-D 时，一定要严格控制使用浓度。

【注意】配置药剂的容器不能用金属容器，以免发生化学反应，降低药效。

三、3-吲哚乙酸（IAA）

【应用】一种吲哚类具有生长素活性的广谱性植物生长调节剂，主要用于促进草本和木本观赏植物插枝的生根。

【用法】50 毫克/千克的吲哚乙酸（图 7-3，彩图）溶液浸泡种薯，可增加种薯吸水量，增强呼吸作用，增加种薯出苗数、植株总重和叶面积，有利于增加产量。100 毫克/千克吲哚乙酸处理西瓜花芽，可诱导雌花发生。10 毫克/千克吲哚乙酸溶液浸蘸西红柿花簇，可诱导单性结实，提高座果率，产生无籽果实。

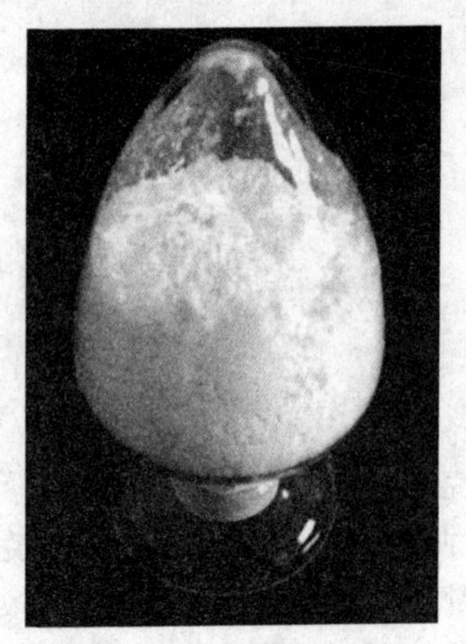

图 7-3 3-吲哚乙酸（IAA）

四、萘乙酸

【作用】防止冬季温室中西红柿、辣椒落花落果。

【用法】盛花期的菜豆喷洒 5 毫克/千克萘乙酸溶液可防止落花落荚；100～200 毫克/千克萘乙酸涂抹南瓜雌蕊花托或柱头，可防止幼瓜脱落；黄瓜在 3 片真叶时用 10 毫克/千克萘乙酸喷洒 1～2 次，可增加雌花，产生无籽果实。

五、防落素

【作用】防止落花落荚。

【用法】冬季温室茄果类生产中用防落素浸蘸花簇，可促进坐果，防止落花落果。棚室环境炎热干燥时，菜豆易落花落荚，用 2 毫克/千克防落素喷洒菜豆全株，可有效防止落花落荚。

六、6-苄氨基嘌呤（6-BA）

【应用】6-BA 是第一个人工合成的细胞分裂素；具有抑制植物叶内叶绿素、核酸、蛋白质的分解，保绿防老；将氨基酸、生长素、无机盐等向处理部位调运等多种效能；广泛用在农业、果树和园艺作物从发芽到收获的各个阶段。

【用法】开花后 2～3 天的小黄瓜，直接浸蘸 500～1000 毫克/千克的 6-苄基嘌呤溶液，可以使营养物质向果实输送，促进黄瓜增大。在秋季高温季节，用 6-苄基嘌呤或激动素溶液浸莴苣种子，可解除种子因高温引起的休眠。西瓜、甜瓜、南瓜、西葫芦等在开花前后用 1% 6-苄基嘌呤溶液涂抹果梗，可促进坐果，防止生理落果。高温下生长的西红柿，常因落果严重而影响产量，用 6-苄基嘌呤蘸花簇，可提高座果率，增加产量。用 6-苄基嘌呤或激动素在作物、果实、花卉采收前后喷洒或浸泡，可有效地抑制呼吸和内源乙烯的生成，并阻止同化物的转移，在运输、储藏过程中保持原有的色、香、味。

七、矮壮素

【作用】矮壮素是低毒植物生长调节剂，可经由叶片、幼枝、芽、根系和种子进入到植株体内，能控制植株徒长，使植株节间缩短，长得矮、壮、粗、根系发达，抗倒伏。同时光合作用增强，从而提高某些作物座果率，也能改善品质，提高产量。

【用法】马铃薯在开花期用矮壮素喷洒叶面，可使植株矮壮，叶色浓绿，防止徒长，促进地下部块茎生长，增加产量。西红柿分别于 3～4 片真叶和定植前用 100～250 毫克/千克矮壮素溶液浇灌，能使幼苗健壮，可增加定植密度，定植后缓苗快，有利于提早开花结实。用 500 毫克/千克矮壮素溶液浸种，可提高发芽率，且处理过的番茄幼苗生长矮壮，耐寒性提高。用 1200 毫克/千克矮壮素溶液每株 50 毫升灌根，能增强番茄抗黄萎病的能力。辣椒花期用 500～1000 毫克/千克矮壮素溶液叶面喷洒，可使植株健壮，提早结果。黄瓜等瓜类蔬菜常常会因瓜蔓生长旺盛消耗过多的营养物质而引起化瓜现象，用 250～500 毫克/千克矮壮素溶液浇灌，可以防止瓜蔓徒长，促进结瓜。菜豆用 250 毫克/千克矮壮素浇灌土壤或用 1000 毫克/千克溶液喷洒叶片，可以减少蒸腾，提高抗旱性。

矮壮素可直接兑水使用。根据作物所需药液浓度，称取定量矮壮素加入容器内，兑足水量，经搅拌或摇动均匀后即可使用。

配制药液时所需矮壮素的重量按下式计算。

矮壮素用量(克)＝容器中水量(千克)×

药液有效成分浓度(毫克/千克)/(矮壮素含量%×1000)

使用矮壮素时要注意以下几点。

① 水肥条件要好，群体有徒长趋势时效果好。若地力条件差，长势不旺时，不能使用矮壮素。

② 严格按照说明书用药，未经试验不得随意增减用量，以免造成药害。初次使用，要先小面积试验。

③ 矮壮素遇碱则分解，所以不能与碱性农药或碱性化肥混用。

八、青鲜素

【作用】青鲜素是暂时性植物生长抑制剂。药剂可通过叶面角质层进入植株，降低光合作用、渗透压和蒸腾作用，能强烈地抑制芽的生长。用于防止马铃薯块茎、洋葱、大蒜、萝卜等储藏期间的抽芽，并有抑制作物生长延长开花的作用。

【用法】马铃薯、洋葱、大蒜于收获前2～3周，用2000～3000毫克/千克青鲜素溶液喷洒叶面，可延缓储藏期间发芽与生根，减少养分消耗，避免因长途运输或储藏期间变质而造成损失。甘蓝、大白菜、芹菜、莴苣收获前2～4周，用2500毫克/千克青鲜素溶液喷洒甘蓝与大白菜叶面，可抑制花芽分化和抽薹开花，促进叶片生长和叶球形成。用50～100毫克/千克青鲜素溶液喷洒叶面，可防止芹菜和莴苣抽薹。瓜类蔬菜幼苗期用100毫克/千克溶液喷洒叶面，能诱导增加雌花。

九、整形素

【作用】既可延缓植株营养体的生长和衰老，又可延缓其开花、结果和成熟。整形素可通过种子、根、叶吸收，它在植物体内的分布不呈极性，其运输方向主要视使用时植物生长发育阶段而定。在营养旺盛生长阶段，主要向上运输，而在果树养分储藏期，与光合产物的运输方向较为一致，向基部移动。它被吸入植物体内后，在芽和分裂着的形成层等活跃中心呈梯度积累，分裂组织可能是它的主要作用部位。

【用法】黄瓜、丝瓜于3片真叶时用100毫克/千克整形素溶液喷洒叶面，可促进雌花发育，雌花数目增加。开花期喷洒整形素，可诱导单性结实。马铃薯用1～100毫克/千克整形素溶液喷洒马铃薯幼苗的叶片，能控制幼苗的生长，促进地下部分块茎生长，提高块茎产量。菜花在花球长到12～14片叶时，用1000毫克/千克整形素喷洒全株，可促进菜花提早成熟。萝卜在收获前20天，用100～1000毫克/千克整形素喷洒全株，可改善品质，减少空心。

十、乙烯利

【应用】乙烯利是一种用途很广的植物生长调节剂，容易被植物吸收。它在进入植物细胞中后，经分解逐渐放出乙烯，进而对植物的生长、发育和代谢产生调节作用。具有促进叶片衰老和脱落、促进种子发芽和植株开花、促进根和苗的生长、促进果实生理成熟等效应。它能增加有效分蘖，使植株矮壮，防止倒伏，增加雌花，促进作物的果实早熟，提早结果。主要用作农用植物生长刺激剂。

【用法】

（1）催熟　番茄在冬季温室和塑料大棚中长到由绿转白时摘下，用1000～4000毫克/千克乙烯利处理，可提前5～7天上市，且与自然成熟的果实相比，色、香、味均未改变。辣椒、甜椒在未成熟前采摘后，用4000毫克/千克乙烯利浸蘸，有明显催熟效果，可提前5天成熟。甜瓜在坐果30天后，摘下浸泡在1000～2000毫克/千克的乙烯利溶液中10分钟，6天内果实就能达到充分成熟。

（2）调节瓜类花芽分化　温室中生长的黄瓜，由于温度高，湿度大，雄花比例比较高，可于定植1周后，用100～250毫克/千克乙烯利溶液喷洒全株，可使每节都能产生雌花。瓠瓜往往雌花出现较晚导致结果延迟，用100～200毫克/千克乙烯利喷洒具有5～6片叶的瓠瓜幼苗，可使雌花提前出现。甜瓜、西瓜、西葫芦、南瓜等在3～4片真叶期用100～200毫克/千克乙烯利溶液处理，可抑制雄花形成，增加雌花的着生率。

（3）促进洋葱鳞茎形成　需要12～16个光周期诱导，用500～2000毫克/千克乙烯利溶液处理4～5片真叶的洋葱幼苗，可促进鳞茎形成。另外，马铃薯栽植5周后，用200～600毫克/千克乙烯利溶液喷洒叶面，可使马铃薯巧克力斑点病症状得到控制。用乙烯利喷洒辣椒，促其早熟。喷施油菜，增加有效分蘖，使植株矮壮，防止倒伏。

乙烯利在常温、pH值为3.0时稳定，易溶于水、乙醇、乙醚制剂，属强酸性水剂，使用时应避免与皮肤直接接触。乙烯利遇碱、金属、盐类易发生分解，因此不能与石硫合剂等碱性农药混用。乙烯利不宜长期保存，应随配随用。此外，用于配制药剂的容器要及时清洗，避免强酸腐蚀容器。乙烯利遇明火、高热可燃烧，在使用时一定要注意自身安全。

十一、复硝酚钠

【应用】复硝酚钠（图7-4，彩图）是一种强力细胞赋活剂，与植物接触后能迅速渗透到植物体内，加快植物生根速度，促进生长发育，防止落花落果，改善产品品质，提高产量，提高作物多种抗逆能力。它广泛适用于粮食作物、经济作物、蔬菜、瓜果、果树、油料作物及花卉等，可以在植物播种到收获期间的任何时期使用。

【用法】复硝酚钠在抑制茄子长势过旺时效果显著，在茄子的生长期，为了抑制枝叶长势过旺，可以在浇水时，先把复硝酚钠在水桶中溶解，溶解的浓度可以按照垄和亩用量的多少计算，一般的使用量是6～10克/667米^2。当浇水开始时把药液随水一起浇施在地里。溶解药物的水也可以是肥水，这样既可以达到一举两得的目

图 7-4 98%复硝酚钠

的，又节省了人力。这种方法一般可以直接应用在植物的根部，有利于作物的吸收，能起到较好的使用效果。但是使用时要注意，用药要均匀，注意药物的使用量。

第三节 生长调节剂使用的关键技术

一、选择适合的调节剂

每一种生长调节剂都有一定的生理活性，有一定的使用范围和条件，因此在具体使用的时候，要根据农作物的品种特性、生育期及生长调节的目的，选择相应的调节剂。如要提高叶菜类作物产量，应该选择赤霉素等促进生长的调节剂；要想提高分蘖力和防倒伏，应该选用矮壮素等生长延缓剂。

二、严格掌握用药的浓度与次数

植物生长调节剂对农作物的生长发育具有促进和抑制的双重效

应。在浓度适宜时，表现出促进茎叶生长、培育壮苗、保花保果的正向增益作用；浓度过高时则会引起植物体新陈代谢的紊乱，抑制生长，严重的则有可能引起死亡，因此在使用植物生长调节剂时，要严格控制药液浓度和药液量，在能达到调控目的前提下，尽可能地减少剂量，做到降低成本、减少残留。通常情况下，植物生长调节剂在关键时期施用一次，就会有明显的效果，多次施用不但费工费药，而且效果也不一定就会比一次施用的效果好。但是在使用植物生长延缓剂时，低浓度多次施用要比高浓度一次施用效果好。因为低浓度多次施用不仅可以保持连续的抑制效果，而且还能避免对植物产生副作用。

三、确定使用的最佳时期

植物生长调节剂的生理效应往往与一定的生长发育时期相联系，过早或过晚都得不到理想的效果，不同时期使用甚至可能得到完全相反的结果。施用调节剂还要注意环境的温度、光照、湿度等因素的影响，应掌握高温下浓度要低些，低温下浓度要稍高些；夏季使用时要避免在烈日下喷洒，以免光照太强、药液干燥过快而不利于叶片吸收。最佳的喷施时间是晴天下午 4～5 点以后。

四、选对用药的部位

农作物的根、茎、叶、花、果等部位对不同的药剂，或同一药剂不同浓度的反应是不同的。因此，要注意对准农作物所需用药的部位用药，不要盲目喷洒，否则容易发生药害。

五、配置药剂的容器要洗净

不同的调节剂有不同的酸碱度等理化性质，配置药剂的容器一定要干净、清洁。盛过碱性药剂的容器，如果没有经过清洗就盛酸性药剂，就会导致酸性药剂失效；盛抑制生长的调节剂后，又盛促进剂也不能发挥效果。

六、注意植株长势和气候的变化

一般而言，植株长势好的浓度可以稍高，长势弱的浓度要稍低。温度高低对调节剂影响也很大，温度高时反应快，温度低时反应慢，因此在冬夏季节使用的浓度也应有所不同。在干旱气候条件下，药液浓度应降低。反之，湿度大时使用应适当加大浓度。

七、慎重混合使用多种药剂

几种植物生长调节剂混用或与农药、化肥混合使用，可以发挥综合效用，同时解决生产上的问题。但在进行几种植物生长调节剂混用或与农药、化肥混合使用时，必须充分了解混用的植物生长调节剂之间或植物生长调节剂与其他农药之间是否有增强作用或拮抗作用。

八、做好小规模试验

因受气候、生长调节剂的质量、剂型等各种因素影响，在使用时不能按统一的标准。作物的种类不同、品种不同，即使同一作物、同一品种也会因气候、土壤的不同而有差异，在大面积处理前，一定要先做小规模的试验，以确定适宜的调节剂种类、浓度、剂型，达到科学合理的使用。

九、结合良种和各种栽培技术

植物生长调节剂是生物体内的调节物质，仅仅在植物生长发育的某个环节起作用，不能离开良种，不能代替肥料、农药和其他耕作措施。即便是促进型的调节剂，也必须有充足的肥水条件才能发挥作用。要使其在农业生产上的应用获得理想效果，一定要配合其他农业技术措施。

参考文献

[1] 吴文君，罗万春．农药学［M］．北京：中国农业出版社，2008.
[2] 李倩，柳亦博等．农药残留风险评估与毒理学应用基础［M］．北京：化学工业出版社，2015.
[3] 王迪轩．有机蔬菜科学用药与施肥技术［M］．北京：化学工业出版社，2011.
[4] 石明旺．菜园科学用药300问［M］．北京：化学工业出版社，2010.
[5] 沈国辉，高文琦．蔬菜田杂草防除实用手册［M］．上海：上海科学技术文献出版社，1997.
[6] 许泳峰．农田杂草化学防除原理与方法［M］．沈阳：辽宁科学技术出版社，1992.